UFO

세계가 주목한 두 접촉자의 이야기

UFO
세계가 주목한 두 접촉자의 이야기

지은이 | 최준식
펴낸이 | 최병식
펴낸날 | 2025년 5월 12일
펴낸곳 | 주류성출판사
주소 | 서울특별시 서초구 강남대로 435 주류성빌딩 15층
전화 | 02-3481-1024(대표전화)   팩스 | 02-3482-0656
홈페이지 | www.juluesung.co.kr

값 25,000원

ISBN 978-89-6246-555-6 03440

UFO

세계가 주목한 두 접촉자의 이야기

테드 오웬스와
크리스 블레드소

최준식 지음

 주류성

차례

서문

나는 얼마 전(2025년)에 전 세계적으로 가장 유명한 UFO 사건을 선별해 설명한 책(『Beyond UFOs』)을 출간했다. 인류가 지금까지 겪었던 그 많은 UFO 사건 가운데에 가장 독특한 사건을 7개 정도 골라 그 사건이 어떤 면에서 의미가 있는지를 상세하게 설명했다. 그 책을 읽어 보면 평소에 UFO를 잘 몰랐던 사람도 UFO 현상을 어느 정도는 이해할 수 있을 것이라고 예측했다. 내 심산으로 그 책은 일종의 UFO 개론서 같은 역할을 할 수 있을 것이라고 생각한 것이다. 그런데 이 책을 내고 예상치 않은 생각이 들었다. 즉 이 책이 개론서라고 했지만, 과연 UFO에 대해 제대로 설명하고 있는가 하는 의구심이 들었기 때문이다. 왜 이런 생각이 들었을까? 그것은 이 책에서 가장 가슴에 와닿았던 브라우어 장군의 말이 생각났기 때문이다. 브라우어 장군은 벨기에 UFO 웨이브 사건을 조사할 때 진두지휘한 사람으로 누구보다도 UFO에 대해 밝은 사람이었다. 이 벨기에 UFO 사건은 1989년부터 무려 2년 이상 지속되면서 수천 명이 목격한 사건이라 UFO 역사에서 가장 규모가 큰 사건이라고 할 수 있다. 그런 사건을 몇 년간 앞장서서 지휘하면서 조사했으니, 그는 UFO 전문가라고 불러도 무방할 것이다.

그런 그가 UFO와 관련해서 이런 재미있는 말을 했다. '자신이 수년 동안 UFO를 연구해 보니 이 비행체가 무엇 무엇이 아닌 것은 알겠는데 그것이 무엇인지는 명확하게 아는 게 하나도 없다'라고 말이다. 이것을 풀어 말한다면, UFO는 분명 인간이 만든 비행체가 아닌 것은 확실한데 그 이상은 알 수 있는 게 하나도 없다는 것이 된다. 즉 이 비행체는 지구에서 비롯된 것은 아닌데 그렇다고 해서 다른 행성에서 왔는지, 혹은 다른 차원에서 왔는지 하는 등등 이 비행체의 정체에 대해서는 전혀 알 수 없다는 것이다. 나는 그의 말에 전적으로 동의한다. UFO 현상에 대해 공부하면 공부할수록 이 현상을 정확하게 이해하는 일이 매우 어렵다는 것을 절감하기 때문이다.

이러한 현실은 외계인에게도 적용된다. 즉 외계인이 인간이 아닌 것은 확실히 알겠는데 그들의 정체에 대해서는 도무지 오리무중이라는 것이다. 이런 생각에 근거해서 나는 전 권에서 우리가 UFO와 관련해서 정확하게 알 수 있는 것은 딱 두 가지뿐이라고 했다. 먼저 UFO가 존재한다는 것이 확실하고 그에 따른 자연스러운 결과로 UFO를 조종하면서 의식을 갖고 있는 외계인이 존재하는 것 역시 확실하다고 했다. 이것은 두 번째 정보로 이어진다. 이 외계인들이 지닌 과학 기술과 정신적인 수준은 인간의 그것보다 훨씬 더 진화되어 있다는 것이 두 번째 정보이다. 그러나 우리의 지식은 거기까지이고 그 이상은 정확히 알 수 있는 것이 하나도 없다고 했다. 물론 외계인과 UFO에 대해 여러 추측은 할 수 있지만 그 진위에 대해서는 어느 누구도 자신 있게 말하지 못한다.

이처럼 우리는 UFO와 외계인에 대해서 아는 것이 별로 없다. 아는 것이 별로 없으니, UFO와 외계인을 이해하는 일을 포기해야 할까? 결코 그렇지 않다. 우리는 이 같은 열악한 환경에서도 외계인을 알 수 있는 통로를 어렵게 찾을 수 있다. 그 통로란 다름 아닌 UFO와 외계인을 실제로 만나고 체험한 사람들을 말한다. UFO 연구사를 보면 다양한 종류의 UFO 접촉자, 영어로는 'contactee'라고 불리는 사람들이 적지 않게 나온다. 이들 가운데에는 외계인들에 의해 납치됐다고 주장하는 사람들의 사례가 제일 많다. 이들의 정확한 숫자는 알 수 없는데 그 이유는 자신이 UFO에 의해 납치됐다는 사실을 모르는 사람이 적지 않다고 하기 때문이다. 그런 사정을 감안하고 UFO 피랍자들의 수를 계산해 보면 많게는 수십만 건 이상 된다는 주장도 있다.

그런데 이런 사람들 말고 아주 특이한 UFO 접촉자들이 있다. 이들은 UFO와 접촉했지만 납치된 것은 아니고 상호 같은 수준에서 UFO와 외계인을 상대한 사람들이다. 이런 예는 매우 독특하기 때문에 아주 드물게 나타난다. 만약 이들의 체험이 진실이라고 한다면 이들은 외계인(그리고 UFO)을 직접 체험한 것이 된다. 그렇다면 그들이 전하는 외계인에 대한 묘사나 설명은 일차적인 자료가 될 수 있다. 이 같은 자료는 지상에 앉아서 드물게 나타나는 UFO나 기다리고 있는 우리로서는 결코 얻을 수 없는 귀중한 자료라고 할 수 있다. 물론 그들이 전하는 것을 그대로 받아들이는 것은 성급하다는 비판이 있다. 그러나 객관적인 잣대를 가지고 잘 검증하면서 그들의 설명을 취사선택해서 받아들이면 문제가 크게 줄어들 것이다.

이 책은 그 같은 UFO 접촉자 가운데 가장 좋은 정보를 줄 수 있는 사람을 엄선해서 소개하고 있다. 내가 그런 사람들 가운데 최고로 치는 사람이 있는데 테드 오웬스(Ted Owens)라는 사람이 바로 그다. 이 사람은 먼 과거에 살았던 사람이 아니라 20세기에 살다 간 사람이다. 그럼에도 불구하고 UFO에 대해 비교적 정확하고 수많은 이야기를 해줄 수 있는 이 사람은 세상에 그리 잘 알려지지 않았다. 그가 하는 말이 워낙 세상과 동떨어져 있어 사람들이 그를 알아보지 못한 것이다. 그러나 내 눈에는 그가 상당히 깊은 차원에서 UFO를 체험한 사람으로 보인다. 그 이유를 말해보면, 그는 보통 '그레이'라고 불리는 평범한 외계인만 만난 게 아니라 그들의 근원이라 할 수 있는 존재까지 만났다고 주장하기 때문이다. 그리고 그는 이 근본 존재의 힘을 빌려 지구에 지진이나 홍수, 가뭄, 정전, 태풍 등과 같은 온갖 자연현상을 일으켰다고 주장했다. 그의 특이성은 언설로 표현하기 힘든데 본문을 읽어 보면 독자들도 어느 정도 수긍할 수 있을 것이다. 그렇다고는 해도 그는 워낙 격외의 인물이라 그를 전적으로 이해하는 일은 쉽지 않다.

두 번째 인물은 크리스 브레드소(Chris Bledsoe)라는 사람인데 이 사람은 1960년대에 태어난 사람이라 여전히 생존해 있다. 이 사람은 2000년대 초에 UFO를 체험하고 2012년 이후에 UFO에 관심 있는 사람들 사이에서 주목받은 사람인데 그 역시 대단히 독특한 UFO 체험을 했다. 이 사람의 UFO 체험이 특이한 것은 그가 UFO를 만났을 뿐만 아니라 그와 연관된 것으로 생각되는 천사를 만나는 체험을 했기 때문이다. 이때 나타난 천사는 기독교적인 색채를 띠는데 그 때문에 그는 미국에서 많은 사람으로부터 호응을 받았다. 이 사정은 아마존(amazon)이라는 회사의 홈페이지에서 2023년에 출간된 그의 책(『UFO of GOD』)에 대한 독자평을 찾아보면 알 수 있다. 2024년 11월 현재 독자평이 3천 개 이상 올라와 있는데 이 정도면 이 책이 거의 베스트셀러의 수준이라고 해도 문제없을 것이다. 이것은 그만큼 그의 체험에 대해 공감하는 사람이 많다는 것을 뜻한다. 이 사람은 UFO를 만나고 신적인 치유력 같은 대단한 능력을 얻게 되는데 이 역시 그가 일반적인 UFO 체험자와는 달리 그의 체험이 대단히 수준 높은 차원에서 이루어졌다는 것을 알게 해준다. 나는 우리가 이 사람을 통해서 UFO와 외계 존재들에 대해 더 깊은 이해와 색다른 통찰을 가질 수 있다고 생각한다. 이것이 내가 이 책에서 이 사람을 좋은 사례로 뽑아 소개하는 이유이다.

나는 원래 이 책에서 이들 외에 더 많은 UFO 접촉자를 다루려고 했다. 그런데 이 두 사람만 설명했는데도 책 한 권의 분량이 나왔다. 그래서 일단 이 두 사람만 가지고 책을 내게 되었는데 이것은 이 두 사람에 대해서 할 말이 그만큼 많았다는 것을 뜻한다. 독자 여러분들도 이 책을 읽어 보면 이 두 사람이 얼마나 대단한 UFO 접촉자인지 알 수 있을 것이다. 사실 나는 이 두 사람에 이어 전형적인 UFO 피랍자를 다루려고 했다. 이 주제를 깊이 연구한 존 맥의 책을 보면 이러한 사람들의 사례가 많이 나와 있다. 그래서 이 가운데 적절한 사례를 골라 소개하려 했는데 그것은 다음 책으로 미룰 수밖에 없게 되었다. 이 이야기를 하는 이유는 이 UFO 현상이라는 주제가 대단히 광범위해서 설명해야 할 것이 많다는 것을 알리기 위해서이다. 이 세계가 너무도 광활해서 나도 내가 지금 다루고 있는 주제가 앞으로 어떤 방향을 흘러갈지 알 수 없을 지경이다. 흡사 그랜드캐니언 같은 깊은 협곡 속에 들어와 헤매고 있는 것 같은 느낌이다. 그러나 하나하나 알아갈 때마다 새로운 느낌이 들어 즐겁게 헤매고 있다. 부디 독자들도 같은 느낌을 받았으면 한다.

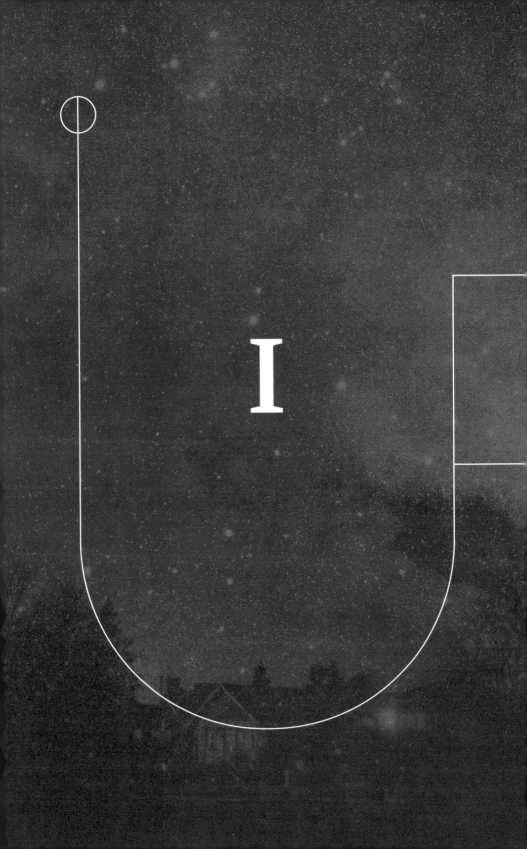

I

테드 오웬스 이야기

▌ 시작하며

내가 그동안 UFO 관련 서적을 읽으면서 많은 관련 인사를 접해 보았지만, 테드 오웬스(Ted Owens, 1920~1987)는 이 분야에서 단연 최고라고 할 수 있다. 특히 그는 UFO 접촉자 중에서 최고 중의 최고라고 할 수 있다. 서문에서 밝힌 것처럼 UFO를 접촉했다고 주장하는 사람은 UFO 피랍자를 비롯해서 적지 않게 있었다. 이 사람들

테드 오웬스

가운데에 오웬스가 최고라는 것인데 그 이유는 독자들이 이 책에 서술한 내용을 읽어 보면 자연스럽게 수긍하게 될 것이다. 오웬스가 전 UFO 역사에서 이 같은 위치를 점하고 있기 때문에 이 책에서 그를 맨 앞에서 다루는 것이다.

나는 비록 그를 책을 통해서만 접해 보았지만, 그는 지금까지 내가 겪어본 사람 중에 가장 괴짜이고 가장 강력한 힘을 가진 사람(중의 한 사람)인 것처럼 보인다. 기인 중의 기인이라는 것인데 지금까지 인류사에 있어 왔던 그 많은 기인 가운데에서 유례를 찾아보기 힘든 사람이 아닐까 한다. 하기야 오웬스도 자신을 모세 이래 가장 뛰어난 영력(靈力), 즉 영적인 파워를 지닌 사람이라고 자랑했으니 내 평가가

완전히 틀린 것 같지는 않다. 그가 하는 언행은 파격의 파격이고 격외(格外)도 그런 격외가 없다. 도저히 우리 보통 사람들의 인식 수준으로는 이해할 수 없다. 그의 언행은 상상을 초월하니 범상한 우리의 레이더에는 당최 들어 오지 않는다. 우리가 그동안 많이 보아왔던 기인들과 비교해 볼 때 그는 '노는' 물이나 행하는 일의 규모가 너무나 크고 광범위해 비교 자체가 불가능하다.

　이렇게 말해도 이해가 잘 안될 수 있으니 예를 하나 들어보자. 한말에 실존했던 인물로 대단한 기인이었던 강증산과 비교해 보면 오웬스의 기행이 얼마나 대단한지 알 수 있지 않을까 한다. 증산이 행한 기행 가운데 가장 대표적인 것은 말할 것도 없이 '천지공사(天地公事)'이다. 이것은 증산이 '상제'로서, 즉 이 세상을 주재하는 최고의 존재로서 과거 시대(즉 선천, 先天)에 인간들 사이에 쌓여 있던 원한을 푸는 의식이다. 이는 매우 주술적인 의식인데 그는 이 의식에서 여러 가지 상징적인 행위를 하면서 인류 역사 내내 '켜켜이' 쌓여 있는 원한을 풀었다고 주장했다. 그는 이처럼 모든 인류의 원한을 짊어지고 '대속'할 정도로 '스케일'이 큰 사람이었다. 그런데 그런 그도 우리에게 보여준 이적은 규모가 그다지 대단하게 보이지 않는다. 예를 들어 바람이나 비를 부르는가 하면 올라오는 해를 손가락으로 저지하기도 하고 진 땅을 얼리는 정도인데 이런 이적은 그다지 대단한 것이 아니다. 이에 비해 오웬스는 역대급 태풍을 일으키는가 하면 태풍이 가는 길을 바꾸는 등 흡사 조물주 같은 역량을 보였다. 물론 이것은 그의 주장이라 객관적인 타당성을 지닌 것은 아니다. 또 자신의 힘이 아니라 그가 접촉하는 외계 존재의 힘을 빌린 것이라고 하니 그가 독자적으로 한 것도 아니다. 그렇다 하더라도 그가 구사했던 이적의 규모는 역대에 존재했던 모든 기인의 그것을 능가한다. 그래서 오웬스를 유례를 찾아볼 수 없는 기인이라고 한 것이다.

나는 그를 처음으로 접하는 사람에게 어떻게 소개하면 좋을지 생각의 생각을 해보는데 어떻게 소개하든 그를 이해 가능하게 소개하는 일은 쉽지 않다. 그런 위험을 안고 그를 간단하게 소개하면, '테드 오웬스는 UFO의 힘을 빌려 지진이나 폭풍, 홍수, 가뭄과 같은 대규모의 자연현상을 임의로 일어나게 할 수 있고 정전이나 UFO 호출 같은 기이한 사건을 마음대로 만들어낼 수 있는 사람'이라고 할 수 있겠다. 그가 보여준 이 같은 능력은 모두 그가 접촉하던 UFO에서 비롯된 것인데 그런 까닭에 그는 자신을 'UFO의 대리인'이라고 부르기도 했다. 그런가 하면 비슷한 맥락에서 자신이 지구를 대표한다는 의미에서 '지구 대사(earth ambassador)'라고 부르기도 했다. 아울러 자신이 UFO와 지구의 앞날을 예견하고 바람직한 발전 방향을 제시한다는 의미에서 자신을 'UFO 예언자'라고 부른 적도 있다.

이런 이름 말고 가장 자주 불리는 오웬스의 이름은 따로 있다. 'PK Man'이 그것으로 이것을 제목으로 한 책도 있다. 앞으로 곧 보게 될 제프리 미쉬로브라는 사람이 이 책의 저자인데 그는 오웬스의 평전(『The PK Man』)을 쓰면서 이것을 제목으로 취했다. 뒤에서 자세하게 설명하겠지만 나는 이 미쉬로브를 통해 오웬스를 처음으로 알았다. 미쉬로브가 자신 유튜브 채널에서 다른 학자와 대담을 통해 오웬스를 소개한 것을 접한 것이다. 그 내용을 처음 접하고 나는 적이 놀랐다. 어떻게 저런 인간이 세상에 있을 수 있을까 하면서 말이다.

신화에 나오는 신들이 하는 일을 인간이 하는 것으로 묘사되어 있으니 놀라지 않을 수 없었다. 그래서 그에 관한 자료를 찾아보니 미쉬로브가 소개한 것 말고는 그다지 없었다. 그처럼 한정된 자료지만 그 문서들을 접해 보니 오웬스는 확실히 UFO 세계뿐만 아니라 종교계나 정신세계에서 볼 때 매우 특이하면서도 매력적인 인간이었다. 그래서 자료의 부족 때문에 오웬스를 연구하는 일이 조금 힘들더라도 그를 한국의 독자들에게 소개해야겠다는 생각을 갖게 된 것이다.

앞에서 인용한 책의 제목에 나타난 PK는 'psychokinesis'의 약자로 번역하면 '염력 행위' 혹은 '염(동)력'이 되는데 보통 줄여서 '염력'이라는 단어를 가장 많이 사용한다. 이것은 정신을 집중하여 물건에 손을 대지 않고 그것을 움직이는 능력을 말한다. 이 능력은 획득하기가 어렵기 때문에 그것을 소지한 사람이 많지 않다. 그것은 당연한 것이, 물건이라는 것은 사람이 자신의 손이나 다른 기구를 사용해야 움직일 수 있는데 순전히 정신의 힘으로 움직인다니 그 일이 얼마나 힘들겠는가? 그래서 지금 지구상에는 이 능력을 갖춘 사람이 극소수일 것으로 추정된다. 그 극소수의 사람 가운데 오웬스가 포함되는 것이다. 그런 오웬스를 아예 이 이름으로 부르는 것은 그가 지닌 PK 능력이 다른 능력자에 비해 볼 때 월등하게 뛰어난 것으로 보이기 때문이다.

물론 앞에서 말한 대로 그가 가진 이 힘의 원천은 그가 접촉하고 있던 UFO이다. 태풍이나 벼락 등을 불러올 때 그는 UFO로부터 강력한 힘을 가져온다. 이것을 정확히 말하면, 그가 어느 지역에 태풍이나 가뭄을 일으켜 달라고 UFO에게 부탁하면 외계 존재들이 나서서 지상에 힘을 펼치는 것이다. 그러나 그가 개인적으로 지닌 PK 힘도 무시하지 못한다. 나중에 보겠지만 그는 쇠로 만든 가위를 정신력으로 움직이는 등 상당히 강력한 PK 파워를 지닌 것으로 알려져 있다. 내가 그동안 종교적인 기인들을 많이 접해 보았지만, 가위를 움직일 정도로 강한 정신력을 가진 기인은 보지 못했다. 이 같은 그의 흥미진진한 이적은 곧 펼쳐지니 독자들은 잠시만 기다리면 되겠다.

이제 오웬스의 정체가 어느 정도는 드러났다고 생각하는데 마지막으로 하버드대학의 의과대학에서 정신과 교수로 재직했던 존 맥교수의 서술을 인용하고 싶다. 그가 나름대로 말끔하게 오웬스의 전모를 정리했기 때문이다. 맥은 주지하다시피 UFO 피랍 사건의 분야에서 세계적인 권위인데 그는 조금 전에 인용한 미쉬로브의 책 서문에서 오웬스에 대해 이렇게 말하고 있다. "그(오웬스)는 우주 지성(Space Intelligence). 즉 이른바 외계인의 힘을 빌려 온갖 이적을 행했다고 한다. 그가 일정한 사건의 발생을 예고하면 그의 예측대로 이적이 발생하는데 그 이적이 장난이 아니다. 이 이적을 보면, 천둥, 번개, 눈 폭풍, 지진, 가뭄과 연속되는 더위, 가뭄을 해갈하는 비, 진눈깨비, 홍수, 토네이도, 정전, 화산 폭발, 기계가 갑자기 작동하지 않는 것(technical failure of human machinery), (잘 나가던 스포츠팀이 갑자기 약팀에게 패배하는 등의 방식으로) 운동 경기가 이상하게 돌아가는 일, 또 UFO를 마음대로 호출하는 것 등이 포함된다. 오웬스는 이런 일을 약 30년 동안 약 200회 정도 했다고 한다."

이 정도면 오웬스에 관한 개략적인 이야기는 다 나온 것 같은데 이 이야기를 처음 접하는 독자들은 도저히 믿기지 않을 것이다. 오웬스가 UFO의 힘을 빌려서 이런 이적의 일을 약 200회 했다는 것인데 나도 처음에는 이것 가운데 어느 하나도 믿지 못했다. 그런데 오웬스의 언행이나 이적을 무시할 수 없는 것이 그를 소개한 사람이 매우 믿을 만한 사람이기 때문이다. 앞에서 말한 제프리 미쉬로브가 그 사람인데 미쉬로브 같은 당대의 최고 지성인이 오웬스를 진지하게 연구했으니 오웬스를 무시로 일관할 수는 없는 것이다. 그런데 오웬스를 제대로 이해하려면 미쉬로브라는 사람에 대해서 먼저 살펴보아야 한다. 미쉬로브는 전 세계의 초상현상학(paranormal phenomenology) 분야에서 태두 같은 인물로 손꼽히는데 오웬스가 이번 생을 살면서 가장 깊게 인연을 맺은 사람이 바로 미쉬로브다. 오웬스의 인생에서 미쉬로브는 대단히 중요한 자리를 차지하기 때문에 그와 미쉬로브와의 관계를 살펴보면 그의 정체가 적잖게 드러날 것이다. 그래서 미쉬로브를 먼저 보자는 것이다.

제프리 미쉬로브, 그는 누구인가

테드 오웬스로 가는 가교

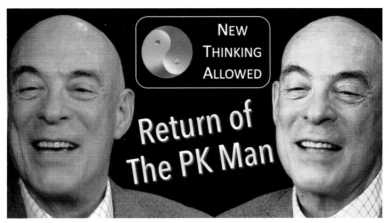

오웬스(The PK Man)를 설명하는 제프리 미쉬로브

제프리 미쉬로브(Jeffrey Mishlove 1946~)는 한국인에게는 생소한 인물이다. 그 때문인지 몰라도 그의 책은 한 권도 한국어로 번역되지 않았다. 그는 미국에서 아주 유명한 사람은 아니지만 그가 주력하고 있는 분야에서는 미국은 물론 전 세계적으로 독보적인 존재이다. 그가 관심 있는 분야는 엄청나게 광범위한데 그 전체적인 특징을 말한다면, 그는 드러난 현상보다 현상 너머에 대해 지대한 관심을 갖고 광범위하게 연구했다. 그러니까 그는 그냥 'physics'보다는 'metaphysics'를, 그냥 'psychology'보다는 'parapsychology'를, 그냥 'normal'보다는 'paranormal'의 세계를 지향하고 연구한 사람이다. 이런 주제를 연구하는 사람이나 그 분야에서는 미쉬로브가 대

부처럼 되어 있는데 한국은 이 분야에 관심도 없고 연구하는 사람도 없어 미쉬로브에 대해 거의 알지 못한다.

그가 이 분야에서 독보적인 존재라는 것은 다음과 같은 사실 하나만으로도 알 수 있다. 그는 1980년 UC Berkeley, 즉 버클리에 있는 캘리포니아 주립대학교에서 초심리학, 즉 파라사이콜로지로 박사학위를 받는데 이 예는 미국에서 전무후무한 사례라고 한다. 다시 말해 유일한 예라는 것인데 미쉬로브 이후에 이 주제로 박사학위를 받은 사람은 더 이상 없었다. 원래 학계라는 데는 보수적인 곳이라 이런 격외의 주제를 다룬 논문에 대해서는 좀처럼 학위를 주지 않는다. 그는 그런 벽을 뚫고 박사학위를 받았지만, 이 학위를 받고 나서 주위에서 온갖 험담을 들었고 심한 모욕을 당했다. 이유는 앞에서 말한 그대로이다. 신성한 대학에서 미신적인 주제를 다룬 논문을 썼기 때문이다. 나는 이 일을 접하고 미국 사회가 자유로운 줄 알았는데 실상은 지극히 보수적인 사회라는 것을 알게 되었다. 학자에게 연구의 자유를 주지 않았으니 말이다. 미쉬로브가 학위를 받은 게 1980년의 일인데 그 시대라면 상당히 개명한 시대일 것 같은데 사실은 그렇지 않았던 것이다. 사정이 그러하니 앞에서 말한 대로 미쉬로브 이후에는 초현상적인 주제를 연구해서 박사학위를 받은 사람이 한 명도 나오지 않게 된다.

미쉬로브의 관심 분야는 그야말로 방대하기 짝이 없는데 앞에서 말한 것처럼 'para'와 관계된 것은 모두 포함된다고 보면 되겠다. 그의 관심 분야는 저서인 『The Roots of Consciousness(의식의 뿌리)』를 보면 알 수 있다. 이 책은 의식 연구에서 백과사전 같은 책이다.

여기에는 인간의 의식과 관련해서 초심리학은 물론이고 각종 종교나 신비적인 의식 등과 연관이 있는 주제가 총망라되어 있다. 인류 역사에서 일어난 초현상적인 사건들은 모두 이 책에 포함되어 있다고 해도 과언이 아니다. 그는 또 인간의 사후 생존에 대한 논문을 써서 2021년에 비글로우 의식 연구소(Bigelow Institute for Consciousness Studies)가 주최한 에세이 대회에 응모한 적이 있는데 이때 대상을 받아서 50만 불의 상금을 받은 경력도 있다. 제출된 논문 가운데 최고의 논문으로 평가받은 것이다. 이 연구소를 세운 로버트 비글로우라는 사람에 대해서도 할 말이 많지만, 우리의 주제에 다소 어긋나니 여기서는 그냥 지나가기로 한다. 이 사람은 민간항공 사업을 해 억만장자가 된 사람인데 UFO에 지대한 관심이 있어 자신의 회사에 연구소를 차려 연구를 진행한 독특한 이력의 소유자다.

미쉬로브의 이력을 말할 때 결코 지나칠 수 없는 것이 있다. 그가 대중들에게 알려지게 된 것은 위에서 본 주제를 가지고 TV 프로그램을 진행했기 때문이다. 이 프로그램은 미쉬로브가 진행자로 나오고 영적인 주제를 연구하는 사람 가운데 최고로 꼽히는 사람을 초청해 대화하는 프로그램이다. 이 프로그램은 1986년부터 2002년까지 "Thinking Allowed(허용된 사고)"라는 이름으로 방영됐는데 미국의 PBS를 비롯해서 캐나다와 호주의 120개 공영 방송에서 방송되었으니 그 인기를 알 만하다. 지금은 "New Thinking Allowed(허용된 신 사고)"라는 제목으로 유튜브 채널에서 방송되고 있어 언제든지 접근이 가능하다. 이 유튜브 채널에는 1986년부터 지금까지 제작한 영상들이 모두 실려 있어 언제든지 이 프로그램을 시청할 수 있다. 나

"New Thinking Allowed" 채널에서 대담하는 모습(오른쪽이 미쉬로브)

는 이 책은 물론이고 전 권(『Beyond UFOs』)을 쓸 때도 이 프로그램을 시청하면서 많은 도움을 받았다. 이 방송 덕분에 미국을 가지 않고도 미국 내의 연구 동향이나 학자들의 면모를 대강이나마 알 수 있었는데 그런 면에서 이 프로그램은 우리에게 그 가치가 크다고 하겠다.

이 프로그램의 면면을 보면 주제가 엄청나게 다양한 것을 알 수 있다. 즉 인간의 의식, 영혼(죽음과 사후세계, 환생), 영매, UFO(그 진실과 피랍 등), 종교적인 깨달음과 구원, 대체의학 등 영적인 분야의 모든 것을 다루고 있다는 느낌을 받는다. 이렇게 많은 주제를 다루다 보니 그동안 제작한 프로그램이 350개를 상회한다. 내가 이 프로그램을 다 시청하지는 않았지만, 출연자를 보면 미국 등지에서 영적이나 심리적으로 뛰어난 사람들이 총망라된 느낌이다. 그렇게 많은 사람이 출연하다 보니 역대 출연자에는 아는 사람보다 모르는 사람이 더 많다. 전혀 알 수 없는 생소한 인물도 적지 않았다. 그러나 그 가운데에도 아는 사람이 있어 반가웠다. 내가 아는 사람들을 열거해 보면, 유지 크리슈나무르티, 레이먼드 무디 주니어, 프리티조프 카프라, 게리 쥬커브, 존 맥, 이븐 알렉산더 등을 꼽을 수 있겠다. 이 사람들에 대해 일일이 설명을 달 수 있지만 우리의 주제가 아니니 생략하기로 한다. 지금 소개한 사람들의 저작은 한국에도 많이 번역되었으니 관심 있는 독자는 찾아보면 되겠다.

나는 이 프로그램을 보고 미국이 영적으로 얼마나 앞서 있고 그 문화가 얼마나 다양한지를 절감할 수 있었다. 그리고 앞서 말한 것처럼 미국을 가지 않고도 서양에서 영적인 것에 대한 연구가 어떻게 진행되고 있는지를 알 수 있어 고마움이 컸다. 이 프로그램은 참으로 독특해서 다른 나라에서는 비슷한 사례를 찾아보기 힘들다. 영적으로 뛰어난 사람이나 그런 사람들을 연구한 사람들을 공영 방송에서 불러다 면담하는 일은 좀처럼 일어나는 일이 아니기 때문이다. 보통 방송에서 기피하는 주제가 몇몇 있는데 종교나 영에 관계된 것이 그것이다. 이 주제들은 예민한 것이라 상대방을 용납하지 못하는 경우가 많아 방송에서는 기피 대상 일호로 꼽힌다. 예를 들어 무당 이야기를 하면 금세 기독교 같은 기성종교의 신도들이 방송국으로 항의 전화를 하기 때문에 이런 주제는 절대로 다루지 않는다. 그러나 이 프로그램은 그런 금기를 깨고 실제로 무당으로 활동하고 있는 사람을 불러 면담을 진행한 적도 있다. 미쉬로브가 이런 식으로 이 프로그램을 16년 동안이나 진행했으니 놀라운 것이다. 이런 성공을 거둘 수 있었던 것은 미쉬로브가 전체 기획을 짜고 노련하게 사회를 보았던 덕분이 아닐까 한다. 이 프로그램은 앞에서 말한 대로 모든 회가 유튜브에 제공되어 있으니 독자들이 직접 시청해 보면 내가 무슨 말을 했는지 알 수 있을 것이다.

▌테드 오웬스를 만나는 미쉬로브

여기서 이 미쉬로브의 프로그램을 소개하는 것은 주목적이 이 프로그램을 한국 독자들에게 알리기 위함이 아니다. 그보다는 내가 테드 오웬스라는 사람을 이 프로그램을 통해 알았기 때문에 그 뒷배경으로 이 프로그램이 어떤 것인지 소개한 것이다. 오웬스는 이미 죽었기 때문에 그가 직접 출연한 것은 아니고 미쉬로브가 오웬스에 대해 소개한 프로그램에서 나는 그를 처음 알았다. 그런데 미쉬로브가 이 프로그램에서 오웬스를 소개한 데에는 나름의 이유가 있었다. 미쉬로브는 오웬스에게서 최면 훈련 같은 것을 받고 그 직후에 이 프로그램을 시작했다. 뒤에서 구체적으로 밝히겠지만 미쉬로브는 오웬스가 직접 고안한 최면 훈련을 받고 각성해서 그 덕에 TV 프로그램을 시작하게 된다. 이것이 무슨 말인가를 알려면 두 사람이 처음에 어떻게 만나서 어떤 과정을 거치면서 가까워졌는가를 살펴보아야 한다. 여기에도 재미있는 뒷이야기가 많다.

미쉬로브는 오웬스를 1976년에 처음 만난다. 그때 미쉬로브는 앞에서 말한 것처럼 버클리에 있는 캘리포니아 주립대학에 다니던대학원생이었는데 파라사이콜로지스트답게 '원격 투시(remote viewing)'에 관심이 많았다. 그런데 당시 이 주제는 러셀 타르그(Russell Targ)와 할 프토프(Hal Puthoff)라는 두 명의 교수가 SRI(Stanford Research Institute, 스탠퍼드 연구소) (지금은 SRI International)에서 연구 중이었다. 이 두 사람은 당시에 뛰어난 물리학자이자 초심리학자로 정평이 나 있었다. 미쉬로브와 이 두 교수는 전공 분야

러셀 타르그와 할 프토프(스탠퍼드 연구소 앞에서, 1970년대)

가 겹치니 진즉에 서로 알고 있었을 텐데 놀라운 것은 미국 명문 대학의 연구 기관인 SRI에서 원격 투시 같은 인간의 초능력까지 연구했다는 사실이다. 처음에 이 소식을 접했을 때 나는 이 연구소가 인간의 초능력만을 연구하는 곳인 줄 알았다. 그러나 조사해 보니 그런 것은 아니고 과학이나 경제, 군사 등 다양한 주제를 연구하는 곳이었다. 그런 연구소에서 인간의 초능력을 연구한 것은 국가 안보를 위해 군과 협력하기 위해서였다고 한다. 인간의 초능력을 국가 안보를 위해 어떻게 활용할 수 있는가를 연구한 것이다. 어떻든 그런 기이한 연구를 SRI 같은 대학 연구소에서 했다는 것이 놀랍다.

이 두 교수는 1970년대 초반에 한국인에게도 친숙한 유리 겔러를 연구하고 있었다. 겔러는 초능력자 가운데에 대중적으로 많이 알려진 사람인데 그와 얽힌 이야기가 적지 않아 이 책에서도 간간이 언급될 것이다. 겔러는 알려진 것처럼 염력(念力), 즉 정신으로 물질에 영향을 주는 초능력을 지닌 사람으로 이름이 높았다. 그가 행하는 초능력 가운데 가장 많이 알려진 것은 염력으로 숟가락 구부리기인데 당시에 그가 TV에 나와 이 능력을 선보이면 그 프로그램을 보는 사람들의 숟가락도 구부러졌다는 믿을 수 없는 이야기가 전해지고 있다.

겔러 이야기가 나와서 말인데 사실 미쉬로브는 겔러와도 인연이 깊다. 겔러가 1973년에 버클리 분교에서 처음으로 대중에게 나서려고 할 때 미쉬로브가 도와주었기 때문이다. 그 뒤로 미쉬로브는 약 25년 동안 겔러와 교분이 있었는데 겔러를 둘러싸고 온갖 소문이 무성한 것도 잘 알고 있었다. 당시에는 특히 겔러가 가짜, 즉 사기꾼이라는 소문이 파다했다. 이에 대해 미쉬로브는 겔러가 진정한 초능력자라고 주장했는데 이 주제는 뒤에서 또 다루니 그때 보기로 한다. 겔러가 초능력자로 간주되었던 만큼 그를 둘러싸고 재미있는 이야기가 많아 우리의 흥미를 자아낸다.

여기서 겔러를 다소 길게 거론하는 이유는 비록 간접적이지만 이 사람 때문에 미쉬로브가 오웬스와 연결되기 때문이다. 그 사정은 이러했다. 타르그와 프토프가 유리 겔러를 연구하고 있을 때 오웬스가 계속해서 이 두 교수에게 편지를 보냈다. 그 편지에서 오웬스는 "왜 당신들은 겔러에게 시간을 낭비하는가? 내가 세계 최고의 초능력자다!"라고 주장하면서 자신을 조사 대상으로 삼아서 연구해달라고 졸라댔다. 거기서 그치지 않고 그는 교수들에게 돈도 보내달라고 했다는데 이런 몰염치하고 신사적이지 못한 행동 때문에 오웬스는 주위로부터 '디스카운트'를 많이 당한다. 그런데 두 교수는 이미 겔러를 둘러싼 논쟁과 언론의 지나친 관심 때문에 지쳐 있었다. 그런 상황에 있었던지라 그들은 오웬스 같은 또 다른 논쟁적인 초능력자를 다룰 기분이 아니었다. 그러나 그렇다고 해서 오웬스를 사기꾼으로 치부하고 그의 능력을 무시할 수도 없었다. 오웬스가 하는 일이 범상치 않게 보였기 때문이다.

오웬스는 이때 프토프와 타르그에게 자신이 세계 최고의 초능력자라는 것을 보여주기 위해 그가 늘 하던, 기후를 변화시키는 행위를 실제로 보여준다. 이것은 그의 능력으로 기후를 전격적으로 바꾸는 것인데 보통 사람인 우리는 도저히 믿을 수 없는 일이지만 그의 주위에는 이와 비슷한 일이 숱하게 일어났다. 1976년 2월 어느 날, 오웬스는 이들에게 편지를 보내 '보라! 당신들에게 내가 세계 최고의 초능력자라는 것을 보여주겠다. 지금 캘리포니아에 번지고 있는 엄청난 가뭄을 내 능력으로 멈추게 하겠다'라고 통지한다. 실제로 그때 캘리포니아에는 아주 심각한 가뭄이 진행되고 있었다고 한다. 오웬스는 이어서 말하기를 '나는 이제부터 이 지역에 비와 눈, 진눈깨비, 우박이 오게 할 것이다. 당신들은 곧 모든 종류의 이상한 날씨가 진행되는 것을 보게 될 것이다. 그와 동시에 이 지역에 광범위한 정전 현상이 생길 것이며 UFO도 나타날 것이다. 그리고 지역 신문에는 가뭄이 끝났다는 기사가 1면에 나올 것이다'라고 강하게 주장했다.

이것은 오웬스가 이적을 일으킬 때 항상 반복되는 전형적인 사례이다. 당시 상황에서 결코 일어날 수 없는, 매우 다양한 기상 현상이 한꺼번에 일어나는 것을 말하는데 이런 것들은 참으로 믿기 어렵다. 그런데 놀랍게도 그가 공표한 지 3일 안에 실제로 이 모든 일이 벌어졌다. 이에 대한 증거 자료로서 미쉬로브는 그 지역의 신문인 "Palo Alto Times"에 게재된 기사를 제시했다. 그 기사의 제목은 "Rare Snowfall Ends Drought(드물게 온 눈이 가뭄을 종식했다)"이었는데 이것은 오웬스가 예언한 그대로 아닌가? 그가 예측한 것처럼 지역 신문에 가뭄이 끝났다는 기사가 나오지 않았느냐는 것이다. 이런 기사가 신문에 실릴 수 있었던 것은, 샌프란시스코에 눈이 오는 것은 15~20년 만에 한 번 일어날 정도로 매우 드문 현상인데 이때 눈이 왔기 때문이라고 한다.

앞으로 우리는 이런 일을 수없이 마주치게 될 것이다. 아니, 그 회수가 너무 많아 다 볼 수 없을 지경이다. 어떻든 이렇게 오웬스의 말이 모두 실현된 것을 목격한 두 교수는 감동한(?) 나머지 오웬스에게 축하 카드를 보냈다. 그러자 오웬스는 바로 답장으로 '아니요, 이건 내가 한 게 아니오'라고 전했다. 이것은 자기가 행한 것이 아니라 본인이 SI(Space Intelligence, 앞으로 외계지성체라고 부름)라고 부르는 외계 존재에게 부탁해서 일어난 것이라고 주장한 것이다. 나는 이때 두 교수가 이 SI라고 명명된 외계지성체라는 존재에 대해 어떤 사전 지식을 갖고 있었는지 궁금한데 일단은 매우 황당하게 생각했을 것 같다. 난데없이 이상한 사람이 나타나 자신이 외계 존재의 힘을 빌려 있을 수 없는 기후 변화를 한꺼번에 끌어낼 수 있다고 하니 말이다. 그리고 그것을 증명한답시고 여러 자료를 보내니 두 교수는 오웬스가 매우 귀찮았을 것 같다.

바로 이즈음에 미쉬로브가 SRI를 방문해 두 학자를 만났다. 아마 그때 그들은 미쉬로브를 만나 매우 반가워했을 것 같다. 왜냐하면 그들이 미쉬로브에게 이렇게 말했다고 전해지기 때문이다. "제프, 이 사례에서 우리가 손을 떼게 해다오. 우리는 무엇을 해야 할지 모르겠다. 우리는 이 일(오웬스를 연구하는 일)을 하고 싶지 않지만, 누군가는 해야 한다. (우리 생각에) 자네 같은 젊고 촉망되는 대학원생이 (이 일을) 해야 한다. 왜냐면 자네는 논쟁이나 언론의 관심 때문에 엉망이될 수 있는 경력이 없기 때문"이라고 말했다고 한다. 이 두 학자는오웬스 사태에 대해 이중적인 태도를 지녔던 것 같다. 즉 오웬스를무시하고 백안시하기에는 그에게 무언가 있는 것 같은데, 그렇다고오웬스를 안고 가기에는 그들이 지쳐 있고 불안한 감도 있는 등등의상황이 그것이다. 그런데 마침 이때 미쉬로브가 등장하니 잘 됐다 하면서 그에게 오웬스를 떠맡긴 것이다. 그들이 보기에 '미쉬로브는 영특한 대학원생 같으니 그라면 무엇인가 할 수 있지 않을까?' 하는 생각을 했던 것 같다. 그리곤 그들은 미쉬로브에게 두께가 15cm나 되는 파일 무더기를 건넨다. 그동안 쌓인 오웬스 관련 자료인데 아마대부분 오웬스가 보낸 것일 것이다.

▌ 테드 오웬스의 유일한 평전을 쓴 미쉬로브

이때부터 미쉬로브와 오웬스의 만남이 시작되었는데 그 자세한 것은 곧 보게 될 것이다. 여기서 우선 밝히고 싶은 것은 앞에서 말한 대로 미쉬로브가 오웬스에 관해서 『The PK Man: A True Story of Mind Over Matter(염력의 인간: 물질을 지배한 정신의 진정한 이야기)』라는 평전을 썼다는 것이다. 이 책을 쓴 것이 1979년의 일이니까 미쉬로브는 오웬스를 만난 지 3년 만에 이 책을 쓴 것이다. 그런데 미쉬로브가 출판사에 이 원고

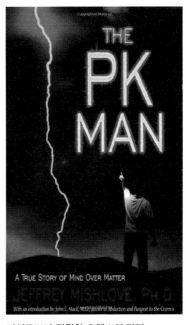

미쉬로브가 집필한 오웬스의 평전
『The PK Man』

를 보여주었을 때 그들이 보인 반응이 재미있다. 출판사 측이 말하길 '이 원고는 좋은 픽션이 아니다'라고 했다고 하니 말이다. 출판사 측은 설마 이런 이야기가 실화일 것이라고는 생각하지 못했던 것이다. 그래서 소설이라고 한 것인데 그나마도 좋은 소설이 아니라고 했으니 반응이 재미있다고 한 것이다. 오웬스가 행한 일은 너무도 기이해 일반인들이 접하면 신화에 나오는 영웅 이야기로 파악할 수 있으니 출판사의 반응이 의외인 것 같지는 않다. 일이 이렇게 흘러갔으니 출

판은 날 샌 일이라고 생각한 미쉬로브는 출판을 단념하고 그냥 서랍속에 이 원고를 넣어두었다고 한다(나도 이런 일을 적지 않게 겪어봐서 이 상황이 잘 이해된다.).

그러다 20년이 지나고 2000년이 되어서야 미쉬로브는 이 원고를 보완해서 출간하게 되었는데 그것은 UFO와 관련해서 전반적인 사회적 상황이 많이 바뀌어서 가능했던 것 같다. 시간이 지나면서 학자들의 연구도 쌓이고 목격 사건도 많이 생기면서 UFO에 대한 대중들의 거부감이 어느 정도 사라진 것이 그 요인 중의 하나가 아닐까한다. 이런 변화에 힘입어 UFO 피랍자의 연구로 독보적인 존재인 하버드 대학의 존 맥 교수가 이 책의 서문을 쓴 것 같다. 맥 같은 유명 인사가 서문을 써주니 출판사나 대중들도 UFO 현상에 대해 거부감이 줄어들었을 터이고 그 결과 출판사도 이 책을 출간하기로 정한 것 아닌가 싶다.

이번에 내가 이 책을 쓸 수 있었던 것은 순전히 미쉬로브의 책 덕분이다. 미쉬로브의 책이 없었으면 나는 오웬스에 관한 책을 쓸 엄두를 내지 못했을 것이다. 물론 오웬스가 쓴 것으로 되어 있는 『How to Contact Space People』(외계인을 만나는 방법에 대해)(2012)이라는 책도 있어 나는 이 책에서도 적지 않은 도움을 받았다. 그러나 이 책은 학술적인 관점에서 객관적으로 쓰이지 않았고 자료로서 의문시되는 부분도 적지 않게 있었다. 그래서 이 책을 다룰 때는 믿을 만한 것만 골라 제한적으로 다루었는데 이 책 역시 재미있는 정보를 제공하고 있어 우리에게 많은 도움을 줄 것이다.

앞에서 말한 것처럼 나는 미쉬로브가 진행하는 "Thinking

Allowed"라는 프로그램을 통해 오웬스를 처음으로 알게 되었다. 그런데 이 프로그램의 시작이 오웬스와 직결되어 있어 그 정황을 알면 독자들이 이 두 사람을 더 잘 이해할 수 있을 것 같다. 당시 오웬스는 우리에게는 기이한 일로 들리지만 특별한 능력을 갖지 않은 일반인들도 외계지성체(SI)를 만날 수 있는 프로그램을 개발했다. 그에 따르면 외계지성체를 만나는 일은 그리 어렵지 않다고 한다. 그러나 일상적인 상태로 외계지성체를 만날 수 있는 것은 아니고 약간의 훈련이 필요하다고 한다. 그 구체적인 내용은 나중에 설명하니 그때 보기로 하고 독자들의 이해를 위해 여기서는 그 프로그램의 골자만 보자. 그것은 오웬스가 이틀 동안 당사자를 최면해서 그의 의식을 일정하게 바꾸는 것인데 대체적인 내용은 명상하는 것과 비슷하다. 그런데 이 경우에는 명상처럼 혼자 하는 게 아니라 오웬스의 안내를 받아 최면 기법을 활용하는 것이 다르다고 하겠다.

미쉬로브는 오웬스가 죽기 1년 전인 1986년에 이 훈련을 받게 된다. 그때 오웬스가 미쉬로브에게 '이번 훈련으로 무엇을 얻기를 원하는가'라고 묻자 미쉬로브는 자신의 전공 분야인 초심리학이나 사후생과 영의 실제, 그리고 의식과 같은 주제를 대중들에게 효과적으로 알릴 수 있는 기회가 생겼으면 한다고 대답했다. 그런 소망을 갖고 미쉬로브는 오웬스의 최면 훈련을 받으면서 이틀을 보냈다. 그런데 놀랍게도 그 해에 미쉬로브에게 "Thinking Allowed"라는 프로그램의 제작 제의가 들어왔다. 자신이 오매불망 바라던 소원이 이 최면을 받고 실현된 것이다(물론 이 두 사건 사이에 논리적인 인과관계가 성립되는지는 확실히 알 수 없지만 말이다). 미쉬로브는 이 프로그램을 통해 그가 그

토록 원하는 초현상이나 초심리학에 대한 지식을 대중들과 원 없이 나누게 되었다. 그와 동시에 미쉬로브 덕에 대중들은 세계 최고의 저자들을 만나 그들의 사상을 경청할 수 있었는데 나도 그중의 한 사람이 된 것은 말할 것도 없다.

이 "Thinking Allowed"라는 프로그램은 흡사 미쉬로브의 간판처럼 되어 있어 그와 별개의 것으로 생각할 수 없다. 그는 2002년에 이 프로그램을 공중파로 송출하는 일을 그만두었지만, 그해부터 "New Thinking Allowed"라는 새로운 제목으로 유튜브에서 방송을 이어오고 있다. 따라서 미쉬로브 하면 이 프로그램이 연상될 정도로 그에게는 인생의 중요한 부분인데 이것이 오웬스에 의해서 촉발됐으니 두 사람의 인연이 얼마나 깊은지 알 수 있지 않을까 싶다.

이 최면 프로그램과 그에 의해 촉발된 것으로 보이는 TV 프로그램("Thinking Allowed")의 시작은 미쉬로브에게 또 다른 큰 의미가 있다. 당시 그는 온갖 중상모략과 명예훼손에 시달리고 있었다. 그가 하는 초심리학과 같은 '초(para)'를 지향하는 학문을 근본적으로 보이코트하는 사람들의 공격이 막대하고 집요했기 때문이다. 이 사람들 눈에는 미쉬로브 같은 사람이 미국에서 명문으로 꼽히는 캘리포니아 주립대학의 박사학위를 따고 이런 허접하고 미신 같은 것을 말하는 것을 용납할 수 없었던 것이다. 그들은 심지어 대학에 압력을 가해 그의 학위를 취소하라고까지 했다. 사기꾼으로 보이는 미쉬로브 같은 사람이 공적인 학교 학위를 소유한 것에 신경질적 반응을 보이면서 경기(驚氣)를 일으킨 것이다. 미쉬로브는 당시 자신이 생의 밑바닥을 헤매고 있었다고 술회했다. 그 외의 자세한 사정은 생략하

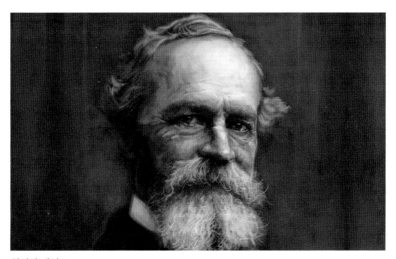
윌리엄 제임스

지만 이렇게 큰 스트레스에 눌려 살고 있던 미쉬로브에게 이 TV 프
로그램이 선사된 것이다. 그는 이 프로그램을 진행하면서 당당히 주
류 사회에 입성했고 그 덕에 그 뒤에는 사람들이 그의 경력을 가지
고 대놓고 공박하는 일이 없어졌다. 아주 짧게만 훑어보았지만 이처
럼 미쉬로브에게 오웬스는 의미가 깊은 사람이었다.

　이제 오웬스와 관계된 미쉬로브의 이야기는 얼추 다 했는데 하나
꼭 언급하고 싶은 것이 있다. 이것은 그저 호사가들이 좋아하는 이야
기로 그 진실 여부는 알기 힘들다. 이는 다름 아닌 미쉬로브의 전생
에 관한 것으로 그는 직전생에 미국 최고의 철학자였던 윌리엄 제임
스로 살았다는 소문이 있다. 이것은 유명 인사들의 전생을 조사한 월
터 셈키우(W. Semkiw)라는 정신의학자가 "Thinking Allowed" 프로
그램에 나와 미쉬로브와 나눈 대화 내용이다. 셈키우는 말하길 이 진

단은 사실로서 자신이 소통하는 영매를 통해 확인할 수 있었다고 주장했다. 이 사실은 영매가 말해준 것이기는 한데 정확하게 말하면 그 영매가 교통하고 있는 영혼이 말해준 것이라고 해야 한다. 이 주장에 대해 미쉬로브는 어떻게 자신이 미국의 대철학자인 윌리암 제임스와 같은 인물이 될 수 있느냐며 손사래를 쳤다. 윌리엄 제임스는 자신에게 영웅 같은 존재인데 어떻게 자기가 그런 인물일 수 있느냐는 것이었다. 자신은 제임스 같은 거대한 인물에 견줄 수 있는 인물이 아니라는 것이다.

그런데 생각해 보면 미쉬로브와 제임스 사이에는 유사한 점이 많다. 특히 연구의 향방이나 관심을 두는 주제가 비슷하다. 제임스는 미국 최고의 철학자이면서도 '초(para)'의 영역에 관심이 있었다. 그래서 그는 영매에 관해서도 연구하고 환각제도 몸소 체험하는 등 일반적인 철학자와는 아주 다른 모습을 보였다. 일찍이 제임스는 우주를 '의식의 우주적 저장고(cosmic reservoir of consciousness)'라고 불렀다고 했는데 이것은 결코 서양의 철학자가 할 수 있는 말이 아니다. 반드시 동양적이라고 하지는 않더라도 대단히 신비적인 견해인데 이것 역시 미쉬로브와 통하는 바가 있다. 미쉬로브는 그의 저서 중에 『The Root of Consciousness』라는 책이 있는 데에서도 알 수 있듯이 의식에 대해 관심이 많았다. 아니, 많은 정도가 아니라 그의 궁극적인 관심이라고 할 정도로 미쉬로브는 인간의 의식에 큰 관심을 갖고 있었다. 이런 면에서도 이 두 사람은 비슷한 점이 많은데 우리가 말할 수 있는 것은 여기까지이다. 실제로 두 사람이 전/현생의 동일 인물인지 아닌지는 물음표만 남겨 놓고 다음 장으로 가야겠다.

테드 오웬스, 그는 누구인가?

테드 오웬스

테드 오웬스에 대한 자료는 지극히 적다. 그는 그가 갖고 있다는 능력에 비해 너무나도 알려지지 않았다. 초심리학이나 UFO 등에 관심 있는 사람들 가운데에도 오웬스를 아는 사람은 많지 않다. 그러니 비전공자인 일반인들은 아예 오웬스라는 사람의 존재 자체를 모른다. 오웬스는 흡사 신과 같은 능력을 가진 격외의 인간임에도 불구하고 세간에는 거의 알려지지 않았다. 그래서 그런지 그의 사진도 두세 장에 불과하다. 웬만한 사람이면 어릴 때부터 시작해서 다양한 사진이 있을 텐데 그를 담은 사진은 두세 장밖에 없으니 이런 사정이 외려 희한하다. 사진 자료로만 보면 그는 보통 사람만도 못한 사람이라고 할 수 있다.

그에 대해 궁금한 사람들이 손쉽게 접할 수 있는 자료는 '위키피디아'라는 지면밖에 없는데 여기에는 이렇게 적혀 있다.

오웬스는 천재 수준의 IQ를 가지고 있다고 주장했고 멘사의 회원이기도 하다. 그는 "외계지성체(Space Intelligence)"가 자신의 뇌를 수술하여 텔레파시 메시지를 받을 수 있도록 "초능력 수술"을 시행했다고 믿었다. 그는 자신을 "UFO 예언자"로 불렀는데 모세와 비교하면서 자신이 번개, 태풍, 토네이도, 지진, 화산 폭발을 예측할 뿐만 아니라 제어할 수 있는 초능력을 가지고 있다고 주장했다. 그는 자신을 "PK 맨"이라고도 불렀는데 자신의 능력은 핵무기와 환경 오염이 인류에게 큰 위험을 초래하고 있다는 것을 알리려고 하는 우주 지성체에 의해 주어졌다고 주장했다.

이 소개는 다소 거칠기는 하지만 오웬스에 대해 전체적인 정보가 들어 있다. 그에 대한 대종의 설명이 들어 있기 때문이다. 위의 이해를 바탕으로 그를 더 단순하게 묘사하면, 그는 'UFO로부터 얻은 초능력으로 외계 존재와 인류의 거간꾼이 되어 인류가 파멸로 들어가는 것을 막으려는 사람'이라고 할 수 있다.

이렇게만 보아도 오웬스는 매우 뚱딴지같은 사람인 것 같은데 앞에서 말한 대로 자세한 정보가 없어 그를 이해하는 데에 많은 어려움을 느낀다. 그런데 다행히도 앞에서 본 미쉬로브의 책과 오웬스 자신이 쓴 책이 있어 단편적이지만 그를 이해할 수 있다. 이 두 책 가운데 미쉬로브의 책은 그래도 수미일관하게 서술되어 있어 전문서라는 느낌이 들지만 오웬스의 저서인 『How to Contact Space People』은 앞에서 말한 것처럼 전문적인 학술서는 아니다. 이 책은 한 저자가 처음부터 끝까지 일관되게 쓴 것이 아니고 각기 다른 방식으로 기술된 세 부분으로 되어 있다. 이 세 부분 가운데 첫 부분은 미쉬로브가 오웬스와의 관계에 대해 자신이 진행하는 라디오 프로그램에서 술회한 것을 녹취한 것이다. 그다음 두 번째 부분은 오웬스가 자신의 일생을 평이하게 설명한 것이고 마지막 세 번째 부분은 오웬스가 제삼자와 대화한 것을 녹취해서 올려놓은 것이다. 그래서 그런지 이 책은 책이라기보다 일차 자료집 같은 느낌을 받는다(하기야 오웬스 같은 사람은 책 쓰는 데에 별 관심이 없을 것이다). 그러나 그 나름대로 매우 재미있는 요소들이 곳곳에서 발견되는데 특히 제삼자와 대화한 내용은 UFO와 외계 존재를 이해하는 데에 큰 도움을 준다. 그러면 이런 부족한 자료를 가지고 대책이 없는 인간인 테드 오웬스에 대해 알아보자.

이해하기 힘든 오웬스의 생애

테드 오웬스는 1920년에 태어났는데(1987년 卒) 그의 삶은 어릴 때부터 온갖 이적으로 점철되어 있다. 그중에서도 가장 이해가 안 되는 것은 그의 몸이 공중 부양되었다는 사건인데 이런 사례가 한두 번이 아니라 곤혹스럽다. 아니, 어떻게 인간의 몸이 아무런 지지대나 끈이 없이 공중에 떠 있다고 하는 건지 도무지 이해할 수 없다. 예를 들어 그가 4살 때 몸이 공중 부양해 지붕에까지 올라갔다는 것부터 시작해서 13살 때는 수영장에서 다이빙했더니 몸이 그대로 공중에 떠 있었다고 하는 것 등등이 그것이다. 그런가 하면 1940년 대 초반 해군에 복무했을 때는 배를 타고 가다 해치(화물출입구)에서 60~90cm 밑으로 점프했는데 또 공중에서 정지해서 떠 있었단다.

그리고 그것을 수십 명의 해군이 옆에서 목격했다고 한다. 이처럼 그가 수영장이나 배에서 공중 부양했을 때 다른 사람들이 목격했다고는 하지만 이것은 제삼자가 발설한 것이 아니고 오웬스 본인이 이야기한 것이라 신빙성에 의문이 간다. 따라서 그 진위를 판단하기 힘든데 만일 이 일이 사실이라면 어떻게 이런 일이 가능할지 설명이 잘 안된다.

사실 공중 부양이라는 현상은 기존 종교계에서는 아주 낯선 주제는 아니다. 공중 부양과 관련해서 선뜻 떠오르는 것은 불교에서 말하는 신족통(神足通)이다. 이것은 깨달은 자만이 가질 수 있는 여섯 가지 신통력 가운데 하나로 자기가 원하는 대로 어디든지 날아다닐 수 있는 초능력을 말한다. 좋은 예가 될지 모르겠지만 관세음보살 같은 존재가 공중에 나타나고 사라지는 게 그런 것이라고 할 수 있다. 그런데 불교의 고승 가운데 이 능력을 실제로 보인 사람이 있는지는 과문한 탓인지 몰라도 잘 생각나지 않는다. 육신통 가운데 천안통이나 숙명통 같은 초능력은 실제로 가능한 것처럼 취급된 적이 많은데 신족통에 대해서는 구체적으로 언급된 경우가 보이지 않는다.

그에 비해 가톨릭에서는 이 신통력이 가끔 회자되었다. 대표적인 예를 꼽으라면 가톨릭의 대표적인 신비주의자로 이름 높은 아빌라의 데레사 수녀(1515~1582)를 들 수 있다. 그녀는 기도하는 중에 몸이 공중에 떠오르는 이적을 여러 차례 보였다고 하는데 이런 일이 어떻게 가능한지는 알 수 없다. 그리고 기도하다가 왜 굳이 떠올랐는지 그 심산을 모르겠다. 그러나 데레사의 경우에는 그녀가 엄청나게 드높은 영성의 소유자니까 그런 이적이 가능하다고 생각할 수 있다. 그에 비해 오웬스는 그저 그런 평범한 사람인 것 같은데 그런 사람이 4살 때부터 공중 부양했다는 것은 선뜻 믿기지 않는다. 한 가지 가능한 설명은 그의 주장에 따라, 어려서부터 그가 UFO와 모종의 관계를 맺었다면 이들(Space Intelligence)의 권능으로 이런 일이 생길 수 있을지 모르겠다. 그런데 그의 생애에는 이것 말고도 많은 이적이 다반사로 일어났기 때문에 솔직히 말해 공중 부양 정도는 이적 축에도 끼지 못할 것 같다.

오웬스는 또 술회하기를 자신은 10살 때 이미 아프리카의 민속 신앙과 기독교가 합해져 만들어진 부두교의 전문가가 되었다고 하고 또 13살 때에는 최면사가 되었다고 한다. 이 발언 중에 최면에 능했다는 것은 그래도 요해가 되지만 부두교의 전문가가 되었다는 것은 무슨 말인지 모르겠다. 부두교는 생소한 종교인지라 그가 말하는 전문가가 무슨 의미를 갖는지 모르겠다는 것이다. 그러나 굳이 이해해 본다면 부두교는 주술적인 행위나 그에 따르는 의례를 많이 하는 것으로 정평이 나 있으니 이런 행위를 하는 데에 전문가가 되었다는 것 아닐까 싶다. 아니면 부두교에서 모시는 신령과 통했다는 것을 의미할지도 모르겠다.

그러나 가장 이해가 안 되는 것은 어떻게 10살밖에 안 되는 어린아이가 종교 전문가가 되었느냐는 것이다. 음악이나 기술 같은 것은 10살짜리도 전문가가 될 수 있지만 종교는 어린아이가 통달할 수 있는 분야가 아니다. 종교는 오랜 수련과 기도 같은 것을 통해서 높은 경지로 가는 삶의 분야인지라 나이를 많이 먹은 다음에야 전문가가 될 수 있다. 그런데 10살이라는 그야말로 약관의 나이에 부두교의 전문가가 되었다고 하니 오웬스라는 사람은 정체를 알 수 없는 묘한 사람이라 하겠다(사실 그가 13살 때 최면 전문가가 되었다는 것도 믿기 힘든데 설명하기가 번거로워 여기서는 그냥 지나간다).

그가 거쳤던 직업의 행진은 계속 이어진다. 그는 그 뒤에도 권투 선수나 유도 선수, 경호원, 드럼연주자, 타이피스트 등 20가지 이상의 직업을 가지고 전전(輾轉)하며 살았다. 이 말은 그가 다양한 직업을 거치면서 살았다고도 할 수 있지만, 한 가지 직업에 안주하지 않고 평생을 떠돌이처럼 직업을 바꿔가면서 살았다는 것을 의미할 수도 있다. 그래서 그런지 그는 돈을 모으는 것과는 별 연관이 없는 삶을 살았다. 그냥 연관이 없는 정도가 아니라 일생을 가난하게 살았다고 하는 것이 더 맞는 표현이겠다. 그래서 그랬는지 그는 사람들에게 자기 능력을 과시하면서 돈을 요구하는 경우가 적지 않았는데 이 때문에 사람들로부터 신망을 많이 잃게 된다. 이것은 당연한 것이 자신이 모세 같은 존재라고 하면서 스스로 한껏 치켜올리더니 종국에는 기껏 돈을 요구하니 이는 앞뒤가 잘 맞지 않는 행동거지가 아니겠는가?

오웬스는 자신이 이런 기구한 삶을 살게 된 것은 외계인 즉 외계지성체들 때문이라고 주장했다. 외계지성체들이 자신을 이렇게 만들었다는 것인데 상황이 그렇게 된 것은 그가 그들과 일하기 위해서는 평범한 몸이나 정신으로는 가능하지 않았기 때문이라고 한다. 오웬스에 따르면 외계 지성체와 교류를 가지려면 그들이 갖고 있는, 말할 수 없이 강한 에너지파를 견뎌내야 한다. 그들과 교류하게 되면 그들에게서 나오는 강한 에너지파를 경험하지 않을 수 없는데 보통 사람이 이 기운을 받으면 몸이 망가지고 정신이 파열된다고 한다. 그런데 자신은 외계지성체들이 개조해서 그들의 기운을 받아넘길 수 있게 만들어졌기 때문에 그들과 교류하는 일이 가능하게 되었다고 한다. 그래서 그들이 자신을 '지구 대사(earth ambassador)'로 꼽았다는 것이다. 이와 더불어 그는 수십억이나 되는 세계 인구 중에 자기만이 모세에

테드 오웬스의 책
『How to Contact the Space People』

견줄 수 있다는 인물이라고 자랑하는 것도 잊지 않았다.

한국 독자들은 모세라는 인물이 서양에서 어떤 인물로 인식되고 있는지 잘 파악이 안 될 수 있다. 즉 모세가 서양사 전체에서 어떤 위상을 지니고 있는지 모를 수 있다는 것이다. 모세는 유대교나 기독교, 그리고 이슬람교를 믿지 않는 사람들에게는 별 의미가 없는 인물이지만 이 종교를 믿는 사람들에게는 절대적인 존재이다. 특히 기독교도들에게는 예수 다음으로 절대적인 존재라고 하겠다. 나중에 다시 나오지만 모세는 유대-기독교의 신인 야훼를 직접 체험했고 십계명도 제공하는 등 유대-기독교의 기초를 세운 사람이다. 유대-기독교의 기본적인 정체성이 모세 덕분에 생겼다고 할 수 있으니 이들

종교에서 그가 어떤 지위를 지니고 있는지 알 수 있을 것이다. 이 이외에도 모세가 이스라엘 사람들을 이집트에서 구해오고 홍해에서 바다를 가르는 이적을 보이는 등 할 이야기가 엄청 많지만 여기서 다 다룰 수 없으니 생략한다. 좋은 비유가 될지 모르겠지만 서양인에게 모세라는 사람의 지위는 한국인들에게는 단군 정도가 될 수 있겠다는 생각을 해본다. 서양인들은 어릴 때부터 모세라는 엄청난 영웅에 관해서 수도 없이 이야기를 들었기 때문에 그가 얼마나 위대한 인간인지 잘 안다.

모세 이야기는 그 정도 하고 다시 우리의 주인공인 오웬스로 돌아가자. 그는 성인이 되어서 다른 이적을 보이는데 그가 가장 많이 거론한 이적은 놀랄 만한 안광(眼光)이다. 그의 눈빛이 범상치 않았다는 것인데 그가 이 안광의 힘을 발한 것은 뜻밖의 경우라 우리에게 실소를 자아내게 한다. 그 엄청난 힘을 시쳇말로 '엄한' 데에 썼기 때문이다. 그는 여학생들과 데이트할 때 깡패를 많이 만났다고 하는데 그때마다 그들을 손 하나 대지 않고 예의 눈빛으로 제압했다고 하니 말이다. 그 대단한 힘을 기껏 깡패들을 상대하는 데에 썼다고 하니 웃긴다. 그런데 이 깡패들이 그저 동네 깡패에 불과한 친구들이 아니고 평상시에 살인을 저지르는 극악한 무리였다고 한다. 실제로 어떤 경우에는 칼을 들고 오웬스를 찌르려고 접근한 친구도 있었다. 그가 이런 무리를 제압하는 방법은 간단했다. 한 번 째려보기만 하면 되기 때문이다. 그러면 아무리 무서운 녀석도 슬그머니 줄행랑쳐버리곤 했단다. 어떻게 그런 일이 가능하냐고 그에게 물으니 그는 이것도 외계지성체(SI)의 힘을 빌려서 한 일이라고 답했다. 그런데 구체적으로 어떤 식으로 외계지성체의 힘을 빌려서 그 힘을 전달했는지는 밝히지 않아 잘 알지 못한다. 안광으로 상대방을 제압하는 일은 여간 기가 강한 사람이 아니면 할 수 없는 일인데 그가 지닌 기가 남달랐던 모양이다.

오웬스는 1941년부터 1945년까지 해군에 복무했는데 당시 미국 초심리학계의 대부라 할 수 있는 조셉 라인(Joseph. B. Rhine, 1895~1980) 교수에게 편지를 써서 그의 문하에 들어가 공부할 수 있게 해달라고 부탁했다. 라인은 초심리학의 권위자답게 자기가 속한 듀크 대학에 초심리학 연구실을 두고 있었는데 오웬스는 이 연구실에서 일하기를 원한 것이다. 라인은 인간의 초능력을 알아내기 위해 여러 가지 실험을 했다고 전해진다. 그 가운데 우선 피실험자를 한 방에 넣고 다른 방에서 제시하는 카드를 맞추는 실험이 있었다. 이것은 피실험자가 앞에서 본 원격 투시 능력을 갖고 있는지를 판별하는 실험이라고 하겠다. 또 주사위를 던질 때 피실험자가 염력을 보내면 그가 원하는 대로 숫자가 나오는 것을 확률로 계산하는 실험도 자주 했다고 한다.

이것은 모두 생각이 물질에 영향을 미칠 수 있는지에 관한 연구인데 이 주제는 또 다른 거대한 주제라 여기서는 그냥 통과하는 게 낫겠다. 이 주제에 대해 설명하다 보면 이야기가 길어질 수 있기 때문이다. 그러나 한마디는 했으면 한다. 인간의 정신은 물질을 움직일 수 있지만 그것은 매우 어려운 일이라는 것이다. 다시 말해 사람이 생각으로 물질에 변화를 줄 수 있기는 하지만 그것은 보통 사람들이 생각하는 것보다 훨씬 더 어려운 일이라는 것이다. 이런 일은 차라리 우리 같은 보통 사람한테는 절대로 일어나지 않는다고 생각하는 게 적절하다고 할 수 있다. 그런데 사람들은 이른바 도사라고 불리는 사람들이 순간적으로 초능력을 발휘하는 줄 아는 것 같다. 그러나 그것은 사실이 아니다. 이런 초능력은 오랫동안 수도를 한 사람만이 할 수 있는 일이다. 그러나 그런 능력을 갖고 있다 하더라도 그것을 발휘하려면 상당한 시간이 필요하다. 절대적으로 집중하는 시간이 필요하기 때문이다. 그러니까 사람들은 초능력자가 '얏' 하면 종이가 날아가고 촛불이 켜지는 등 이적이 바로 생기는 줄 아는데 그것은 사실이 아니다. 아주 작은 초능력을 보이려고 하더라도 그것을 실현하려면 상당한 시간이 필요하다. 보통 사람들은 상상할 수 없을 뿐만 아니라 경험할 수도 없는 고도의 집중력을 발휘해야 하기 때문이다.

초능력자로 거듭 태어나는 오웬스

다시 우리의 주제로 돌아와서, 나는 이전에는 오웬스가 군대에서 제대하자마자 라인 교수의 문하로 들어간 줄 알았다. 그러다 마침 미쉬로브가 출연한 유튜브 영상(제목은 "InPresence 0214: Reflections on The PK Man (Jeff interviews himself)")을 시청해 보니 그렇게 진행되지 않은 것을 알 수 있었다. 오웬스는 바로 라인의 연구실로 간 것이 아니라 일단 고향집으로 돌아가서 잠시 머물다가 라인에게 간 것이었다. 그런데 이때 오웬스가 라인에게로 가는 과정에 재미있는 뒷이야기가 있어서 그것을 소개해 보려고 한다. 이 이야기는

초능력 실험을 하고 있는 조셉 라인 교수

미쉬로브의 책에는 나오지 않고 이 영상에만 나온다.

오웬스는 1945년에 해군을 제대했지만 라인 교수로부터 대학 연구소로 오라는 전갈은 받지 못했다. 그래서 할 수 없이 인디애나주에 있는 고향집으로 돌아가 있었는데 마침 뉴욕에 살던 이모가 놀러 왔단다. 그때 그는 그녀에게 라인에게 자신을 연구원으로 받아달라는 편지를 보냈다고 말했다. 그러자 이모는 그에게 지체하지 말고 지금 바로 라인에게 전화하라고 강권했다. 당시 오웬스는 라인을 어렵게 생각한 나머지 감히 전화할 생각을 하지 못했던 모양이다. 반면 오웬스의 이모는 화끈한 성격의 소유자였던 것 같다. 무언가 생각나면 바로 행동에 옮기는 그런 '스타일'의 사람 말이다. 이모의 말에 힘이 난 오웬스가 그 자리에서 라인에게 전화했다. 라인과 오웬스는 이미 서신 왕래가 있어 안면이 있던 사이였다. 오웬스가 자신을 소개하자 라인은 대뜸 '마침 비서가 그만두어서 내 새 책의 원고를 타이핑해 줄 사람이 필요한데 바로 올 수 있겠소?'라고 물었다. 오웬스는 유능한 타이피스트였고 속기사였기 때문에 그 제안은 그에게 딱 맞는 것이었다. 오웬스는 즉시로 라인의 제안을 받아들이겠다고 화답했다.

사정이 이렇게 됐으니 오웬스는 라인이 있는 노스캐롤라이나로 가야 했는데 그곳까지 가는 교통비가 없었던 모양이다. 그는 이번에도 이모의 신세를 진다. 이모가 선뜻 버스비를 주었다고 하니 말이다. 덕분에 오웬스는 곧바로 자신의 고향에서 아주 멀리 떨어진 노스캐롤라이나를 향해 떠날 수 있었다. 이모가 이렇게 돈을 대주는 일은 한국에서는 그다지 신기한 일이 아니지만 미국에서는 잘 일어나지 않는 일이다. 미국 사회는 워낙 개인주의 사회라 이모는 친척이긴 하지만 그리 가까운 사이는 아니라고 할 수 있다. 그래서 조카에게 선뜻 돈을 주는 일은 잘 일어나지 않는데 오웬스의 가족 관계는 조금 남달랐던 모양이다. 아마 오웬스의 이모는 여장부 같은 사람이지 않았을까 하는 생각이 든다.

이렇게 해서 오웬스는 1945년부터 라인 교수의 연구실에서 조교로 일하게 되는데 라인의 도움으로 듀크 대학에도 등록하게 된다(그런데 대학 공부는 제대로 하지 않은 것 같다). 오웬스는 후에 술회하길 자신은 이때 라인의 연구실에서 일하면서 염력과 같은 초능력을 발전시킬 수 있었고 그 덕에 외계지성체와 일할 수 있는 가능성을 더 높일 수 있었다고 말했다. 오웬스에게 라인과 함께했던 시간이 귀중했던 것은 그때 오웬스가 자신을 재발견할 수 있었기 때문이었다. 그는 이전에는 자신이 얼마나 대단한 초능력을 갖고 있었는지 몰랐단다. 그런데 이 연구소에서 일하면서 라인뿐만 아니라 다른 연구원들과 같이 교류하면서 자기 능력에 눈뜰 수 있었다고 한다. 이것은 그가 그 연구소에서 일할 때 그에게 많은 자극이 가해져 내면에 잠재되어 있었던 능력이 나타난 것 아닐까 한다.

그런데 그가 이 연구소에 가게 된 과정이 매우 재미있다고 했다. 앞에서 본 것처럼 우연히 이모가 그의 집에 와서 라인과 다리를 놓고 차비까지 주었으니 말이다. 우연 같지만, 거기에는 어떤 필연적인 요소가 있는 것 같고 또 동시성의 경향도 있는 것 같다. 특히 동시성이 있는 것 같다고 한 것은, 오웬스가 라인에게 전화했을 때와 그의 비서가 그만둔 때가 동시였기 때문이다. 만일 그때 비서가 그만두지 않았다면 오웬스가 라인과 만나는 일은 이루어지지 않았을 것이다. 그렇게 되면 오웬스의 초능력이 발현되는 시간이 늦겨졌을 것이고 그 뒤에 일어날 모든 일이 변경됐을 것이다. 이모 일부터 해서 여러 가지 요소가 마치 우연처럼 일어났는데 그 모든 것이 사실은 내적인 질서 안에서 필연적으로 일어날 수밖에 없는 일이 아니었나 한다. 이런 이야기는 아주 재미있지만 말하기 시작하면 장황해지니 여기서 접고 우리의 주제로 돌아가자.

이때 오웬스는 자신도 모르게 초능력이 발현되곤 했던 모양이다. 그 가운데 재미있는 것은 그가 여학생과 데이트할 때 그녀의 귀걸이나 장갑 등이 없어지는 현상이었다. 분명히 오웬스는 아무 일도 하지 않았는데 이런 것들이 사라졌다고 한다. 이런 소문이 나자 친구들이 그를 감시하기 시작했는데 그것과 관계없이 같은 현상이 반복되었다. 이것이 사실이라면 이 역시 PK 파워의 발현 혹은 폴터가이스트 현상이라고 볼 수 있을 것이다. 그런데 그 없어진 귀걸이나 장갑은 도대체 어디로 간 것일까? 그냥 소멸된 것 같지는 않은데 그렇다면 어딘가에는 분명히 존재해야 한다. 그곳이 어디일지 여간 궁금한 게 아니다. 이런 현상은 매우 신기한 일임이 틀림없지만 오웬스의 주위에는 이런 일이 비일비재하니 신기해할 것도 없겠다.

그런데 진짜로 오웬스의 염력이 발현된 것으로 보이는 사례가 있어 우리의 비상한 관심을 끈다. 만일 이 사례가 사실이라면 앞에 열거한 초능력과는 상대도 안 되는 대단한 것이라고 할 수 있다. 이것은 오웬스가 라인의 연구소에서 직접 행한 일로, 탁자 위에 있는 가위를 염력으로 어떤 형태로든 움직이는 것이었다. 이것은 당시 여러 명이 옆에서 지켜보고 있었기 때문에 오웬스가 사기를 칠 수 있는 형편이 아니었다. 그런데 가위 같이 무거운 물건을 정신의 힘으로 옮기는 것은 거의 불가능한, 아니 가능하다 해도 대단히 어려운 일임이 틀림없다. 또 가능하다 해도 짧은 시간 안에는 이런 일이 일어나지 않는다고 했다. 이런 일을 하기 위해서는 강한 정신력을 가진 사람이 엄청난 집중력을 발휘해야 하는데 이와 동시에 시간이 많이 필요하다. 그래서 이 실험에 돌입한 오웬스도 한 시간여를 집중하면서 가위가 움직이는 것을 상상했는데 가위는 좀처럼 움직이지 않았다. 시간이 많이 지났는데도 가위가 움직이지 않자 옆에서 지켜보던 사람들도 진력나고 오웬스 본인도 지쳤던지 그는 홧김에 '제기랄'이라고 소리쳤다. 그런데 그때 가위가 갑자기 날아서 1.2m 정도 앞에 떨어졌다고 한다. 탁자 밑으로 떨어진 것이다. 이때 오웬스도 놀라고 주위 사람들도 놀랐을 것이다. 가위에 가해진 힘이 전혀 없는데 갑자기 가위가 움직였으니 말이다.

이것이 사건의 전말인데 이것을 어떻게 이해해야 할지 모르겠다. 정신의 힘으로 그 무거운 가위를 들었다는 게 정녕 믿기지 않기 때문이다. 그러나 정황적으로 볼 때 이 현상을 인정할 수밖에 없을 것 같다. 왜냐하면 이 가위에는 오웬스의 염력 빼고는 어떤 힘도 가해지지 않았으니 말이다. 우리 같은 보통 사람들은 용을 쓰면서 아무리 집중해 봐야 얇디얇은 습자지 한 장도 움직일 수 없는데 오웬스는 무거운 쇳덩어리를 움직였으니 대단하다고 할 수밖에 없다.

이 사건에서도 우리가 배울 수 있는 점이 있다. 앞에서도 말했지만, 이런 초자연적인 현상을 믿기 좋아하는 사람들은 이 같은 초능력이 쉽게 발현될 수 있다고 생각하는데 그것은 사실이 아니라고 했다. 즉 기합을 넣으면 즉시 가위가 날아가고 물이 술로 바뀌는 게 아니라는 것이다. 또 TV 같은 데서 최면사가 '레드썬'이라고 하면서 라이터를 켜면 피실험자가 순간적으로 최면에 깊이 빠지는 장면이 나오는데 이런 게 불가능하다는 것이다. 이 사례는 아마 이렇게 진행됐을 것이다. 그 현장을 상상해 보면, 오웬스는 정신을 집중해서 서서히 강도를 높여 최고도로 올린 다음 그 상태를 흩트리지 않고 일정 시간 지속했을 것이다. 이때 오웬스는 가위가 들려서 바닥에 떨어지는 것을 생각하면서 그것을 이미지로 만들어 강력하게 집중했을 것이다. 오웬스가 이렇게 집중하는 데에 한 시간여를 보냈으니 그의 집중력이 얼마나 강한지 알 수 있다(보통의 우리는 단 10초도 집중하지 못한다!). 이런 식으로 진행하니 초능력을 발휘할 때는 시간이 절대적으로 필요하고 엄청난 힘을 정신을 집중하는 데에 써야 한다. 이 때문에 이런 실험이 끝난 뒤 초능력자는 많은 에너지를 소비해 진이 빠지는 경우가 다반사라고 한다. 탈진하는 것이다. 이 이외에 오웬스가 이 연구소에서 행한 일 가운데 언급할 만한 사건은 없었다.

외계지성체와 만나는 오웬스

1947년쯤 오웬스는 듀크대를 떠났는데 그는 이 대학에 있을 때 만난 여자와 결혼했다. 이 이후부터 오웬스는 다른 어떤 것보다도 날씨를 조종하는 데에 자신의 에너지를 집중하기 시작했다고 한다. 그는 그때까지만 해도 자신이 비구름을 부르고 벼락이 치게 하고 폭풍을 불게 하는 능력을 발휘할 수 있는 것은 자연의 힘과 접촉하기 때문이라고 생각했다. 그러니까 그는 이때까지만 해도 자신이 외계인, 즉 외계지성체와 연결되어 있다는 사실을 알지 못했던 것이다. 그런 그가 자신이 외계지성체와 연결되어 있다는 것을 알게 된 것은 1955년 초반이었다고 한다.

당시 그는 딸과 같이 교외를 운전하면서 가고 있었는데 UFO가 나타났다고 한다. 그가 이때의 사건에 대해 세세하게 설명하지 않아 구체적인 사정은 잘 모르지만, 그 이후로 염력을 구사하는 능력이 크게 향상되었다. 그뿐만 아니라 이 사건을 통해 그는 자신이 어릴 때부터 외계지성체들에 의해 '모니터링'되었다는 사실도 알게 된다. 이

것이 무슨 말일까? 이것은 오웬스가 외계지성체를 처음 만난 것이 1950년대 중반이 아니라 어릴 때였고 그 이후에도 간헐적으로 꾸준하게 지속되었다는 것을 의미한다. 이것은 UFO에 의해 피랍됐다고 주장하는 사람들이 전형적으로 주장하는 바다. 자신은 기억하지 못하지만, 이들은 어릴 적에 납치되어 모종의 칩 같은 것이 그들의 몸에 주입되는 일을 겪는다(이 일은 피랍자들이 다 겪는 것은 아니다). 이 칩은 그들의 몸과 마음에 생기는 변화를 '체크'하기 위해 심어 놓은 것으로 보인다. 이 같은 방법을 통해 외계지성체는 계속해서 지구인들을 주시하는데 때가 되면 그들을 비행체로 다시 납치해 모종의 일을 꾸민다. 이 납치는 사람에 따라 다르지만 그 회수가 한두 번 이상은 되는 것 같다.

이 사건 뒤에 일어난 일에 대해서는 오웬스가 언급하지 않아 잘 모르는데 그다음의 기록이 나오는 것은 10년이 지난 1965년의 일이다. 그는 이해 7월 19일의 일기에 '(외계지성체는) 나처럼 그들이 제공하는 피케이(PK) 파워를 흡수하고 견딜 수 있는 인간을 만나고 소통하기 위해 엄청난 시간이 걸렸다'라고 적고 있다. 이것과 관련해서 그가 직접 한 말을 들어보면 이게 무슨 뜻인지 확실히 알 수 있을 것이다. 외계지성체과의 만남에 대해 그는 이렇게 적고 있다.

그들은 과거 언젠가 나의 오른쪽 측두엽 뇌를 변형시켰고 그 결과 나는 그들과 함께 여기까지 올 수 있었다. 일반적인 인간의 뇌는 어떤 정보를 (골라서 그것을) 외계인들에게 (되돌려) 보내는 일을 하지 못한다. 일반적인 인간의 뇌는 외계인과 통신하면 고장나고 만다. 그들에 따르면, 내가 아주 드문 존재라는 이유가 바로 이것이다. 그들은 지난 시대에 모세 이래로 자신들과 같이 일할 수 있는 인간을 선별해 교통하려고 노력했다(그들은 지금 나와 하는 작업을 먼 과거에 이미 모세와 같이 이행했다). 그러나 그렇게 했을 경우 (보통)인간들은 항상 심장마비나 뇌출혈 혹은 (다른 이유로) 완전히 괴멸되곤 했다.[1]

위의 인용은 하도 기괴하고 격외적인 내용이라 만일 이 말을 처음 접하는 사람이 있다면 그는 어리둥절해 정신을 못 차릴 것이다. 이 세상 살면서 이런 말을 접할 일이 없기 때문이다. 일반인들이 외계 존재와 교통하면 뇌가 고장난다든가 심장에 탈이 나서 죽어버린다는 말을 도대체 어디서 듣겠는가? 외계인의 존재도 받아들이기 어려운데 그들과 접촉했을 때 이와 같은 일이 생긴다는 것은 더욱더 받아들이기 힘들 게다. 외계 존재를 잘못 만나면 인간이 완전히 망가진다고 하니 이게 대관절 무슨 '자다가 봉창 두드리는 소리'란 말인가?

외계지성체로부터 뇌수술(?)을 받은 오웬스

우리의 논의를 더 진행하기 위해서 오웬스의 말을 인정하고 그의 말을 이해하려고 노력해 보자. 그의 말을 간단하게 정리하면 외

---

1) Owens(2012), p. 146.

계지성체가 오랫동안 그를 주기적으로 납치했을 뿐만 아니라 그의 뇌를 변형시켰다는 것이다. 그럼으로써 그를 보통 인간의 체질에서 외계지성체와 교통할 수 있는 체질로 바꾸었다는 것이다. 지구 체질에서 이른바 우주 체질로 바뀐 것이다.

그래서 그런지 그의 머리 밑부분에는 이상한 자국이 있었다고 한다. 그의 말을 부연해서 해석해 보면 외계지성체가 이 부분을 갈라서 그 안에 있는 뇌에 모종의 수술을 행했다는 것으로 들린다. 여기서 우리의 비상한 관심을 끄는 것은 외계지성체가 오웬스의 뇌를 수술했다는 것과 그 부위가 오른쪽 측두엽이라는 사실이다. 나는 그동안 여러 책을 통해 UFO에 피랍되었다고 주장하는 사람들의 이야기를 많이 접해 보았다. 앞에서 언급한 것처럼 그들은 모종의 생체실험을 당하기도 하고 생식과 관계된 일을 강요당하기도 하고 신체 내부에 칩 같은 물질이 삽입되는 등 여러 가지 일을 겪었다고 주장했다. 그런데 그런 사례 가운데 오웬스처럼 외계지성체가 피랍자의 뇌를 조작했다는 이야기는 한 번도 들어보지 못했다. 보통의 피랍자들은 생체 실험을 통해 정자나 난자를 채취한다거나 모종의 칩을 이식하는 등의 일차적인 시술만 받은 것에 비해 오웬스는 그것을 넘어서 뇌를 변화시키는 고차원적인 수술을 받았다고 하니 그 차이를 알 수 있다. 이런 이야기는 우리가 상상할 수 있는 수준을 넘어가는 것이라 당사자에게 직접 물어도 답을 들을까 말까 한데 지금은 그도 지상에 없으니 구체적인 정황을 알 방법이 없다. 궁금한 사항이 많이 있는데 예를 들어 그들이 지구의 의사들이 하듯이 두개골을 절단하고 수술을 했는지, 아니면 그들만의 다른 방법이 있는지 하는 등등이 모두 궁금하다.

　그다음으로 특이한 것은 수술한 부분이 오른쪽 측두엽이라고 한 것이다. 이 증언 덕에 우리는 그의 말에 더 신임이 간다. 왜냐하면 이 오른쪽 측두엽은 이른바 '신의 자리'라고 불리기 때문이다. 이 부위는 당사자가 신이나 천사 같은 영적인 존재를 만날 때 가장 많은 반응을 보이기 때문에 이런 이름을 갖게 되었다. 그런가 하면 이 부위에 전기 자극 같은 것을 가하면 당사자가 종교 체험 비슷한 것을 한다는 실험 보고도 있다. 여기서 말하는 종교 체험이란 종교적인 이미지나 환영을 보는 것, 혹은 낮은 수준에서 엑스터시, 즉 망아 체험을 하는 것을 지칭한다. 이에 대해 다른 설도 있지만 우리가 여기서 잊으면 안 되는 것은 이 부위가 우뇌(右惱)에 있다는 사실이다. 우뇌는 이성적인 능력을 관장하는 좌뇌와 달리 직관적인 능력을 담당하는 부위로 종교와 연관이 많은 부위이다. 종교 체험은 철저하게 우뇌가 담당하고 있어 좌뇌와는 별 상관이 없다는 것이 학계의 중론이다.

　오웬스가 바로 이 부위에 모종의 수술을 받았다고 하는데 그것은 적절한 조치라고 생각된다. 그런데 문제는 외계지성체가 여기에 어떤 처치를 했는지 전혀 알 수 없다는 것이다. 그러나 굳이 추측해 본다면 다음과 같은 설명이 가능하지 않을까 한다. 우선 짐작할 수 있는 것은, 외계지성체의 영역은 인간의 영역보다 진동수가 높을 것이다. 그렇게 생각할 수 있는 근거는 그들이 인간들이 처해 있는 물질계를 넘어선 세상에 존재하는 것으로 보이기 때문이다. 이들은 인간보다 높은 차원에 있기 때문에 인간의 세상인 물질계에 자기 마음대로 나타났다가 사라지는 일을 할 수 있다. 이 점에 대해서는 이미 간

행한 졸저(『Beyond UFOs』)에서 밝힌 바 있으니 여기서는 설명을 약하겠다.

이들은 정신(의식)적으로 혹은 영적으로 인간보다 훨씬 더 진화된 존재이기 때문에 그들의 의식이 지닌 진동수는 인간이 감당하지 못할 정도로 높을 것이다. 이것은 그들의 의식이 인간보다 더 빠르게 진동한다는 것이고 그 때문에 에너지도 인간의 의식이 지닌 에너지와는 비교도 안 되게 강할 것이라는 것을 의미한다. 그래서 인간이 그냥 이들과 정신적으로 소통하면 인간은 그들의 빠른 진동수를 감당할 수 없을 것이라고 예측할 수 있다. 이를 두고 필자는 전 권에서 전압기를 예로 들어 설명했다. 천 볼트 정도만 감당할 수 있는 전압기에 만 볼트가 들어오면 어떻게 되겠는가? 과부하가 걸려 전압기가 터지지 않겠는가? 여기서 천 볼트 전압기는 인간을 상징하고 만 볼트 것은 외계 존재를 상징한다고 보면 되겠다. 이렇게 보면 외계인이 일정한 조치를 하지 않고 인간과 접촉하면 인간은 그들이 지닌 강력한 에너지에 큰 피해를 볼 수 있을 것이라는 추정이 가능하다.

독자들의 이해를 돕기 위해 또 다른 예로 설명해 보자. 나는 이러한 상황을 영혼들의 세계(영계)에서 이루어지는 일을 통해 설명하곤 했다. 영혼의 세계에서 통용되는 명확한 원칙 중의 하나는 영적인 하이어라키, 즉 위계질서가 대단히 엄격하다는 것이다. 이러한 상황을 설명할 때 나는 기독교의 신비주의자인 스베덴보리의 주장에 의존해 내 의견을 피력하곤 했다. 영계의 사정에 관한 한 스베덴보리보다 더 '빠삭한' 사람이 없기 때문이다. 이 질서는 영혼들이 지닌 진동수에 따라 결정되는데 진동이 빠른, 혹은 높은 영혼일수록 상위에 처하

에마뉴엘 스베덴보리

고 그에 못 미치는 영혼은 하위에 처하게 된다(여기서 말하는 상위와 하위는 물리적인 개념이 아니라 이념적인 개념으로 이해해야 할 것이다). 그리고 상위로 갈수록 영혼들의 진동수가 빠르기 때문에 더 밝은 빛을 발산하게 된다.

그런데 이 진동수의 차이 때문에 영혼들 사이에 위계가 생기고 그에 따라서 영혼 간의 교통이 한 방향으로만 이루어지게 된다. 그러니까 쌍방이 모두 서로를 관찰할 수 있는 게 아니고 일방적으로 한쪽에서만 관찰이 가능하다는 것인데 구체적으로 말하면 상위 영혼은 하위 영혼을 관찰할 수 있지만 그 반대는 안 된다는 것이다. 즉 상위에 있는 영혼은 하위에 있는 영혼이 하는 모든 일을 볼 수 있고 그들의 곁으로 내려올 수 있지만 하위에 있는 영혼은 상위의 세계를 볼 수 없고 그와 더불어 그곳으로 올라가는 일이 불가능하다는 것이다.

이 같은 시각을 인간과 외계지성체 사이에 적용하면 둘 사이의 관계를 이해할 수 있을 것이다. 앞에서 외계지성체는 인간보다 의식적으로 높은 존재라고 했다. 따라서 그들은 자신들이 원할 때 인간들과 아무 때나 소통할 수 있지만 인간은 그렇게 할 수 없다. 인간은 영혼의 진동수가 낮기 때문에 외계지성체들과 소통하려면 자신의 진동수를 엄청나게 끌어올려야 한다. 그들의 수준에 맞추어야 하기 때문이다. 그런데 그것을 할 수 있는 사람은 별로 없다. 아니, 우리 일반인에게는 이러한 일이 거의 불가능하다. 이런 일이 가능한 사람은 영성이 지극히 높은, 종교적으로 각성한 사람뿐이다. 이런 정황으로 볼 때 외계지성체가 오웬스의 뇌에 했다는 일은, 그들로부터 높은 진동수와 강한 에너지를 지닌 정보(의식)가 도달하더라도 그것을 받아낼 수 있게 오웬스의 뇌를 변형한 것이 아닌가 한다. 물론 이것은 추측이고 구체적인 정황은 아무리 용을 써봐도 짐작되는 바가 없다.

사실 이 같은 상황은 외계지성체에게도 비슷하게 적용될 수 있다. 그들의 입장에서 보면 인간계는 진동수가 낮은 곳이라 자신들이 나타날 수는 있다. 그러나 그렇다고 해서 그들이 인간계에 손쉽게 나타날 수 있는 것은 아닌 것 같다. 인간계라는 물질계에 나타나려면 그들도 자신의 진동수를 낮추어야 하는데 그 작업이 그리 쉬운 것 같지 않다는 것이다. 가능은 하지만 아무런 준비 없이 아무 때나 할 수 있는 일은 아닌 것 같은 생각이 든다. 짐작하건대 외계 존재들이 지상에서 별로 목격되지 않는 것도 여기서 연유하는 것 아닐까 한다. 그들도 지상에 나타나는 일이 힘드니 잘 나타나지 않게 되고 그래서 인간들도 그들을 잘 보지 못한 것이다.

이처럼 이 두 세계에 사는 존재들은 서로 만나기가 힘든데 특히 인간들이 외계지성체의 수준에 맞추기가 힘들다고 했다. 그래서 인간이 외계지성체와 소통하려면 그들의 뇌를 외계지성체의 그것과 비슷하게 바꾸는 방법밖에 없다고 한 것인데 이에 대해 미쉬로브가 재미있는 견해를 밝혀 우리의 시선을 끈다. 미쉬로브에 따르면 오웬스의 뇌는 인간의 뇌와 외계지성체의 뇌가 반반씩 섞인 것 같다고 한다. 그는 이렇게 말하면서 그 구체적인 정황에 대해서는 언급하지 않아 이 두 가지 뇌가 어떻게 섞였는지는 알 수 없다. 또 그 말이 사실인지 아닌지도 확실하게 알 수 없지만 적어도 일리 있는 발언으로 생각된다.

오웬스가 외계지성체와 교통하는 방법에 대해

이 시점에서 우리는 그런 수술을 받았다는 오웬스가 실제로 외계지성체와 어떤 방식으로 접촉하는지 무척 궁금해진다. 지금부터 그 방법에 관해 설명할 텐데 그 내용이 너무나 이질적이라 어떻게 해석해야 할지 대책이 서지 않는다. 지금까지 이 분야를 공부하면서 한 번도 이와 비슷한 유례를 본 적이 없으니 비교해서 분석하기가 힘들다. 그러나 재미있는 구석이 있어 능력이 닿는 대로 해석을 가해보려고 한다. 그는 여기에 그치지 않고 자기가 행하는 방법을 응용해서 앞에서 본 것처럼 일반인인 우리도 외계지성체와 만날 수 있는 프로그램을 만들어 제시했는데 이에 대해서는 뒤에서 다룰 것이다.

외계지성체가 오웬스와 교통하기 위해 가장 먼저 한 일은 오웬스의 의식 안에 작은 방을 하나 보여준 것이다. 그의 마음에 이미지, 즉 심상(心象)으로 방의 모습을 투사한 것이다. 그런데 그 방 안에는 메뚜기처럼 생긴 작은 생물 두 마리가 서 있다고 한다. 오웬스는 이들을 "트와이터와 트위터(Twitter and Tweeter)"라고 불렀는데 이름은 별 의미 없고 그저 메뚜기 머리를 한 인간형의 존재를 지칭한 것이다. 이 두 존재에 대해서는 오웬스가 그려 놓은 것이 있어 그 대강의 모습을 알 수 있는데 도대체 이 존재를 어떻게 이해해야 할지 묘안이 떠오르지 않는다. 우리가 우선 알아야 할 것은 이들이 태풍이나 번개를 일으키는 주체는 아니라는 것이다. 이들 뒤에는 그들의 근원

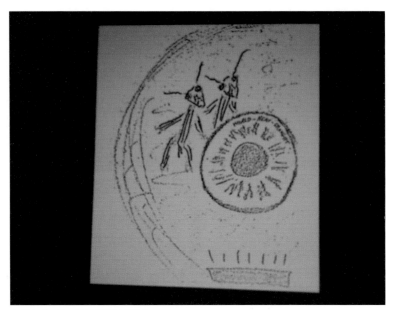
오웬스가 그린 트와이터와 트위터

이라 할 수 있는 궁극적인 존재가 있다. 그런데 오웬스는 이 궁극적인 존재를 만나려고 할 때 이 두 존재를 통해야 하니 이들은 일종의 거간꾼이라고 할 수 있다. 그런 의미에서 이들은 스몰 그레이에 비견될 수 있을 것 같다.

UFO 연구자 가운데에는 외계지성체 중에 이 스몰 그레이가 인류의 파트너라고 주장하는 사람이 있다. 외계지성체에는 많은 종류가 있는데 그중에 스몰 그레이가 인류와 접촉하여 다른 외계 존재와 연결한다는 것이다. 만일 이런 설을 받아들인다면 스몰 그레이는 거간꾼의 역할을 한다고 할 수 있을 것이다. 이 설이 일리 있는 이유는 지금까지 인류에게 가장 자주 나타난 외계 존재는 이 스몰 그레이이기 때문이다. 이런 예는 수없이 들 수 있는데 전 권에서 본 바와 같이 트리니티 사건이나 소코로, 또 에어리얼 초등학교 등지에 나타난 외계인은 모두 스몰 그레이이니 저간의 사정을 알 수 있다. 그런데 오웬스가 상대한 이 외계 존재들의 모습이 가관이다. 여기 나와 있는 그림을 보면 흡사 벌레 같이 생긴 것을 알 수 있는데 어떻게 보면 스몰 그레이와 닮은 점이 보이지만 이 그림만 가지고는 정확한 정체를 알 수 없다. 스몰 그레이는 그래도 인간다운 모습이 보이는데 태드가 상대한 이 외계 존재는 인간의 모습보다 곤충의 모습에 더 가까우니 정체를 이해하는 일이 더 어려워진다.

그런 한계를 염두에 두고 설명을 이어보자. 오웬스의 의식 안에 심상으로 생겨난 방 안에는 꽤 큰 타원형 기계가 있는데 그것은 TV 모니터 같은 역할을 했다고 한다. 그들은 이 기계를 "mental television"이라는 의미에서 "멘-텔(Men-Tel)"이라고 불렀다. 오웬스가 외계지성체와 접선하려고 하면 우선 이 모니터에 오웬스의 얼굴이 나온다고 한다. 그다음에 발생하는 의사소통의 과정이 매우 흥미롭다. 오웬스가 자신이 원하는 것을 영어로 말하면 이 화면에 이상한 기호가 뜬다고 하는데 이 기호는 곧 그들이 이해할 수 있는 높은 주파수의 휘파람 소리 같은 것으로 바뀐다고 한다. 그러면 그들은 그제야 오웬스가 한 말을 이해하게 된다.

이 상황은 인간과 외계 존재가 소통하는 모습이 구체적으로 담겨 있어 매우 흥미롭게 보인다. 나는 여기에 제시한 교통 방식이 기존의 텔레파시 방식보다 더 그럴듯하게 보인다. 지금까지 우리가 접해왔던 인류와 외계지성체의 소통 방식은 마음과 마음으로 통한다는 텔레파시 방식이었다. 이것은 인간과 외계 존재가 직접 소통한다는 것인데 별생각 없이 들으면 이 방식이 그럴듯하지만 한 번 더 생각해보면 이 소통에는 문제가 있는 것으로 보인다. 어떤 문제일까? 주지하다시피 인간은 언어가 없으면 어떤 것도 알 수 없다. 언어가 없으면 생각조차 할 수 없으니 이해 자체가 불가능하게 되는 것이다. 그런데 외계 존재는 인간의 언어를 모른다. 인간의 언어를 모르니 그들은 인간이 이해할 수 있는 방식으로 의사를 표현하지 못할 것이다. 따라서 외계 존재가 보내는 것은 어떤 식으로든 인간의 언어로 치환되어야 한다. 그렇지 않으면 인간은 그것을 이해할 수 없다. 그런데도 외계지성체를 만난 사람들은 텔레파시로 그들의 말을 다 알아들을 수 있다고 하니 이상한 것이다. 이와 같은 중간의 과정을 뛰어넘고 외계인의 말을 이해했다고 하니 의아스러운 것이다.

이에 비해 오웬스가 외계지성체와 소통하는 방법은 멘텔이라는 중간 매체가 있어 훨씬 더 믿음이 간다. 오웬스가 말하면 그게 기호로 바뀌고 그다음에는 아주 높은 휘파람 소리로 바뀐다고 하니 말이다. 신임이 가는 이유는, 이 외계 존재들이 오웬스가 말한 것을 직접이해하는 것이 아니라 그게 일단 기호로 바뀌고 그다음에 휘파람 소리로 바뀐 다음에야 그가 한 말의 의미를 알았다고 하기 때문이다. 추측컨대 외계 존재들은 아마 이 휘파람 소리에서 일정한 진동을 느끼고 거기에 담긴 의미를 파악하는 것으로 보인다. 그러니까 인간의 언어가 특정한 진동을 지닌 소리로 치환된 것을 이해한다는 것이다. 외계 존재가 이해하는 높은 휘파람 소리는 우리에게는 소음 같아 아무 의미도 없는 것처럼 들리겠지만 그게 바로 그들의 언어가 아닌가 한다. 반대도 마찬가지다. 인간의 언어는 그들이 느끼기에 소음에 불과할 수 있겠지만 인간은 언어가 없으면 어떤 것도 이해할 수 없다는 것은 앞에서 이미 밝혔다.

그런데 이 존재들이 오웬스가 말하는 것을 이해했다고 해서 그 부탁을 집행하는 당사자가 되는 것은 아니다. 그들은 거간꾼에 불과했고 그들에게는 '보스'가 있었다. 오웬스는 처음에는 이 사실을 몰랐던 것 같다. 그러다 어느 날 이 보스라는 존재가 나타난다. 이 메뚜기 같은 외계지성체가 오웬스와 대화를 나누다가 벽에 걸린 스크린 같은 것을 가리키며 자신들과는 비교 자체가 불가능한 높은 지능을 지닌 보스가 이 화면에 나타날 것이라고 말했다. 그 말이 끝나자 곧 무엇인가가 나타났는데 그것은 얼굴 형태를 한 그림자 같은 것이었다. 얼굴의 윤곽만 보였다고 하는데 이 가운데에 두 개의 녹색 눈은 선명하게 보였다고 한다. 작은 외계지성체들은 이 존재를 고등 지성체(Higher Intelligence)라고 불렀는데 이 존재는 형태는 없고 인간들이 빛이라고 부르는 것으로 구성되었다고 한다. 그 존재는 형태가 없는 존재(Formless Being)이지만 오웬스와 대화하기 위해 인간의 얼굴 모습으로 나타나는 것이라고 한다. 인간은 인간의 얼굴에 익숙한지라 그 존재가 오웬스를 배려하는 차원에서 이렇게 한 것이리라.

여기서 우리의 비상한 관심을 끄는 것은 이 고등 지성체라는 존재이다. 앞에서 본 메뚜기처럼 생긴 존재도 그 정체를 알 수 없었지만 이 고등 지성체는 더 모르겠다. 그저 막막할 뿐이다. 이 고등 지성체는 형태마저 없는 존재이니 이해하기가 훨씬 더 힘든 것이다. 그처럼 사정이 여의찮지만 한번 머리를 쥐어짜서 이해할 수 있게 노력해

보자. 내 생각에 인간 의식의 발달 과정과 연계해서 보면 이 존재를 어느 정도는 이해할 수 있을 것 같다. 인간 의식의 발달 과정은 매우 복잡한데 여기서는 그 대강만 간단하게 보자. 이에 대해서는 필자의 졸저(『Meta Religion』)에 상세하게 설명해 놓았으니 관심 있는 독자는 그 책을 참고하면 되겠다.

인간의 의식은 보편적인 우주 의식에서 파생된 것으로 진화 도상에 있다. 인간 의식의 특징은 자(기)의식(self-consciousness)을 갖고 있다는 데에 있다. 자의식이란 자신이 존재한다는 것을 아는 의식을 말하는데 이로써 우리 인간은 개아성(individuality)을 가지게 된다. 그런데 우리는 이 개아성의 영역에 머물면 안 된다. 왜냐하면 인간이 행하는 모든 악이 이 개아성에서 나오기 때문이다. 이 개아성 때문에 인간은 생각을 하게 되고 생각은 곧 욕심으로 이어져 이 때문에 우리는 온갖 고통 속에서 헤매게 된다. 인간과 개아성의 관계에 대해서는 이렇게 말할 수 있다. 즉 인간은 이 개아성 때문에 동물을 넘어서서 인간이 되기도 하지만 그것 때문에 불교에서 말하는 고통의 바다, 즉 고해에 빠져 한없는 세월을 고통 속에 살아야 한다. 따라서 인간은 이 개아성을 초월하기 위해 부단히 노력해야 한다. 이 개아성을 초월하는 것은 인간이 지닌 구원(久遠)의 목표로 모든 인간은 이 목표, 즉 '오메가 포인트'로 나아가야 한다. 우리 인간은 이 목표를 향해 부단히 진화해야 한다.

그런 과정에서 우리는 이 목표에 가까워질수록 의식의 진동수가 빨라져 빛과 같은 존재의 모습을 띠게 된다. 영적으로 더욱더 순화되는 것이다. 우리 주위에서는 이런 존재를 발견하기 어렵지만 역사 속에 나타난 성자들이 이런 존재에 해당된다. 그 대표적인 예는 말할 것도 없이 붓다나 예수 같은 분이다. 그렇게 진화하다가 일정한 단계를 넘어서면 우리는 이 지구라는 물질계에 내려오지 않고 순순한 영체로만 존재하면서 그 세계에 거주하게 된다. 지상에서 해야 할 일을 다 끝냈기 때문에 환생하지 않고 영혼들의 세계에서만 사는 것이다. 이 지상은 고해라는 말에서 알 수 있듯이 지내는 것이 너무 힘들어 가능한 한 빨리 졸업하는 것이 좋다. 지구학교라고도 불리는 지상을 졸업하고 나면 우리는 고통이 없는 영혼의 세계에서 줄곧 살게 된다. 이때 우리가 존재하는 상태를 굳이 표현하면 '에너지 의식체'라고 할 수 있을 것이다. 물질을 여읜 에너지로만 존재하되 의식을 가진 존재라는 것이다.

그런데 이런 존재는 그 양태가 어떻게 나타날까? 이 모습을 알기 위해 우리는 다시 스베덴보리의 도움이 필요하다. 그는 잘 알려진 대로 (기독교의) 천사의 도움을 받아 27년 동안이나 (천계와 하계로 불리는) 영계를 제집처럼 드나든 사람이다. 그는 이렇게 답사한 다음 자신이 목격한 것을 책으로 남겼다. 다음의 내용은 이 책에 나온 것이다.

스베덴보리에 따르면 상층의 하늘로 갈수록 인간의 영혼은 환한 빛으로 바뀌게 되는데 가장 밝은 빛을 발산하는 영혼은 최상층에 있는 영혼이다. 그 가운데에서도 최고의 영혼은 이 층의 중심에 있는 영혼이라고 한다. 이 중심에 있는 영혼은 그 밝기가 엄청나다고 하는데 우리는 그 강도를 잘 알지 못한다. 하지만 간단하게 생각해서 영계에 있는 어떤 영혼보다도 밝다고 보면 될 것 같다. 이 영혼이 이런 모습으로 나타난 것은 그가 지닌 에너지의 진동수가 대난히 빠르기 때문에 자연스럽게 생긴 현상이라고 할 수 있다. 이런 시각에서 보면 오웬스가 말하는 이 고등 지성체는 대단히 높은, 다시 말해 고도로 진화된 의식체라고 할 수 있을 것이다. 그런데 우리가 알 수 있는 것은 여기까지이다. 그 이상은 알 수 없을 뿐만 아니라 짐작조차 하기 힘들다. 이 존재가 얼마나 높은 존재이고 무슨 능력을 갖췄는지 알 방법이 없다. 더 나아가서 그가 거주하는 곳이 있는지, 아니면 무형의 에너지체로만 존재하면서 우리에게는 전혀 보이지 않는 높은 차원에 있는지 등등에 관해서도 알 길이 없다. 그런가 하면 이 존재는 두 작은 외계 존재의 보스로 나오는데 이들과는 어떤 관계를 갖는지도 궁금하다. 아니면 이런 것 다 떠나서 그는 차원에 국한되지 않고 그냥 존재하는지도 모르겠다. 의문은 계속되지만 이런 의문을 답할 수 있는 정보가 없으니 예서 그치는 것이 낫겠다는 생각이다.

이렇게 모르는 것투성이지만 오웬스의 진술에서 알 수 있던 정보도 있었다. 그의 주장이 사실이라는 것을 인정한다면, 스몰 그레이 같은 보통의 외계 존재들에게는 배후에 의식적으로 매우 높은 존재가 있다는 사실을 알 수 있었다. 이런 존재는 우리 인간은 감히 상상하는 것 자체가 불가능한 최고의 존재로 이를 통해 우리는 외계 존재들이 의식적으로 얼마나 진화된 존재인가를 파악할 수 있다. 사람들은 외계 존재가 기술적으로 매우 앞선 존재인 줄은 아는데 영적으로 엄청나게 진화된 존재라는 사실은 잘 모르는 것 같다. 그런데 외계인들을 접해본 적이 있다고 주장하는 사람들의 이야기를 종합해보면 외계 존재들은 인간과는 비교도 안 되게 영적으로 진화된 존재인 것을 알 수 있다. 외계인들의 이러한 특성에 대해서는 앞으로 더 많은 연구가 필요한데 문제는 그들을 접촉하는 일 자체가 쉽지 않으니 그들을 연구하는 것은 언감생심이라 하겠다. 만나지도 못하는데 무슨 연구를 할 수 있겠느냐는 것이다.

잘 모르겠다는 말은 이제 그만하고 다시 오웬스의 이야기로 돌아가자. 이런 식으로 이 외계지성체들과 교통하면서 오웬스는 자신이 바라는 일을 구체적으로 이들에게 전한다. 즉 어떤 시간에, 모처에 태풍이 일어나게 해달라고 하든가 혹은 어떤 지역에 며칠 내로 UFO가 나타나게 해달라는 등등을 부탁하는 것이다. 오웬스가 이렇게 부탁하면 이 외계 존재는 곧 답변을 주는데 그 응대하는 방법이 매우 단순하다. 즉 방 내부에서 '예'일 때는 한 번, '아니오'일 때는 두 번 밝은 빛을 깜박인다고 한다. 우리는 이 답변의 뜻을 쉽게 알 수 있다. 즉 '예'는 오웬스가 부탁한 것을 실현하겠다는 것이고 '아니오'는 해당 작업을 수행할 수 없거나 수행하지 않겠다는 뜻이다. 이에 대해 오웬스는 진술하기를 그들의 의식은 우리처럼 그 근본이 제한되지 않고 무한하기 때문에 그들의 결정을 겸손하게 따를 수밖에 없다고 한다. 그들은 인간보다 훨씬 상위의 질서에 있는 존재이기 때문에 인간은 그들이 결정하는 것을 거부할 수 없는 모양이다.

이 존재들에게는 이런 능력만 있는 것이 아니다. 오웬스에 따르면 그들은 인간계에서 일어나는 일을 예견하는 능력도 갖고 있다고 한다. 예를 들어 한번은 이들이 오웬스에게 닉슨 대통령이 사임하거나 쫓겨날 수 있다고 예견했는데 이 예언은 적중했다. 이 같은 사례 외에도 재미있는 예언을 한 사례가 꽤 있는데 그것은 뒤에서 기회가 있을 때 다룰 것이다. 그런데 여기서도 의문이 많이 생긴다. 제일 먼저 드는 의문은 그들은 도대체 어떻게 인류 사회에 일어나는 일을 예측할 수 있느냐는 것이다. 인류 사회와 동떨어져서 저 먼 하늘에 떠다니면서 횡행하는 처지에 어떻게 지구에서 벌어지는 일을, 그것도 닉슨이 사임할 거라는 것과 같은 시시콜콜한(?) 일까지 알 수 있느냐는 것이다. 그들은 왜 인류 사회에 이다지도 많은 관심을 표명하는 것일까? 그리고 이런 사실을 왜 오웬스와 같은 지상에 사는 인간에게 알려주는 것일까? 사람들이 그 사실을 미리 알아보았자 그 사건이 일어나는 데에 아무런 영향도 끼치지 못하는데 왜 알려주는지 알 수 없다. 외계 존재들의 의향은 이렇듯 그 속내를 알기 어렵다.

그런데 오웬스의 언행을 보면 이런 식으로 외계지성체와 교통하는 것은 큰 사건을 일으키려고 할 때에만 한정되는 것 같았다. 즉, 위에서 말한 것처럼 태풍이나 가뭄, 정전 같은 큰 사건을 일으킬 때만 오웬스가 두 명의 작은 외계 존재와 보스를 만나는 것 같다는 것이다. 반면 작은 일을 일으킬 때는 그런 복잡한 과정을 거치지 않고 즉시로 하는 것 같았다. 여기서 말하는 작은 일 가운데 대표적인 경우가 벼락을 부르는 것인데 이때는 『The PK Man』의 표지에 나오는 것처럼 오웬스가 왼쪽 팔을 들어서 하늘을 가리킨 다음 그 팔을 내려서 땅을 가리키면 해당 장소에 벼락이 내리치게 된다. 앞의 예에서처럼 오웬스가 상상의 방으로 가서 모니터에 자신이 바라는 것을 말하는 것이 아니라 그냥 팔을 들어서 하늘을 찌르는 것처럼 하면 외계지성체가 알아서 그곳에 벼락이 치게 해준다는 것이다. 이런 예가 적지 않은데 나중에 그의 이적에 대해 볼 때 자연스럽게 이에 대해서도 언급할 것이다.

외계지성체(SI)와
접촉하는 방법에 대해

앞에서 우리는 오웬스가 외계지성체와 접촉하는 방법에 대해 보았는데 오웬스에 따르면 보통 사람인 우리도 누구나 일정한 훈련을 하면 외계지성체를 만날 수 있다고 한다. 그는 그것을 실현할 수 있는 프로그램을 개발해서 주위의 사람들에게 직접 가르쳐주었다. 이 프로그램은 기본적으로 자가 최면법인데 이 프로그램에 대해서는 다행히도 미쉬로브가 밝혀 놓은 것이 있어 그 대강을 알 수 있다.

외계인을 만날 수 있는 프로그램은?

미쉬로브가 이 프로그램에 대해 알 수 있었던 것은 그가 직접 이 프로그램에 참여했기 때문이다. 이 일이 벌어진 것은 1986년 2월의 일로 오웬스가 죽기 일 년 전이었으니 미쉬로브는 간발의 차로 이 프로그램을 오웬스로부터 직접 사사하는 행운(?)을 얻을 수 있었다. 뒤에 다시 언급하지만 미쉬로브는 이 체험을 하고 그의 인생에서 가장 중요한 전환점을 겪게 된다. 그런 의미에서 이 사건은 그의 인생에서 매우 중요한 위치를 차지하고 있다고 할 수 있다. 여기서도 우리는 미쉬로브와 오웬스의 인연이 매우 깊다는 것을 알 수 있다.

이 프로그램은 이렇게 진행되었다. 일단 미쉬로브는 오웬스로부터 최면을 받기 위해 호텔 방 하나를 잡았다. 이 프로그램은 다행히

(?) 이틀 동안만 진행되었는데 참가비는 이천 불 정도였다. 이틀밖에 진행되지 않았는데 비용이 이천 불이나 되니 결코 약한 가격이라고 할 수 없다. 이 이틀 동안 미쉬로브는 대부분의 시간을 킹사이즈 침대에 누워서 오웬스로부터 최면 받았는데 그는 이 과정을 모두 녹음했다. 그 덕에 우리는 이 프로그램의 내용을 세세하게 알 수 있다. 30분 최면하고 15분 쉬었는데 그렇게 오전과 오후를 하면 하루의 프로그램이 끝나는 것이었다. 이 프로그램의 구체적인 내용은 뒤에 첨부한 부록에서 접하기로 하고 여기서는 핵심만 볼까 한다. 오웬스에 따르면 이 프로그램의 요지는 긍정적인 사고의 함양이라고 하는데 밑의 내용을 보면 이 말이 무엇을 뜻하는지 알 수 있을 것이다.

오웬스가 당사자에게 제시한 최면의 내용은 다음과 같이 요약될 수 있다. 원래의 문서에는 번호가 없지만 독자들의 이해를 돕기 위해 번호를 매겨 보았다.

1. 먼저 당신이 살면서 가장 원하는 것을 생각해 보라. 당신에게 가장 의미 있고 가장 보람 되며 당신의 영혼을 채울 수 있는 체험은 무엇인가?

2. 동시에 당신이 이 세계를 위해 할 수 있는 일을 생각해 보라. 생각이 났으면 그것을 마음에 간직하라.

3. 이렇게 생각하다가 마음이 편안해지면 눈을 감는다. 그런 다음

공간을 통해 먼 우주로 여행하는 자신을 시각화하라. 태양계를 넘어서, 그리고 우리의 은하계를 넘어서 가라. 계속해서 이 은하계가 부분이 되는 더 큰 은하계 군단을 넘어가는 자신을 상상하라.

4. 당신은 우주 속으로 깊이, 더 깊이 들어간다. 더 멀리 갈수록 당신은 은하계에 거대한 상부구조(superstructure)와 위대한 인도자(attractor, 신)가 있음을 알게 되고 그 안에 거대한 벽, 즉 엄청나게 큰 구조가 있음을 알게 된다. 이때 당신은 은하계들이 거대한 세포의 막이고 이 우주가 살아 있는 유기체처럼 느껴질 것이다.

5. 여기서 당신은 더 나아갈 수 있는데 이번에는 당신의 세포들이 계속해서 작아져서 우주 안으로 사라진다고 상상해 보자. 이때 당신은 우주의 전체성과 경이로움, 그리고 광채를 체험할 수 있을 것이다. 이렇게 상상된 우주는 당신에게 위대하고 아름다운 장소가 되어 전체, 즉 모든 것이 된다.

6. 이 우주적인 장소에서 보면, 하늘은 청록색으로 빛나고 있고 그 안에는 분홍색 구름과 노란색 구름이 떠 있다. 이곳은 진정한 위안과 즐거움이 있는 곳이다.

7. 이 상태에서 유리 구체를 상상해 보자. 수정같이 맑은 구체가

푸르고 분홍색으로 빛나는 하늘에 걸려 있다. 이제 자신이 공중(우주)에 떠서 그 구체로 들어간다고 상상해 보자.

8. 이 구체 속으로 들어가서 육체를 여읜 해방된 영혼이 되어보자. 당신은 육체가 없으니 둔중함에서 자유로워지고 감정적인 집착에서도 자유롭게 된다. 그러고 나면 당신은 당신 안에 있는 순수한 에센스를 느낄 수 있다.

9. 그곳에서 자신이 있을 수 있는 자리를 찾아보자. 마침 그곳에는 의자가 있다. 당신은 그 의자에 앉는다. 이때 당신 앞에 매우 아름답고 높은 지혜를 지닌 존재가 앉아 있는 것을 상상하라. 이 존재의 성별은 당신이 정하고 오래된 고대의 존재로 상정하라.

10. 이 존재의 얼굴을 보면서 당신은 많은 것을 느끼게 될 것이다. 당신은 잠시 놀랄 수도 있지만 이 존재로부터 큰 평화와 지복, 지혜를 느낄 것이고 자연스럽게 공포가 사라지는 것을 체감할 수 있을 것이다. 공간과 시간을 넘어 있는 이 존재와 충분히 교감하라.

11. 당신은 그와 한마디도 나누지 않았지만, 그가 가진 지식과 지혜를 공유하게 될 것이다. 그리고 당신의 내면에서는 그의 지혜가 당신이 지향하는 목적과 연결되어 있는 것을 느낄 것이

다. 이런 행위가 당신의 내적인 본질(resource)과 연결되면 당신은 당신 안에 있는 가장 깊은 본성과 하나됨을 느낄 것이고 영적인 에센스나 신과 조화되는 느낌을 가질 것이다. 이것이 신을 섬세하게 이해하는 방법이다.

12. 당신은 자연과 더 조화롭게 되어야 한다. 당신 안에 있는 생명의 힘과 조화를 이루라. 아울러 당신이 지닌 고유의 진동과 조화를 이루고 당신의 에너지를 다시 가동해서 당신의 생각과 비전을 명확하게 하라.

13. 자신이 이 교류를 즐기게 허하라. 이 같은 교류의 움직임이 당신의 내면에서 움직이는 것을 느끼고 동시에 이 수정처럼 청정한 장소를 체험하면서 우주의 더 먼 곳으로 가라.

14. 이 일이 끝난 다음 천천히 그리고 부드럽게 당신의 몸으로 돌아오는 것을 허하라. 이 만남에 대한 기억도 가져오고 이 교류에 대한 지식도 가져오며, 감각의 연결도 가져오면서 이 위대하고 지혜로운 고대의 존재와 접촉할 수 있다는 것을 자각하라.

15. 이 일이 끝나면 눈을 뜨고 천천히 당신 방으로 돌아가라.

이 최면 프로그램은 대체로 이런 내용으로 진행되는데 이틀 동안, 이 내용을 가지고 반복해서 최면하는 것이다. 여기서 중요한 핵심은 무한한 우주를 상정하고 그 안에서 고대의 존재를 상상해서 만나는 것이다. 그럼으로써 그 존재가 갖고 있다고 생각되는 지혜와 편안함 등 매우 긍정적인 요소를 배우는 것이다. 그런데 오웬스는, 이 프로그램은 단순히 자신이 최면을 진행하는 프로그램이 아닌 것처럼 말한다. 왜냐면 이 과정에는 오웬스가 접촉하는 외계지성체가 같이 한다고 하니 말이다. 그냥 오웬스가 자신만의 지도로 피최면자를 유도하는 것이 아니라 저 하늘에 있는 외계지성체들도 동참하고 있다는 것이다. 그뿐만이 아니다. 그들이 지닌 PK 파워도 작동한다고 하니까 이 작은 프로그램이 어떤 역량을 갖고 있는지 그 규모를 짐작하기 힘들다. 그런데 외계지성체가 이 프로그램 동안 어떻게 같이 하는지, 또 어떤 식으로 그들의 PK 파워가 작동하는지에 대해서는 오웬스가 설명하지 않아 구체적인 정황은 알지 못한다.

외계지성체를 실제로 만나려면?

이것으로 우리는 UFO를 만날 수 있는 준비를 마쳤는데 이렇게 했다고 해서 UFO를 자동으로 만나는 것은 아니다. 그다음 할 일에 대해 오웬스는 이렇게 권고한다. 이런 식으로 자가 최면을 충분히 한 뒤에 이틀쯤 지나서 한적한 교외로 나가라고 말이다. 그것도 대낮이 아니라 밤에 가라고 하는데 이유는 단순하다. 밤이어야 주위에 사람이 없기 때문이다(우리는 UFO가 주로 밤에 많이 나타난다는 것을 잊어서는 안 된다!).

우리는 그런 곳을 찾아 일단 편안하게 앉는다. 그리고 아주 밝은 손전등을 켜서 빛이 공중을 향하게 하고 땅에 내려놓는다. 그런 다음 손을 바닥이 위로 향하게 해서 무릎 위에 놓으면 준비가 다 된 것이다. 이렇게 하고 있으면 UFO가 나타난다고 하는데 그들의 출현이 예사롭지 않게 보인다. 이 비행체가 가까이 오면 그 기운이 장난이 아닌 모양이다. 오웬스에 따르면 우리는 그 비행체로부터 엄청난 힘을 느끼게 된다고 하는데 이럴 때 비명을 지르거나 비행체에서 뿜어져 나오는 힘과 압력 때문에 도망치고 싶은 충동을 느낀다고 한다. 오웬스는 이때 결코 도망가지 말라고 우리에게 강력하게 권한다. 그렇게 버티고 있어야 외계지성체, 즉 외계인을 만날 수 있기 때문이다. 오웬스도 외계지성체를 처음 만났을 때 머리카락이 서고 거의 숨을 쉴 수 없을 정도로 힘들었다고 한다. 그러나 이런 따위의 고통은 외계지성체를 직접 만나고 나면 다 잊어버리니 걱정하지 말라고 한다. 외계지성체를 만나는 일은 이 정도의 고통을 감수하고도 충분히 가치 있는 일이라는 것이 오웬스의 전언이다.

이렇게 하면 외계지성체를 만날 수 있다는 오웬스의 말을 전하고 있지만 나 자신은 이 말이 잘 실감나지 않는다. 특히 자가 최면을 조금 했다고 외계지성체를 만날 수 있다는 것이 그렇다. 이게 정말로 가능한 것인지부터 의구심이 든다. 외계 존재나 UFO가 존재하는지에 대해서도 확신이 서지 않는데 그런 존재를 만날 수 있다고 하니 실감이 나지 않는 것이다. 그러나 논의의 전개를 위해 일단 외계 존재가 실제로 존재한다고 상정하고 그다음에 생기는 의문들을 살펴보자.

첫 번째 의문은 '우리가 그들을 만나고 싶어 하면 그들이 나타나는가'이다. 우리가 원하기만 하면 무조건 그들이 모습을 보이냐는 것이다. 그러면 논의의 전개를 위해, 일단 우리가 마음으로 그들을 만나보고 싶다고 강하게 염원했다고 하자. 염원하는 방법에는 여러 가지가 있을 것이다. 지금 방금 본 오웬스의 자가최면법 같은 것도 있을 터이고 외계지성체를 반드시 만나보겠다고 강력하게 기도하는 방법도 있을 것이다. 이 대목에서 드는 의문은 그 같은 우리의 바람은 어떻게 외계 존재에게 전달될까에 관한 것이다. 우리의 생각이 어떻게 그 멀리 있는 외계 비행체에 도달해서 외계 존재들의 의식에까지 전달될 수 있을까? 인간의 생각이 지닌 에너지라는 게 보잘것없는데 그게 어떻게 저 높은 하늘에 떠 있는 외계지성체에 도달하느냐는 것이다. 또 도달한들 그것을 외계 존재들이 어떻게 '캐치'하는 것일까? 이런 질문들도 대답하기 어렵지만 여기서 한 걸음 더 나아가 보자. 설혹 그 존재들이 인간의 소원을 알아챘다고 하자. 그렇다고 해도 그들이 그 소원을 발한 인간에게 나타나야 할 필요나 의무는 없다. 인간이 조금 소원을 빌었다고 친히 그 인간 앞에 나타나는 것도 이상할 것 같다.

독자들의 이해를 돕기 위해 조금 엉뚱하지만 이런 사례를 들어보면 어떨까 한다. 많은 사람이 유명한 연예인을 만나고 싶어 한다. 예를 들어 임영웅 같은 가수를 만나고 싶은 사람이 얼마나 많겠는가? 그러나 비연예인이 임영웅 같은 사람을 개인적으로 만나는 것은 하늘의 별 따기와 같을 것이다. 임 씨 같은 사람은 팬들의 개인적인 청을 대부분 거절할 것이다. 그것은 당연한 것이 만나자는 사람들 다 만났다가는 자신의 생활이 없어질 테니 말이다. 일개 연예인도 그럴진대 인간보다 엄청나게 진화한 것으로 보이는 외계 존재들이 덜떨어진 인간이 만나고 싶다고 간청한다고 해서 이렇게 쉽게(?) 나타나는 것은 이상하다. 그런데 오웬스에 따르면 외계 존재들은 항상 인간을 돕기 위해 기다리고 있단다. 그 말이 사실이라면 인간의 바람에 따라 외계 존재가 나타나는 것이 꼭 이상한 일이 아닐 수 있겠다는 생각도 든다.

외계 존재와의 조우에 대한 의문은 그렇다 치고 오웬스의 조언에서 우리는 또 일정한 '팁', 즉 정보를 얻을 수 있다. 외계 존재를 만나려면 사람이 없는 한적한 교외로 가라는 것이 그것이다. 그리고 밤에 가라는 것도 그렇다. 이것은 많은 UFO 피랍 사건을 보면 그 사정을 알 수 있다. 그 많은 UFO 피랍 사건 가운데 미국에서 최초의 사건으로 간주되는 바니와 베티의 사례(1961년 발생)가 딱 여기에 부합된다. 그들이 야심한 시각인 10시 반쯤 한적한 시골길을 운전하고 가다가 납치당했으니 말이다. 당시 그 주위에는 아무도 없었다. 그뿐만이 아니라 피랍 사건은 항상 사람이 거의 없는, 혹은 동료 몇 명만 있는 한적한 곳에서 일어났지, 대낮에 도시 한복판에서는 발생하지 않았다. 개인적인 생각이지만 외계지성체들은 자신들이 인간들에게 자못 위협적인 존재가 될 수 있다는 것을 잘 알고 있기 때문에 이렇게 한적한 곳을 골라 인간을 납치하는 것 아닌지 모르겠다. 또 무더기로 만나는 것보다 사적으로, 개인적으로 만나 확실하게 메시지 주는 것을 좋아하는 것 아닐까 하는 인상도 받는다.

만일 위에서 말한 것이 사실이라면 독자 가운데에 UFO를 진실로 만나고 싶은 사람이 있다면 일단 자기만의 호젓한 장소를 찾아가야 할 것이다. 그런데 그런 곳은 서울이나 부산 같은 도회지에서는 찾을 길이 없을 터이니 근교로 나가 산이나 들판 같은 곳으로 가야 할 것이다. 그리고 그런 곳에서 주기적으로 혹은 정기적으로 기도하면서 UFO를 만나고 싶다는 희망을 강하게 피력해야 할 것이다. 그냥 호기심 차원으로 기도해서는 안 되고 온 마음을 다해서 진정으로 상당한 시간 동안 기도해야 할 것이다. 그것도 한 번만 하는 게 아니라 여러 번에 걸쳐서 해야 하는데 매번 할 때마다 상당한 집중력이 필요하다. 그래야 어느 정도라도 외계지성체들과 파동 맞추는 일이 가능해질 것이다. 이런 조건들이 다 충족되려면 결코 쉬운 일이 아닐 터이니 외계지성체를 만나는 일이 절대로 쉬운 일이 아님을 알 수 있다.

외계지성체들이 인간과 조우하는 시간대로 밤중을 선호하는 데에는 다른 이유도 있을 것 같다. 그동안 있었던 UFO 목격 사건이나 피랍 사건들을 보면, 특히 피랍의 경우 대부분 밤에 이루어진 것을 알 수 있다. 이 이유에 대해서는 전 권에서 설명했는데 이것은 전문가들의 설일 뿐 확실하게 검증(?)된 것은 아니다. 그들에 따르면 외계 존재들은 낮에 태양이 떴을 때 지구에 착륙하면 그 빛과 열을 감내하기가 어렵다고 한다. 그래서 그들은 가능한 한 밤에 활동하고 부득불 낮에 활동하려면, 즉 지상에 내려오려면 보호복 같은 것을 입어야 한다고 한다. 그렇게 특수복으로 무장하고 있어도 그들이 지상에서 머물 수 있는 시간은 20분 이하로 한정된다고 하는데 그 근거가

에이리얼 초등학교에 착륙한 UFO와 하선한 외계인(추정도)
© Lim Eunwoo

무엇인지 확실하게 알려지지 않아 그 설의 진위는 불투명하다. 그런가 하면 어떤 전문가는 이들이 자신들의 눈을 빛과 열에서 보호하기 위해 특수 렌즈 같은 것을 끼기도 한다고 주장한다. 그들의 눈이 흰자와 검은자의 구분이 없이 새까맣게 보이는 게 바로 이 렌즈 때문이라고 한다. 물론 이 설의 진위도 알 수 없지만 외계 존재를 이해하는 데에 어느 정도의 정보는 주는 것 같다.

이러한 설명에 꼭 부합되는 사례가 바로 1994년에 아프리카 짐바브웨의 한 초등학교에서 일어났던 UFO 착륙 사건이다. 이 사례에 대해서는 전 권에서 충분히 설명했으니 자세한 설명은 생략하고 위의 이야기와 관계된 것만 간략히 추려보자. 이 사건은 외계 존재가 대낮에 실제로 지상에 내려온 사건으로 유명하다. 그런데 앞에서 언급한 것처럼 UFO에 유괴되었다고 주장하는 사람들은 대부분 밤에 피랍되었다. 그에 비해 이 짐바브웨 사건은 유독 오전 10시 반경에 일어났다. 그런데 이 사건에서 유독 눈에 띄는 현상이 하나 있었다. 이때 나타난 외계 존재들이 우리가 다이빙할 때 입는 옷 같은 검은 슈트를 입고 있었기 때문이다. 이것은 이들의 평소 모습과 조금 다르다. 이들이 '그레이(gray)'라고 불리는 데에서 알 수 있듯이 이들은 몸체의 색깔이 보통 회색인데 이 초등학교에서는 까만 옷을 입고 나타났기 때문이다. 이에 대해 UFO 전문가들은 앞에서 말한 대로 이들이 지구의 열과 빛으로부터 자신들의 몸을 보호하기 위해 까만 옷을 입었을 것이라고 주장한다.

이렇게 추측해 보지만 또 다른 의문이 생기는 것을 막을 수는 없다. 이때 가장 크게 드는 의문은 왜 이 외계 존재들은 열과 빛에 약하냐는 것이다. 인간이 보기에 이 지구는 그렇게 밝은 것 같지도 않고 기온도 그리 높은 것 같지 않은데 왜 외계 존재들은 이 정도의 열과 빛을 감당하지 못하느냐는 것이다. 지구의 이웃인 금성이나 화성 같은 행성들에 비해 지구는 적당한 기온과 온순한 기후를 지닌 것 같은데 외계 존재들이 이런 '마일드'한 기후를 견디지 못한다는 게 이해하기 어렵다. 외계 존재는 그 신체의 구조가 어떻길래 지구의 기후를 견디지 못한다는 것일까? 거칠게 추측해 보면, 그들의 진화 과정이 인간과 달라서 그 몸의 성능이 저렇게 형성되었을 것 같은데 그 과정과 내용이 인간의 그것과 구체적으로 어떻게 다른지 알 방법이 없다. 우리는 피랍됐다는 사람들로부터 이들에 대한 정보를 얻을 수는 있다. 그러나 우리에게는 그들이 전하는 정보가 참인지 아닌지를 판단할 수 있는 잣대가 없기 때문에 그들의 정보를 믿는 일이 주저된다.

기운이 강한 외계지성체의 출현

오웬스의 설명 가운데 또 거론하고 싶은 것은 이 외계 존재들이 나타날 때의 상황이다. 그에 따르면 외계 존재가 나타날 때 그곳에 있는 사람들은 머리털이 서고 숨을 쉬지 못할 정도로 엄청난 힘을 느낀다고 하는데 이것도 흥미를 끄는 대목이다. 이것은 앞에서 말한 대로 인간과 외계 존재가 지닌 에너지의 층차 때문에 생기는 현상인 것 같다. 외계 존재가 지닌 에너지 레벨은 인간의 그것보다 훨씬 높기 때문에 그들이 지상에 내려올 때 주변을 흡사 전기로 감전시키는 것 같아 머리털이 쭈뼛 서는 것이다.

그러나 크게 걱정할 일은 없다는 것이 오웬스의 조언이다. 외계 존재들이 인간들이 감당할 수 있게 에너지 레벨을 낮추기 때문에 잠깐만 참고 견디면 별문제가 없다는 것이다. 따라서 그것만 견디면 우리는 말할 수 없이 멋진 체험을 할 수 있게 된다고 한다. 이 이야기를 하다 보니 불현듯 생각나는 사람이 있다. 바로 1980년에 영국 렌들샴 숲에서 일어난 UFO 착륙 사건의 주인공인 페니스턴 하사이다. 당시 그는 상부의 명령을 받고 UFO가 착륙한 곳으로 다가갔다. 현장에 가까이 가자 주위의 공기가 전기에 감전된 것 처럼 옷과 피부, 그리고 머리에 정전기가 흐르는 것 같았고 그 결과 머리털이 뻣뻣하게 서고 피부가 흔들리는 것을 느낄 수 있었다고 한다. 그다음의 말이 더 재미있다. 걸을 때 공기 사이가 아니라 물속을 걷는 것 같은 느낌을 받았다고 하니 말이다. 우리가 물속에서 걸을 때 물의 저항을 받아 '어기적어기적' 걷는 것처럼 그도 그 주변의 공기로부터 일종

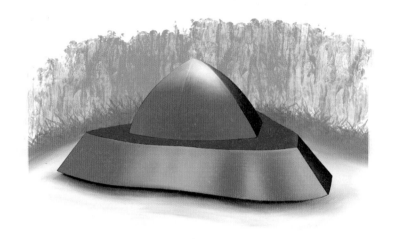

영국 렌들샴 숲에 착륙한 UFO(추정도)
© Lim Eunwoo

의 저항을 받은 것이다. 그런 느낌은 UFO에 다가갈수록 더 심해졌다고 하는데 이것은 모두 이 비행체 근처에 강한 전자기장이 형성되기 때문에 생긴 일일 것이다. 이 같은 페니스턴의 증언을 들어보면 오웬스가 하는 말이 틀리지 않았다는 느낌이 든다.

이처럼 외계 존재와의 만남은 인간에게 엄청난 체험을 선사하는 모양인데 어떤 UFO 전문가는 이렇게 말했다. 외계 존재와 15분 만나 그들을 진하게 체험하는 게 명상을 15년 하는 것보다 낫다고 말이다. 외계 존재를 만나면 그 체험이 너무나 강렬해 사람 자체가 바뀌는 것이다. 우리는 이런 체험을 못했기 때문에 이 상황을 이해하기 힘든데 전 권에서 본 것처럼 외계 존재를 바로 앞에서 체험한 사람은 평생을 그 체험에서 벗어나지 못하는 모양이다. 대표적인 예가 조금 전에 언급한 짐바브웨의 초등학교 아이들이다. 사건이 일어난 지 약 20년 후에 이들을 면담한 영상을 보면 자신들은 UFO와 외계 존재를 만난 것을 한 번도 잊어본 적이 없다고 실토하고 있다. 그 가운데에서도 에밀리라는 아이는 성인이 되어 화가가 됐는데 가장 많이 그리는 주제는 그날 그가 만난 외계인과 비행선이었다. 그는 그 체험이 너무도 강렬해 잊지 못하고 계속해서 그 사건에 대해 그리면서 되새김하는 것이다. 그 체험이 자신의 의식 속에서 '소화'가 되지 않으니까 자꾸 꺼내서 그림이라도 그리면서 마음을 푸는 것이리라. 이들만 이런 것이 아니다. 바로 전에 언급했던 페니스턴도 64세가 되던 해에 어떤 매체와 가진 면담에서 그 며칠 전에도 당시 사건에 대한 꿈을 꾸었다고 술회했다. 평생 잊지 못하는 것이다.

이렇게 말해도 이해가 잘 안되는 독자를 위해 다른 예를 들어볼까 한다. 이것은 근사체험자들의 증언인데 그들은 알려진 대로 이 체험, 즉 죽었다 살아난 체험을 몇 분 정도 겪은 사람들이다. 물론 육신으로 겪는 게 아니라 영혼의 상태가 되어서 겪는 체험이다. 그 상태로 이 사람들은 많은 일을 겪는다. 특히 먼저 타계한 가족이나 친지, 친구들의 영혼을 만나는 체험을 제일 많이 한다. 그런데 이 사람 가운데에 약 10%는 아주 진귀한 체험을 한다. 이들은 이때 통상 빛의 존재라 불리는 존재를 만나게 되는데 이 존재는 천사 같은 존재라 피경험자들에게 무조건적인 사랑을 베푼단다. 이때 해당 영혼은 지금까지 한 번도 받아보지 못한 무조건적인 사랑을 받고 인간이 완전히 바뀐다. 어떻게 바뀔까? 그들의 증언에 따르면 자신들은 그 체험 후에 종교적인 인간으로 바뀌어서 완전히 이타형 인간이 되었다고 한다. 불교식으로 하면 말 그대로 보살이 되는 것이다. 무조건 주기만 하고 절대로 화를 내지 않을 뿐만 아니라 상대방을 말할 수 없이 편안하게 만들어주는 그런 인간 말이다. 이런 인간이 되려면 종교적인 수행을 수십 년 해도 될까 말까 하는데 근사체험자들은 불과 몇 분 만에 이 같은 변모를 달성하는 것이다. 이에 빗대어 볼 때 외계 존재와 만나는 체험도 이와 비슷하지 않을까 한다. 외계 존재는 인간보다 차원이 훨씬 높은 존재이기에 그런 존재와의 만남이 인간 자체를 뒤흔들어 놓을 수 있겠다는 생각이 든다.

다시 우리의 주제로 돌아가서, 미쉬로브는 앞에서 말한 저서에서 오웬스로부터 훈련을 받으면 UFO를 만나는 일이 실제로 가능하다면서 실례를 들고 있다. 오웬스로부터 이 최면 프로그램의 훈련을 받은 제니스 레슬리라는 여성의 경우이다. 그녀는 훈련받은 뒤 시누이와 함께 밤에 한적한 곳에 가서 조용히 UFO를 기다렸다. 그때 시누이가 고개를 돌리면서 뒤쪽 하늘이 얼마나 어두운지 말하려고 했는데 그쪽에서 낮게 날고 있는 빛이 천천히 그들에게 다가왔다. 그들은 이것을 빛의 공이라고 표현했는데 이 공이 그들에게 다가왔지만, 아무 소리도 들리지 않았다. 소리는 들을 수 없었지만, 그 공은 매우 아름다운 노란색 오라를 내뿜고 있었다. 그런데 그 광경이 너무도 찬란해 그들은 입을 벌리고 지켜만 보았다고 한다. 그런데 이때 주변에 있던 경찰관이 도달했다. 한밤중에 이상한, 그러나 찬란한 불빛이 보이니 한걸음에 달려온 것이리라. 이 경찰관도 자연스럽게 이 빛나는 공을 볼 수 있었다. 레슬리의 시누이와 경찰관은 오웬스로부터 아무 훈련도 받지 않았지만, 레슬리 덕에 UFO를 목격했으니 운이 좋은 사람이라고 하겠다. 어떻든 이 미지의 비행체는 그렇게 나타났다가 곧 소리 없이 빠르게 사라졌다고 한다. 이렇게 UFO를 체험한 레슬리는 그 뒤에도 자녀나 시아버지 등과 같이 UFO와의 회동을 지속했다고 한다.

레슬리가 체험한 것은 전형적인 UFO 현상이다. 비행 물체가 소리 없이 어딘가로부터 나타났다가 또 소리 없이 사라지는 현상 말이다. 그런데 이 물체는 밝기가 장난이 아니라 보는 사람을 압도한다고 하는데 그 비행체의 정체에 대해서는 아는 게 하나도 없다. 그러니 미확인 비행체라고 하는 것이다. 그런데 여기서 정확하게 할 사안이 있다. 이때 레슬리 앞에 나타난 UFO는 정식의 UFO는 아니라는 것이다. 이때 말하는 정식의 UFO란 외계 존재가 직접 탑승하고 있는 비행체를 말한다. 그런데 레슬리에게 나타난 것은 이런 비행체가 아니라 빛이 나는 공과 같은 것이라고 했다. 이것의 정체에 관해서도 밝혀진 바가 거의 없는데 UFO가 인간 세상을 정탐하거나 인간과 교류하기 위해 보내는 일종의 부속물 같은 것 아닐까 한다. 그러니까 이 물체는 UFO 비행체에서 분리되어 나온 것으로 굳이 비유하자면 드론 같은 것에 해당한다고 볼 수 있겠다. 비행체에서 분리된 것이지만 비행체 안에 있는 외계 존재에 의해 조종당하니 운명이 드론과 같다고 하겠다.

인간이 UFO를 목도한 사건 가운데 이런 작은 비행체가 나타나는 경우는 적지 않다. 대표적인 사례는 『UFO of God(신의 UFO)』(2023)을 쓴 크리스 블레드소(Chris Bledsoe)인데 이 사람에게도 발광하는 구체가 수없이 나타났고 그것을 촬영한 영상도 많이 남아 있다.

이 사람에 대해서는 다음 장에서 다루니 그때 자세히 보면 되겠다. 이 이외에 우리에게 친숙한 사례를 꼽으라면, 전 권에서 다룬 사례 중에 영국의 렌들샴 숲에서 목격된 UFO를 들 수 있겠다. 그곳에서 목격된 UFO 가운데에서도 홀트 중령이 목격한 구체의 UFO가 이런 예에 속한다. 또 벨기에 UFO 목격 사건에서도 UFO 모선에서 분리 되고 발광하는 구체에 대한 언급이 있으니 이 발광체는 UFO 세계에 서 익숙한 존재라고 하겠다.

오웬스의 사후통신(After-Death Communication)

미쉬로브와 오웬스와 사이에서 일어난 일 가운데 마지막으로 소개하고 싶은 것이 있다. 이 일은 아주 기이해서 거의 '믿거나 말거나'의 수준의 사건인데 재미있는 내용이 있어서 독자들에게 한번 알리고 싶은 마음이 들었다. 이 사건은 인과관계가 명확하지 않아 검증하기가 힘든데 독자들의 흥미는 자아낼 수 있을 것 같다. 이 사건의 인과관계가 명확하지 않게 된 데에는 그럴만한 이유가 있다. 이 일은 전형적인 사후통신의 사례이기 때문이다.

사후통신에 대해서는 필자가 졸저(『사자와의 통신』, 2018)에서 상세하게 밝혀 놓았으니 관심 있는 독자는 이 책을 참고하면 되겠다. 사후통신을 아주 간단하게 정의하면, 지상에 살고 있는 우리가 여러 가지 방법으로 영혼들의 세계에 살고 있는 고인의 영혼과 정보를 교환하는 행위를 말한다. 이때 재미있는 것은 이 교통의 주체가 우리가 아니라 고인의 영혼이라는 것이다. 그럴 수밖에 없는 것이 소식이나 정보를 주는 것은 영혼들이지 우리가 아니기 때문이다. 사후통신은 영혼들이 지상에 사는 우리에게 일정한 소식을 전하거나 위험 같은 것을 알리려고 할 때 일어나기 때문에 그들이 주체가 된다고 한 것이다. 따라서 영혼들이 우리에게 소식을 전하지 않으면 이 통신

『사자와의 통신』

은 아예 이루어지지 않는다. 그런데 문제는, 사후통신은 영혼과 산자의 교류이기 때문에 검증할 수 있는 방법이 없다는 것이다. 영계의 일은 검증의 대상이 아니니 이것은 어쩔 수 없는 일이다.

그런 사정을 감안하고 다시 우리의 주제로 돌아가자. 내가 지금 소개하려는 것은 2020년대에 일어난 일이니 극히 최근의 일이라 하겠다. 오웬스는 1987년에 죽었으니 현재(2024년)로부터 따지면 30년도 더 된 과거 일이다. 당연히 오웬스의 육신은 그때 소멸되었지만, 그와 미쉬로브의 인연은 끝나지 않았던 모양이다. 이렇게 추측해 보는 것은 미쉬로브와 오웬스의 의식이 연결된 것처럼 보이는 사건이 있었기 때문이다. 다음 이야기는 미쉬로브가 직접 증언한 것인데 나는 이 이야기를 그의 책에서 접한 게 아니라 그가 주관하고 있는 유튜브 채널에서 그가 직접 이야기하는 것을 들은 것이다. 내가 이 책

의 원고를 쓰던 2024년에 이 이야기를 접했으니 그 전에 나온 그의 책에는 당연히 실릴 수 없었을 것이다.

　이야기는 이렇게 시작한다. 미쉬로브는 2022년 12월 12일에 생면 부지의 자비에르 플로레스(Javier Flores)라는 독일인으로부터 이메일을 받는다. 이 독일인은 명상을 전문적으로 하는 사람이었던 모양인데 그는 그 서신에서 자신이 명상하던 중에 오웬스의 목소리를 들었다고 주장했다. 만일 이 이야기가 사실이라면 이런 것도 사후통신 중의 하나라고 할 수 있다. 고인의 영혼이 살아 있는 사람에게 소식을 전한 것이기 때문이다. 그때 오웬스의 영혼은 이 독일인에게 다음의 이야기를 미쉬로브에게 전달해달라고 부탁했다고 한다. 그 전갈이란 '나는 당신(미쉬로브)이 나와 교통하려는 것을 알고 있다. 나는 항상 당신 옆에 있으니 언제든 교통할 수 있다'라는 것이었고 이것을 알리고자 오웬스가 이 독일인에게 나타난 것이다.

　이런 식의 이야기는 이 동네에서는 그리 이상한 이야기가 아니다. 즉 고인의 영혼이 특정한 사람에게 나타나 어떤 소식을 자기가 원하는 사람에게 전달해달라고 부탁하는 사례 말이다. 예를 들자면 고인이 된 어떤 엄마가 지상에 있는 자기 딸에게 소식을 전하고 싶은데 딸에게 직접 전하지 않고 다른 사람에게 그 일을 부탁하는 경우 같은 것이 그것이다(이 사례는 앞에서 거론한 필자의 책에 나온다). 그런데 지금 본 미쉬로브의 경우는 조금 수상하다. 강한 의심이 들기 때문이다. 무슨 의문인가 하면, 오웬스가 자신의 소식을 미쉬로브에게 전하고 싶었으면 직접 그에게 전하지 왜 생면부지인 남에게 그 일을 부탁했느냐는 것이다. 미쉬로브도 영적으로 매우 뛰어난 사람이라 그에게 직접 영적인 정보를 전해도 아무 문제 없었을 텐데 당사자를 두고 왜 모르는 사람, 그것도 다른 나라 사람에게 소식을 전하라고 했는지 오웬스의 속내를 모르겠다는 것이다. 이것은 물론 이 이야기가 모두 진실이라고 가정했을 때 해당되는 이야기이다.

어쨌든 이 말을 들은 미쉬로브는 이 사람이 전한 이야기를 진실로 간주하고 재미있는 시도를 한다. 그달 28일에 본인이 직접 오웬스와 교신을 시도한 것이다. 교신을 한 목적은 러시아의 침략 전쟁에 빠진 우크라이나를 돕자는 것이었다. 2022년에 시작한 이 전쟁은 문명 시대에 있을 수 없는 야만 전쟁으로 많은 국가로부터 지탄을 받았다. 그래서 서방 국가들은 우크라이나를 돕는 데에 나섰는데 미쉬로브도 여기에 동참한 것이다. 그가 직접 전장에 들어가서 싸울 수는 없는 일이라 그는 다른 식으로 전쟁에 접근했다. 즉 그는 인본주의자답게 우크라이나 사람들을 위해 나섰다. 당시 러시아는 개전 초기에 우크라이나의 발전소를 폭격해 작동 불능으로 만들었기 때문에 우크라이나 사람들은 그해 겨울에 추위에 떨 판이었다. 이 사정을 접한 미쉬로브는 오웬스에게 마음으로 전하기를, 우크라이나 지역에 온풍이 불게 해달라고 요구했다. 그러면 우크라이나 사람들이 추위에 덜 떨 것이라고 생각했기 때문이다. 그러자 2023년 1월 1일에 정말로 유럽 전역에 난데없는 온풍이 불어 겨울 동안 춥지 않았다고 한다. 그런데 이 덕을 우크라이나 사람들만 본 것이 아니라 유럽 사람들도 덩달아 난방 문제를 해결할 수 있었다고 한다. 당시 유럽은 러시아에서 수입하는 가스를 가지고 난방했는데 전쟁 때문에 이 가스가 제대로 공급되지 않았다. 그러니 유럽 사람들이 추위 때문에 떨

수밖에 없었다. 우크라이나 지역에 분 온풍은 유럽에까지 불어 유럽 사람들이 덕을 본 것이다. 이렇게 난데없이 온풍이 분 바람에 유럽의 스키장은 하나도 문을 열지 못했다고 한다. 이 상황을 두고 유럽 각 나라의 기상청에서는 이것은 말도 안 되는, 있을 수 없는 날씨라고 평을 내놓았다고 한다.

이것이 사건의 전모인데 우선 이 사건을 믿어야 할지 말아야 할지 판단이 서지 않는다. 보통 이런 이야기들은 믿을 수 없는 게 태반인데 이 경우에는 미쉬로브라는 '빅샷(거물)'이 이야기한 것이니 거짓이라고 그냥 무시할 수는 없겠다는 생각이 든다. 어떻든 첫 번째 가능성부터 생각해 보면, 우선 이 사건은 순전히 우연일 수 있는데 만일 우연이라면 더 이상 논의할 필요가 없다. 그럴 경우 사후통신이니 하는 것들이 아무 의미가 없으니 더 이상 이 사건에 대해 생각하지 않아도 된다.

두 번째 가능성은 이 일이 진짜 미쉬로브와 오웬스 사이에 있었던 사후통신 때문에 일어났다는 것을 인정하는 경우이다. 인정하는 순간 이번에도 다른 경우와 마찬가지로 의문이 봇물 터지듯 쏟아진다. 이 경우는 문제가 더 복잡하다. 오웬스가 살아 있을 때와 경우가 다르기 때문이다. 오웬스가 살아 있을 때는 당사자가 눈앞에 있으니까 그가 초능력을 발휘했다고 할 수 있지만 이번 경우는 미쉬로브가 마음으로 오웬스의 영혼에게 부탁한 것이니 도대체 이게 어떻게 가능한 일인지 알 수 없다. 사실 오웬스가 진짜 영혼의 상태로 영계에 있는지의 여부도 심히 의심스럽다. 그뿐만 아니라 그가 이런 일을 벌였다는 것도 쉽게 믿기지 않는다. 한 걸음 물러서서 오웬스의 영혼이 영계에 있다는 것을 인정하자. 그다음 드는 의문은 미쉬로브의 생각이 진짜로 그에게 전달되었는가에 대한 것이다. 지상에 있는 인간의 생각이 영계에 있는 영혼들에게 어떻게 전달되는지 그 구체적인 정황에 대해 알려진 것이 없지 않은가?

그러면 또 양보해서 미쉬로브의 생각이 오웬스의 영혼에 전달되었다고 하자. 그러면 바로 다음 질문이 나온다. 오웬스는 어떻게 그 넓은 지역에 온풍을 불게 했느냐는 것이다. 추측컨대 또 오웬스가 외계지성체에게 부탁해서 온풍을 불게 했을 것 같은데 이 일이 어떻게 이루어졌는지 궁금하다. 이 일이 오웬스가 지상에 있을 때와 똑같은 방법으로 이루어졌는지 아니면 그곳은 영계이니 다른 방법으로 이루어졌는지 궁금한 것이다. 그런가 하면 더 원론적인 질문으로 이 외계 존재들은 영계에 있는 인간의 영혼들과 어떤 관계에 있는지도 궁금하다. 외계 존재들이 지상에 나타날 때는 인간의 육신이라는 물질과 상대했지만, 영계에서는 인간이 영혼이라는 에너지 형태로 있으니 상대하는 방식이 달라지지 않을까 하는 생각이 든다. 그 방식이 어떻게 다를지 여간 궁금한 게 아니다. 외계 존재가 사후세계에 있는 인간의 영혼들과 어떤 식으로 교류하는지는 매우 흥미로운 주제인데 아직 속시원하게 밝혀진 것은 없는 것 같다. 어떻든 이렇게 의문과 궁금증이 봇물 터지듯 나오지만, 알 수 있는 것은 별로 없으니 예서 멈추는 게 낫겠다. 좌우간 이 분야는 들고 팔수록 더욱더 모를 뿐이라 힘이 빠지지만 동시에 흥미롭다. 흥미로우니 이렇게 자꾸 질문하는 것이리라.

오웬스가 보인 이적들

지금까지 우리는 오웬스의 전모를 간단하게 훑어보았다. 다음으로는 그가 행한 이적에 대해 보려고 하는데 오웬스는 이적과 떼어놓을 수 없기에 그를 이해하려면 반드시 그가 행한 이적을 살펴보아야 한다. 오웬스의 생애는 이적으로 점철되어 있어서 이렇게 말할 수 있는 것이다. 게다가 그가 행한 이적은 지금까지 인류 사회에 나타났던 초능력자들이 행한 이적과는 차원이 다르다고 했다. 그는 벼락을 치게 하고 태풍을 불게 해서 홍수가 나게 하고 그러다가 가뭄을 일으키고 온풍이나 냉풍을 불게 한다. 더 재미있는 것은 UFO를 마음대로 나타나게 하는 등 그가 행한 이적은 이른바 '스케일'이 다르다. 나는 그동안 이 분야를 공부하면서 인류 역사에 나타난 초능력자들을 많이 접해보았다. 물론 책으로 접한 것이지만 보다 보다 오웬스같은 초능력자는 처음이다.

만일 그가 행한 이적을 믿지 않는다면 우리의 논의는 한 걸음도 나아갈 수 없다. 아직도 세상에는 그의 초능력을 믿지 않는 사람들이 많이 있다. 그런데 오웬스의 이적은 그렇게 가볍게 무시하거나 부정할 수 있는 것이 아니다. 그가 큰 규모로 행한 이적은 약 180개 정도라고 하는데 이것은 모두 파일로 자료화되어 있어 그 전모를 알 수 있다. 이것을 갖고 있는 사람이 미쉬로브인데 그에 따르면 오웬스의 이적은 대체로 다음과 같은 과정으로 진행되었다.

오웬스는 머리가 비상한 사람이라 사람들이 자신이 행하는 이적을 믿지 않으리라는 것을 지레짐작하고 나름대로 매우 치밀한 작전을 짰다. 우선 그는 이적을 행하기 전에 사람들에게 미리 편지를 써서 그 이적의 내용에 대해 알렸다. 신문 기자나 방송 관계자, 혹은 과학자, 오피니언 리더들에게 자신이 앞으로 어떤 때에 어떤 이적을 보여줄지에 대해 편지에 적시(摘示)해서 보낸 것이다. 예를 들어 오웬스는 '내가 앞으로 2주 뒤에 샌프란시스코의 반경 100마일 이내에 UFO가 나타나게 하겠다. 그리고 이 소식은 지역 신문사에 기사로 날 것이다'라는 내용의 예언(?)을 글로 써서 지역 신문사나 지역 인사에게 보낸다. 그런 다음 이 이적이 실제로 일어나고 신문사가 그 기사를 대서특필하면 그는 이전에 보낸 편지와 자신의 이적을 다룬 신문 기사를 스크랩해서 하나의 파일을 만든다.

만일 대상이 이런 공공기관이 아니고 개인에게 자신의 이적을 예고하는 편지를 보냈을 때는 조금 다른 과정을 거친다. 그런 경우 오웬스는 이적이 일어난 다음에 반드시 그 사람으로부터 확인서 같은 것을 받는다. 이 확인서 안에는 오웬스가 분명히 이적이 생기기 전에 예언의 서신을 자신에게 보냈고, 그와 더불어 이 이적은 분명히 일어나서 그의 예언이 실현되었다는 것을 명시해 놓고 있다. 그러면 오웬스는 이 확인서와 앞서 쓴 편지를 가지고 하나의 파일을 만든다. 이런 식으로 만든 파일이 약 180개가 된다는 것인데 이렇게 나름대로 철두철미한 원칙을 가지고 파일을 만들었으니 그 내용을 부정하기가 힘들지 않을까 싶다. 그가 행한 행동에는 나름의 인과관계가 형성되어 있으니 부정하는 일이 쉽지 않은 것이다.

이제부터 오웬스가 행한 이적들을 보려고 하는데 양이 너무 많아 다 볼 수는 없다. 또 그럴 필요도 없다. 나는 독자들이 편하게 읽

에드거 케이시

을 수 있게 그 이적들을 연대순으로 살펴볼 것이다. 그러나 방금 말한것처럼 그가 행한 이적을 다 보겠다는 것은 아니고 그의 이적을 대표하는 것이나 여러 이적 가운데 괄목할 만한 것들을 선별해서 보려고 한다. 그의 이적은 진행되는 패턴이 비슷해서 몇 개만 보면 전체를 알 수 있다.

이 같은 여러 이적을 보기 전에 미쉬로브가 재미있는 지적을 한 것이 있어 그것을 잠시 보고 갔으면 좋겠다. 그가 오웬스의 이적 전체를 꼼꼼하게 살펴 보니 예언 전부가 그의 예측대로 실현된 것은 아니었다. 그렇기는 하지만 반 정도는 오웬스의 예언대로 성취된 것 같다는 것이 미쉬로브의 견해였다. 이것은 오웬스의 예측이 꽤 틀렸다는 것을 뜻하는데 혹자는 이를 두고 오웬스가 형편없는 예언자라고 혹평하기도 한다. 예언과 같은 초능력을 믿지 않는 사람들은 오웬스같은 초능력자가 한 번이라도 틀리면 '가짜'라고 하면서 마구 험담을 한다. 그리곤 그 사람이 행한 모든 예언을 부정한다.

예를 들어보자. 20세기 최고의 예언자 중의 한 사람인 에드거 케이시는 인류의 미래에 대해 굵직한 예언을 한 것으로 유명한데 그 예언 가운데에는 맞는 것도 있었지만 말도 안 되는 것도 있었다. 가령 그의 예언 중에 '중국이 20세기 후반부에 기독교 국가가 될 것이다'와 같은 것이 있는데 이것은 정말로 터무니없는 예언이지 않은가? 21세기 초반인 지금도 중국은 몇 안 되는 공산주의 국가라 기독교가 맥을 못 추고 있으니 말이다. 그러나 이것만 보고 그를 가짜 예언자라고 예단하는 것은 성급한 판단이다. 왜냐하면 그는 '소련의 붕괴설'을 예언한 것으로 유명하기 때문이다. 20세기 중반에 소련이 가까운 미래에 멸망하리라고 예언한 사람은 거의 없었다고 할 정도로 예측하기 어려운 사안인데 케이시는 이 같은 예측을 한 것이다. 그는 이 외에도 정확하면서도 굵직한 예언을 많이 했다. 그러니 케이시를 사기꾼이라고 매도하는 일은 삼가야 하는데 케이시의 경우에는 공개적으로 그를 비판하는 사람이 적어서 다행이다.

이처럼 초능력자의 예언이 틀리는 현상을 두고 이것을 어떻게 이해해야 좋을지에 대해서 미쉬로브는 참신한 견해를 제시했다. 그는 미국의 전설적인 야구 선수인 베이브 루스를 예로 들어 설명했다. 사람들은 루스를 대단한 타자라고 생각하는데 사실 그는 홈런보다 삼진 아웃이 2배나 많았다고 한다. 타율도 3할 중반대니까 타석에 나와 세 번에 한 번만 안타를 친 셈이다. 그런데 이 타율을 두고 그를 형편없는 타자라고 비난하는 사람은 없다. 실제는 그 반대여서 이 타율만 가지고도 그를 가장 위대한 타자라고 치켜세웠다. 같은 논리를 오웬스나 케이시에게 적용해서 보면 그들의 예언이 조금 틀렸다고 해서 그들을 가짜로 몰아세우면 안 된다는 결론에 다다르게 된다. 이 같은 미쉬로브의 견해는 매우 일리 있는 주장이라고 생각한다. 따라서 우리는 이런 입장에 서서 오웬스같은 예언자들을 대해야 할 것이다.

오웬스는 대체로 1960년대부터 이적을 행하기 시작해 1970년대까지 계속했기 때문에 여기서도 이 20년을 중심으로 보려고 한다. 그러나 그가 1980년대에도 대단히 중요한 예언을 한 것이 있어 그것도 볼 것이다. 다시 말하지만 그가 실제로 행한 이적은 여기서 소개하는 것보다 훨씬 더 많다. 그런데 오웬스의 이적을 여기서 내가 정리한 것처럼 조리 있게 분류해 놓은 자료가 없어 그것을 나름대로 정리하는 과정에서 꽤 힘들었던 기억이 난다. 그가 행한 많은 이적 가운데 변별성이 있는 것을 선별하고 그것을 다시 연대순으로 정리하는 일이 쉽지 않았다. 독자들이 다음에 펼쳐지는 내용을 보면 오웬스의 이적을 일목요연하게 볼 수 있을 것이고 그에 따라 오웬스라는 인간을 더 잘 이해할 수 있을 것으로 믿는다.

1960년대

오웬스의 기록을 보면 그가 공식적으로 이적을 행하기 시작한 것은 1965년 이후의 일인 것 같다. 이 해에 그는 워싱턴에 가서 조지 클라크라는 CIA 요원을 만나 자신이 앞으로 행할 예언에 대해 알려준다. 오웬스는 이 사람과 꾸준히 연락했는데 그 이유는 미국 정부와 모종의 협력사업을 도모하기 위함이었던 것 같다. 오웬스에 따르면 외계지성체들은 끊임없이 그에게 미국 정부와 접촉해서 같이 협력할 수 있는 장, 즉 기지 같은 것을 만들라고 촉구했다고 한다. 그런 요청 때문에 오웬스는 이 클라크를 비롯해 미 정부 요원들을 만나기는 했는데 한 번도 미국 정부의 협력을 끌어낸 적은 없었다. 이유는 간단하다. 그들은 모두 오웬스를 기피의 인물로 보았기 때문이다. 그럴 수밖에 없는 것이 오웬스가 하는 일은 보통의 상식으로는 도저히 받아들일 수 없었을 테니 말이다. 게다가 오웬스라는 사람 자체가 신임이 잘 안 가는 '타입'이라 더더욱 그렇게 된 것 같다.

클라크와 관계된 사건을 구체적으로 보면, 1965년 10월 26일 외계지성체는 오웬스에게 CIA의 클라크에게 전보를 보내라고 촉구한다. 그 내용은 자신들이 매우 화가 나 있기 때문에 10여 일 내로 미국에 끔찍한 재앙을 내릴 것이라는 것이었다. 그랬더니 정말로 11월 10일에 정전으로 7개 주가 마비되었는데 이 재앙은 필라델피아의 인콰이어러지(Inquirer)가 보도했다. 그런가 하면 뉴욕은 전화 외에 모든 소통이 불가능하게 되었다. 특히 무선 및 레이더 통신이 두절되어 몇 시간 동안 뉴욕의 두 공항에서 비행기가 이착륙하는 일이 불가능하게 되었다고 한다. 또 모든 조간신문의 인쇄가 중단되고 도시의 전기 작동식 펌프가 고장나서 물이 공급되지 않았다. 이런 식으로 정전이 일어나 약 2,600만 명이 어둠 속으로 빠져들어 갔다고 한다.

이게 대충 살펴본 사건의 전모인데 이 믿을 수 없는 사건에 대해 가장 먼저 드는 의문은 이런 엄청난 일이 정말로 일어났느냐는 것이다. 벌써 60년 전의 일이니 기억이 가물거리는데 일단 이 사건이 실제로 있었다고 치자. 그러나 그다음에도 의문이 줄줄이 이어진다. 우선 드는 의문은 이 같은 여러 가지 일이 정말로 외계지성체가 행한 것이냐는 것이다. 그런데 우리는 이 사건을 검증할 수 있는 위치에 있지 않으니 논의의 전개를 위해서 이것도 잠정적으로 수용하기로 하자. 그다음 의문은 더 구체적인 것이다. 외계지성체가 이 같은 참변을 일으킨 이유에 대한 것인데 오웬스는 그들이 미국 정부에 대해 화가 나 있기 때문에 이 사건을 일으켰다고 했다. 화가 난 이유는 미국 정부가 외계지성체와의 협력을 거부했기 때문인 것으로 보이는데 이 같은 일은 뒤에도 발생한다.

외계지성체는 이 같은 이유로 미국 정부에게 본때를 보이려고 위와 같은 대참변을 벌였다는 것이다. 그런데 외계지성체들이 어떤 의도로, 혹은 무엇을 바라고 이런 일을 자행했는지 잘 가늠이 되지 않는다. 그들의 의도를 확실히 알 수 없지만 굳이 추정해 보면, 그들은 여러 이적을 통해 자신들의 능력을 과시함으로써 인류에게 수그리고 들어오라는 것 아니었나 하는 생각이 든다. 우리가 이렇게 강한 힘을 가지고 있으니 '밑으로' 들어오라는 것이다. 그러나 이 같은 제안은 한 번도 미국 정부에 의해 받아들여진 적이 없었다. 이것은 당연한 일이다. UFO를 공식적으로 인정하지 않는 미국이 난데없이 이들의 제안을 수락할 리가 없지 않은가? 당시 미국인을 포함한 인류의 지적 수준은 외계지성체 같은 초월적인 존재를 인정하고 받아들이기가 어려웠을 것이다. 외계지성체는 인류에게 너무 낯선 존재라 그들을 수용하는 것은 인류에게 너무 벅찬 일이었을 것이다.

이와 관련해 또 드는 의문이 있다. 외계지성체들이 인류의 이런 상황을 모르지 않을 것 같은데 왜 그들은 자꾸 오웬스를 시켜 미국 정부에게 무리한 요구를 했는지 잘 모르겠다. 아무리 요구를 해봐야 미국인을 비롯한 지구인들이 응하지 않거나, 응하지 못할 것이라는 것을 알고 있을 것 같은데 외계지성체들은 왜 같은 일을 반복했느냐는 것이다. 이 같은 상황은 뒤에도 또 발생하는데 이것을 보면 외계 지성체들이 지구인들의 수준이나 성향을 잘 모르는 것 아닌가 하는 생각이 든다.

해가 바뀌어 1966년이 되었다. 이해 4월 19일 오웬스는 또 클라크에게 편지를 써서 외계지성체의 우주선 중 하나를 필라델피아의 시내 중심으로 오게 할 것이라고 장담했다. 여기에는 특별한 목적이 있었던 것 같지는 않고 오웬스가 자신의 능력을 과시하려는 것 같았다. 오웬스가 그런 말을 하고 7일이 지난 26일 오후 6시 직후에 유성처럼 보이는 불타는 물체가 필라델피아 상공을 가로질러 갔다고 한다. 이것을 수천 명이 보았다고 하는데 몸체는 청록색이었고 꼬리는 붉은 오렌지색으로 빛났다고 한다. 그 상태로 약 15초 동안 나타났다가 사라졌는데 이 물체가 이때 완전히 사라진 것은 아닌 모양이다. 당시 오웬스는 필라델피아에 살고 있었는데 그는 지인과 함께 스프루스(Spruce)가와 월너트(Walnut)가가 있는 시내 중심가를 걷다가 이 물체를 보았다고 한다. 그때의 시간은 오후 8시 6분이었다고 하니 이 물체가 약 2시간 후에 다시 나타난 것이다. 그런데 여기서 내가 별로 중요하지 않은 필라델피아의 시내 거리의 이름을 밝힌 것은 나도 미국 유학 시절 저 거리를 걸어 다녀봤기 때문이다. 내가 유학한 대학의 분교가 필라델피아 시내에 있어서 그곳으로 가끔 갈 일이 있었다. 이 거리를 따라 서쪽으로 십여 분만 가면 아이비리그 대학 중의 하나인 그 유명한 펜실베이니아 대학(Univ. of Penn)이 나오니 이거리는 나름의 의미가 있다고 하겠다. 오웬스를 이야기하다가 이 거리를 다시 대하니 감회가 새로웠다.

이 물체는 앞에서 본 것처럼 불덩이 같다고 해서 당시 'fireball'이라는 별명으로 불렸는데 필라델피아 지역의 대표 신문인 인콰이어러지의 4월 26일 자에도 보도되었다. 그런가 하면 비슷한 시간대인 8시 10분경에 이 물체를 목격한 수많은 사람들의 신고가 지역 경찰의 전화 교환대를 휩쓸었다. 경찰 본부에만 500통이 넘는 전화가 접수되었다고 하는데 그중 상당수가 경찰이 직접 전화한 것이었다. UFO의 목격자 가운데에는 경찰관이 많다. 경찰관들은 항상 주변의 동태를 주시하고 다니니 UFO 같은 이상한 물체를 쉽게 발견할 수 있었을 것이다. 이 물체는 필라델피아에만 나타난 것이 아니다. 필라델피아의 인근이라 할 수 있는 델라웨어나 몽고메리, 체스터 등의 카운티(한국의 군에 해당하는 행정 지역)의 경찰서, 그리고 뉴저지주의 경찰청에도 이 물체를 목격했다는 전화가 쇄도했다고 한다. 물론 오웬스는 이 물체는 자신이 외계지성체에 부탁해서 나타난 것이라고 주장했는데 당시 사람들이 어떻게 반응했는지는 그가 언급하지 않아 잘 알지 못한다. 사람들은 아마 그때만 잠깐 솔깃했다가 곧 잊어버리지 않았을까 한다. 사람들은 이런 엄청난 일이 계속해서 일어나도 일상생활이 바빠서 그런지 곧 잊어버리고 마는 경향이 있다(그런데 이 원고를 고치는 2024년 11월에 미국 뉴저지 지역을 시작으로 동부 지역에 온갖 UFO들이 무리로 나타나고 있어 비상한 관심을 모으고 있다. 이 현상은 12월에도 지속되었고 급기야는 유럽의 영국이나 독일에서도 발생했는데 현재로서는 아무도 이 비행체들의 정체를 파악하지 못하고 있다. 이 사례는 UFO 전 역사에서 희귀한 것이라 앞으로 많은 연구가 이어질 것으로 보인다).

　1966년에는 이 이외에도 오웬스의 많은 이적이 보고되었는데 모두 비슷비슷한 것이라 그것을 다 볼 필요를 느끼지 않는다. 그런데 마침 이 해에 있었던 사건을 정리한 문서가 있어서 소개했으면 한다. 이 문서는 오웬스의 책(2012) 185쪽에 실려 있는데 한셀이라는 사람이 쓴 일종의 확인서다. 여기에는 오웬스가 이 해에 벌인 이적 가운데 7개의 사건을 모아서 기록하고 있다. 이 문서의 내용을 보면, 오웬스가 먼저 한셀에게 언제 어떤 이적이 있을 것이라고 예언해 놓으면 한셀이 그것을 나중에 확인해서 그 이적이 분명히 오웬스가 말한 대로 일어났다고 적어놓고 있다.

한 가지 예를 들어보면, 이 문서에는 한 항목이 이렇게 적혀 있다. 'June 29, 1966—Warned that U.S. Fleet would be attacked off Vietnam coast. Two days later torpedo boats attacked U.S. warships'인데 이를 번역하면 '(오웬스가 경고하길) 1966년 6월 29일에 미국의 함대가 월남 해안에서 공격받을 것이라고 했는데 이틀 뒤에 월남의 어뢰정이 미국 군함을 공격했다'가 된다. 이런 식으로 오웬스가 예언한 것과 그것이 실현됐다는 것을 동시에 적고 있는데 이와 비슷한 항목이 7개가 나열되어 있다. 그리고 마지막으로는 이 문서를 마리아 파보니라는 공증인에게 공증까지 받아서 여기서 말한 사안이 모두 진실이라는 것을 확실하게 했다. 이런 것을 보면 그의 말을 의심할 수 없겠다는 생각이 들지만 사건의 내용이 워낙 격외적인 것이라 의문이 남는 것은 어쩔 수 없는 일이다.

1967년에도 오웬스의 이적은 예외 없이 나타나는데 그 가운데 몇 개만 간단하게 보자. 『Saucer News』라는 잡지의 1967년 여름호에는 오웬스가 편집자인 짐 모셀리라는 사람에게 보낸 편지가 실려 있다고 한다(이 잡지의 이름을 번역하면 '비행접시 뉴스'가 되는데 1960년대라는 이른 시기에 이런 이름을 가진 잡지가 있었다는 것이 신기하다). 이 편지에는 오웬스가 UFO와 통신하여 미국 동부 해안에 대규모 정전을 일으킬 것이라고 쓰여 있었다. 그랬더니 그 편지를 보내고 불과 몇 주 후인 1967년 6월 5일에 실제로 이 지역에 대규모 정전 사태가 발생했다. 오웬스는 같은 내용의 편지를 필라델피아의 최고 로펌 변호사인 머래이 재트먼에게도 보내 정전이 6월 21일 이전에 발생할 것이라고 통보했다. 그다음에 이 사건이 어떻게 진행되리라는 것은 쉽게 짐작할 수 있다. 재트먼은 이처럼 정전이 실제로 발생한 것을 목격하고 오웬스의 예언이 실현됐다는 것을 확인해 주는 문서를 만들어주었다.

또 이런 일도 있었다. 내용은 비슷하지만 나름대로 재미있어서 한 번 거론해 보려고 한다. 이 해에 오웬스는 필라델피아에 있는 어떤 법률사무소에 근무하고 있었다. 하루는 그 사무실에서 일하는 시드니 마굴리스라는 변호사와 사무실 계단에서 대화를 나누고 있었다. 오웬스는 초능력자답지 않게 치기 어린 짓을 가끔 하는데 이날도 마굴리스에게 자신은 날씨를 조종할 수 있다고 자랑했다. 그러자 마굴리스는 '그러면 지금 저 앞에 보이는 다리 위에 번개를 칠 수 있는가'라고 넌지시 부탁했다. 이 다리는 내 유학 시절을 기억해 보면 아마 필라델피아에서 뉴저지로 넘어갈 때 건너는 벤저민 프랭클린 다리인 것 같다. 이 다리 밑에는 델라웨어강이 흐른다. 그러자 오웬스는 그 정도는 식은 죽 먹기라면서 곧 손을 들어 하늘을 가리켰다가 내리면서 그 다리를 지목했다. 앞에서 오웬스의 이런 모습은 미쉬로브 책의 표지 그림으로 쓰였다고 했으니 이 모습이 궁금한 독자는 이 표지를 참고하면 되겠다.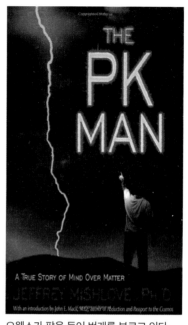
그러자 1분도 안 되어서 실제로
번개가 이 다리 위로 떨어졌다.
이 모습을 자기 눈으로 직접 본
마굴리스는 변호사답게 이 사
실을 목격했다는 것을 증명하
는 진술서를 썼는데 미쉬로브
는 이 사건에 대해 마굴리스 본
인에게 들었다고 전했다.

　이 사건은 이렇게 진행됐을
것이다. 즉 오웬스가 팔을 들어
서 하늘에 대고 속으로 '(외계지
성체들이여!) 내가 손으로 가리키
는 저 다리 위에 번개를 쳐주시

오웬스가 팔을 들어 번개를 부르고 있다.

오'라고 되뇌었을 것이다. 그러면 그뒤에 곧 마른하늘에 번개가 나타
났을 것이다. 이렇게 추정은 하지만 이것은 참으로 믿기 어려운 일이
아닐 수 없다. 그렇게 믿을 수 없는 일이라고 무시하면 간단한 일이
지만 문제는 그렇게 간단하지 않다. 여기서 말한 대로 변호사같이 정
신이 멀쩡한 사람이 나서서 오웬스가 행한 이적이 모두 사실이라고
간증(?)을 하니 무시하기가 힘들어지는 것이다.

　비슷한 일은 1968년에도 있었다. 그해 10월 오웬스는 또 필라델
피아에서 데니스 카부신이라는 변호사에게 엄청난 제안을 했다. 즉
태풍의 방향을 바꾸겠다고 한 것인데 인간이 태풍의 진로를 바꾸겠

다고 하니 이처럼 황당한 이야기가 어디 있겠는가? 이때 불었던 글래디스(Gladys)라는 이름의 이 태풍은 원래는 플로리다로 오지 않고 그냥 북서쪽으로 빠져나가기로 되어 있었다고 한다. 그래서 기상청은 발표하기를 플로리다는 태풍의 위협에서 벗어났다고 밝혔는데 오웬스가 이 태풍의 방향을 바꾸겠다고 한 것이다. 그는 이 태풍 앞에 일종의 벽(격자)을 세워 태풍이 플로리다 쪽으로 향하게 하겠다고 공언했는데 실제로 그리되었다고 한다. 북서쪽으로 올라가던 태풍이 정지하더니 돌연 플로리다 쪽으로 방향을 바꾸었다고 하니 말이다. 이 때문에 기상청에서는 이는 있을 수 없는 일이라고 하면서 매우 놀랐다고 한다. 이 일은 물론 오웬스가 한 것이 아니라 그가 관계하는 외계지성체가 벌인 일일 것이다. 외계지성체가 태풍이 가는 방향에 벽을 세워서 진로를 바꿨다는 것인데 무슨 벽을 어떻게 세웠다는 것인지 그 구체적인 내용은 알 길이 없다. 일종의 막을 쳐서 태풍이 더 이상 그 방향으로 가지 못하게 막은 것 같은데 암만 그래도 이런 일이 어떻게 가능한지는 불가해하다. 사실 이런 일이 오웬스의 일상에서는 자주 있는 일이라 그에게는 그다지 신기하지 않겠지만 보통 사람인 우리에게는 영 현실과 동떨어진 이야기로 들린다.

1969년에는 재미있는 일이 하나 있었는데 그것은 오웬스가 닉슨 대통령이 납치될 수 있다고 경고한 것이다. 그렇게 경고한 뒤 한 달 뒤에 실제로 "Miami Herald"라는 신문에 쿠바의 유엔 외교관들이 닉슨의 동선을 조사하는 등 수상한 행동을 한 정황이 미국 정보 당국에 의해 포착됐다는 기사가 실렸다고 한다. 이것보다 더 재미있는 것은 앞에서 본 것처럼 1년 뒤인 1970년에 오웬스가 닉슨이 가까운 미래에 사임하던지 쫓겨날 것이라고 예언한 것이다. 그런데 이 일은 3년 뒤에 정확하게 일어난다. 사실 앞에서 번거로워서 거론하지 않았지만 1966년에는 오웬스가 당시 대통령인 존슨에게 편지를 보내 폭약을 실은 비행기가 당신을 암살하려는 계획이 진행 중이라고 경고했다고 한다. 그런데 1년 뒤에 뉴욕타임스의 기사란에 어떤 예비역 공군 조종사가 백악관을 비행기로 들이받으려고 했다가 붙잡혀 형을 받고 감옥에 갇혔다는 보도가 실렸다고 한다.

　이런 이야기들이 자주 나오는데 오웬스는 이 같은 정보 역시 외계지성체로부터 얻었다고 주장했다. 이 이야기가 사실인지 아닌지는 검증할 수 없으니 더 이상 그것을 가지고 논의할 수는 없다. 여기서는 이 이야기를 사실로 인정했을 때 생기는 몇 가지 의문에 대해 살펴보았으면 한다. 이 의문은 앞에서 일차적으로 검토했는데 독자들의 이해를 위해 다시 한번 정리해 보자. 우선 드는 의문은 외계지성체는 어떻게 해서 이런 시시콜콜한 사실들을 알고 있느냐는 것이다. 그것도 몇 년 전에 말이다. 예를 들어 닉슨 대통령이 사임할 거라든가 쫓겨날 거라는 것을 어떻게 3년 전에 알 수 있었느냐는 것이다. 이것은 그들이 그렇게 예언할 수 있을 정도로 지구에서 일어나는 일이 모두 결정되어 있다는 것을 의미하는 것일까? 아니면 그들의 예측 능력이 워낙 뛰어나서 이런 사실을 미리 아는 것일까? 현재로서는 이에 대한 진실은 알 수 없고 이처럼 의문만 제기할 뿐이다.

　그다음 의문은, 외계지성체는 왜 이런 사실을 자꾸 오웬스에게 부탁해서 당사자, 즉 대통령에게 알리라고 하는 것일까? 오웬스같은 사람이 백날 백악관에 편지를 보내봐야 무시당할 것이 뻔한데 왜 이

오토 바인더의 책
『Flying Saucers are Watching Us』

런 일을 자꾸 시키느냐는 것이다. 미국에는 오웬스처럼 백악관에 편지 보내는 사람이 부지기수일 텐데 그 가운데 한 사람이 되어 편지를 보내는 것은 아무 의미가 없는 것 아니겠는가? 그런데도 외계지성체들이 오웬스에게 왜 자꾸 이런 일을 시키는지 알 길이 없다. 만일 외계지성체들이 지구 사정을 잘 안다면 이런 일은 지구인들에게 맡겨 놓고 알아서 처리하라고 하지 왜 조급하게 이런 식으로 관여하는지 그들의 저의를 잘 모르겠다.

외계지성체들이 지구인의 일에 간섭하는 것은 다른 방면에서도 보인다. 이번에는 외계지성체가 오웬스를 통해서 지구인들이 만든 로켓에 관여하는 모습인데 이 이야기도 퍽 신기하다. 이 이야기는 오토 바인더(Otto Binder)라는 사람이 전한 것인데 바인더는『Flying Saucers are Watching Us(UFO가 우리를 보고 있다)』(1968)라는 책을 쓴 사람이다. 1968년에 이런 책을 썼으니 그는 꽤 이른 시기에 UFO를 연구했다고 할 수 있다. 그는 생뚱맞게도 지구가 외계인들의 식민지이고 인류는 외계인과 혼종 교배되면서 생겨난 존재라고 주장했다. 나도 이 책을 읽어 보았는데 의문이 생기는 부분도 있었지만 경청할 만한 내용도 적지 않았다. 나중에 기회가 되면 이 책을 자세하게 소개하고 싶은 마음이 생길 정도로 매력이 있는 책이었다. 그가 주장한 것 가운데에는 특히 주목을 끄는 부분이 있었다. 그에 따르면 인류의 진화 과정을 보면 갑자기 도약한 흔적이 나타나는 것을 알 수 있는데 이것은 외부로부터 어떤 간섭이 있었기 때문이라는 것이다. 그는 이 간섭이 바로 외계인들이 지구인과 혼종 교배로 새로운 인류를 만든 것이라고 주장했다. 이 설은 어떻게 보면 황당무계하지만 한번 생각해 볼 만한 거리가 있는 의견이라는 생각이 든다.

그런데 이 사람이 오웬스에게 반해 "SAGA"라는 잡지에 오웬스를 주제로 많은 글을 올렸다. 이 글 중 하나에서 바인더는 1969년에 발사된 아폴로 12호가 벼락을 맞은 것은 외계지성체가 관여해서 일어난 일이라고 주장했다. 이 사건은 일반적으로는 잘 알려지지 않았지만, 미국 우주 탐사 기획에서는 잘 알려져 있다. 아폴로 12호는 발사 직후 우주선의 불이 모두 꺼지는 정전 상태가 된다. 따라서 모든 기계가 오작동하게 되었는데 그 상태가 지속되면 달 착륙을 비롯해 모든 게 수포로 돌아갈 판이었다. 그런데 관제소의 발 빠른 조치로 시설을 복구해서 우주선은 달에까지 갈 수 있었고 착륙해서 임무를 마친 다음 무사히 귀환했다.

그런데 이 사건에 대해 바인더는 이 글에서 영 다른 설명을 전해 주었다. 그 경위를 보면, 아폴로 12호가 발사되기 전에 오웬스가 어떤 사람에게 말하길 이번 발사 때 번개가 로켓의 발사대나 로켓 자체를 칠 것이라고 주장했다는 것이다. 오웬스에 따르면 이 일은 물론 외계지성체가 벌이는 일이다. 외계지성체가 무슨 불만이 있어 이런 짓을 자행했는지는 모르지만, 또 인간의 우주선에 위해를 가한 것이다. 그런데 이 사건이 해결되는 양상에 대한 설명이 조금 다르다. 휴스턴의 관제소에서는 자신들이 재빨리 응급조치를 해서 우주선을 살려냈다고 했지만 오웬스는 당연히 외계지성체가 번개를 쳐서 이 우주선을 곤궁에 빠트린 다음에 자비를 베풀어 기계가 다시 작동하게 했다고 주장했다. 오웬스에 따르면 이것은 외계지성체가 인간들을 혼만 내고 진짜로 벌을 준 것은 아니라고 한다. 우리는 객관적인 근거가 없기 때문에 어떤 쪽이 맞는지는 알 수 없다. 그러나 오웬스가 한 말이 진실이라면 기이하기 짝이 없는 일이라고 할 수 있다. 물론 객관적으로는 휴스턴의 관제소가 우주선을 고쳤다고 생각하는 것이 더 타당할 테지만 그럴 경우에 이 우주선에 갑자기 번개가 쳐서 정전된 것이 설명이 잘 안된다고 한다. 우주선이 발사될 때 이런 일은 웬만해서 일어나지 않는다고 하는데 그런 일이 일어났으니 이상하다는 것이다.

사실 이 이전에도 이와 비슷한 일이 꽤 있었는데 거론하는 게 번거로워 생략했다. 예를 들어 1964년에 미국에서 화성으로 향하는 마리너 4호를 쏘아 올렸는데 이때에도 외계지성체들의 간섭이 있었다고 한다. 오웬스가 외계지성체의 힘을 빌려 이 우주선의 궤도를 변경했다고 하니 말이다. 이때 왜 외계지성체가 이런 일을 했는지는 오웬스가 설명하지 않아 잘 모른다. 또 1965년에 발사된 제미니 5호에는 외계지성체가 또 다른 해를 입혔다고 한다. 오웬스에 따르면 외계지성체가 PK 힘으로 제미니 5호의 전력을 차단해 연료 전지를 오작동하게 만들었다고 한다. 그 결과 더 이상 운행이 불가능해지자 나사 본부에서는 우주선을 지구로 조기 귀환시키려고 했다. 그런데 외계 지성체가 미국 대통령에게 선의를 베풀어 전기를 다시 주기로 했다는데 전기가 바로 들어온 것은 아니었다. 그다음 날이 되어서야 전기가 다시 들어와 이 우주선은 임무를 마치고 무사히 귀환할 수 있었다고 한다. 외계지성체가 또 자비를 베풀어 우주선을 살려주었다는 것인데 이처럼 전기가 하루 정도 차단돼도 우주선의 운행에는 지장이 없었는지 이상하다. 대체로 이런 이야기들인데 이런 기이한 일들을 어찌 믿을 수 있을지 난감하기만 하다. 믿을 만한 객관적 증거가 없기 때문이다. 그러니 의문 부호(?)만 남기고 지나가는 수밖에 없겠다.

그런데 이런 이야기가 여기에만 나오는 게 아니다. 지중해의 성자로 불리는 다스칼로스도 비슷한 이야기를 하고 있어 우리의 비상한 관심을 끈다. 다스칼로스는 체외이탈하여 영계를 자유롭게 다니면서 많은 사람을 고친 것으로 유명한 신비적인 종교가이다. 그의 로켓 이야기는 다음과 같은 것이 전해진다. 1973년 미국이 발사한 스카이랩 우주선이 운행 중 문제가 생겨 추락하게 되었다. 그런데 그 추락 지점이 사람이 사는 지역일 가능성이 높았다. 그 때문에 지상에 사는 사람들이 모두 떨고 있었는데 그 상황을 보려고 다스칼로스가 체외이탈하여 대기권에 떠 있는 스카이랩까지 갔던 모양이다. 그랬더니 거기에는 이미 UFO 비행선을 탄 외계 존재들이 도착해 스카이랩의 궤도를 수정하기 위해 모종의 힘을 가하고 있었다고 한다(그들은 다스칼로스에게 지상으로 내려가지 말고 자기들과 함께 있자고 권유했다는데 이것 역시 황당한 이야기이다!). 그 덕분인지 다행히 우주선이 사람이 살지 않는 지역에 떨어져 인명 피해는 발생하지 않았다. 이것은 아주 간단하게 본 이 사건의 전모인데 외계 존재들이 이렇게 인간의 일에 개입하고 있다는 점에서 앞서 본 오웬스의 사건과 이 사건은 맥을 같이 한다고 하겠다.

사실 이 다스칼로스의 이야기도 오웬스의 이야기만큼이나 황당해서 믿기 어렵다. 그러나 다스칼로스는 대단한 능력을 가진 신인(神人)인지라 이 사람이 거짓말을 할 리는 없지 않겠나 하는 생각을 해본다. 이런 신인이 허풍을 떨고 거짓말을 한다는 것은 있을 수 없는 일이기 때문이다. 그러나 그의 언행을 믿을 만한 객관적인 증거가 없으니 또 판단은 독자들에게 맡긴다는 말밖에는 할 수 없을 것 같다. 그런데 이런 유의 사건 가운데 하이라이트가 하나 남아 있다. 1985년에 일어난 이 사건은 비중이 커서 나중에 뒤에서 자세하게 다룰 예정이다.

1970년대

시간이 바뀌어 1970년대가 되었는데 이때에도 오웬스의 이적은 계속된다. 그 가운데 1975년에 있었던 사건은 그가 보여준 이적의 종합세트 같은 느낌을 준다. UFO의 출현으로 시작해서 정전, 태풍, 그리고 평소에는 일어나지 않던 이상한 일들이 한꺼번에 일어났기 때문이다. 이 일은 시카고의 WCFL 라디오 방송국의 아나운서인 달 그렌이 오웬스에게 UFO를 나타나게 해달라고 부탁한 데에서 비롯되었다. 달그렌이 오웬스를 어찌 알았는지 모르지만 방송인인 그는 오웬스에 대한 소문을 듣고 뉴스거리를 만들어보려고 오웬스에게 그런 부탁을 한 것 같다. 이 부탁을 받은 오웬스는 UFO를 시카고 전역에 나타나게 할 뿐만 아니라 외계지성체로 하여금 도시 전체에 정전을 일으키게 하고 전자기적으로 다양한 이상(異常) 현상이 생기게 하겠다고 공언했다. 그뿐만이 아니라 이런 현상과 더불어 번개가 치고 강한 바람이 불면서 폭풍이 일어날 것이라고 주장했다.

그와 동시에 다양한 염력, 즉 폴터가이스트 현상이 생길 것이라고 했는데 이때 오웬스는 아주 기이한 이야기를 한다. 오웬스에 따르면 이 폴터가이스트 현상을 발생시키는 것은 염력을 구사할 줄 아는 어떤 엔터티(entity)라고 하는데 도대체 이것의 정체가 무엇인지 궁금하다. 이 엔터티라는 존재는 이 부분에만 나오는데 오웬스가 더 이상 설명하지 않아 확실한 정체는 알 수 없다. 기존의 개념으로 보면 요정이나 정령과 같은 영적인 존재가 아닐까 한다. 오웬스는 이 엔터티 때문에 시카고의 대표 공항인 오헤어 국제공항에 온갖 기괴하고 장난스러운 일이 생길 것이라고 예언했다. 그런데 그 장난스러운 일 가운데에는 다소 어이없는 일이 포함되어 있어 실소를 자아낸다. 시카고의 미식축구팀인 베어즈 선수들이 기이하고 웃기는 짓을 하게 만든다는 것이 그것인데 그 내용을 보면 참으로 가관이다. 베어즈 선수들이 평소에는 하지 않는 덜 떨어지는 짓을 하게 해서 베어즈가 질 수 없는 경기를 지게 만들 것이라는데 이런 일은 아무리 봐도 이해하기 힘들다. 운동 경기의 결과를 마음대로 할 수 있다고 하니 믿을 수 없다는 것인데 오웬스의 말을 들어보면 그저 무시하기에는 재미있는 구석이 있어 흥미롭다. 이것은 사이코키네시스와 관계되는 일이라 관심이 가는데 뒤에 비슷한 사건이 또 있으니 그때 조금 더 자세하게 보기로 하자.

오웬스는 이런 것 말고도 공항의 시설이 마구 헝클어지고 타이어가 터지는 등 이전에는 없었던 이상한 일이 벌어질 것이라고 공언했다. 이뿐만이 아니라 그는 시카고 공항을 포함해서 시카고 전역에 그리드를 설치해 도시 전체에 기이한 일이 일어나게 만들겠다고 주장했다. 이 그리드라는 것은 앞에서 본 것처럼 일종의 막 같은 것을 말하는데 그것을 설치한 다음 그 안에 강한 전자기력을 때리면 그 안에 있는 모든 것들에 이상한 현상이 일어난다는 것이다. 오웬스는 미국의 플로리다 해변에 불어닥쳤던 태풍의 진로를 바꿀 때도 이런 방식을 도입한 바 있다. 그러면서 그는 앞으로 시카고 역사상 가장 거친 90일이 시카고 전역에 펼쳐질 것이라고 공언했다.

그런데 미쉬로브에 따르면 이 당시 시카고에 이상한 일이 진짜 많이 일어났다고 한다. 우선 UFO가 무리를 지어서 시카고 상공에 나타났다. 그리고 그 영향인지 몰라도 시내버스의 브레이크가 파열되고 송아지들이 이유 없이 죽임을 당했으며 목이 잘린 토끼들이 발견되기도 했다. 또 12월 중순에는 2주 사이에 민항기가 시카고 상공에서 4번이나 부딪힐 뻔한 일도 있었다고 한다. 또 앞서 말한 대로 미식축구팀인 베어스가 피츠버그의 스틸러스와 붙었는데 평소와는 너무도 다르게 미숙하게 경기하는 바람에 패하는 일이 일어났다. 대강 이런 일들이 일어났다고 하는데 우리는 이런 일들의 발생이 오웬스가 교통하는 외계지성체와 관계가 있는지 어떤지는 잘 모른다. 우리는 그것을 판단할 수 있는 객관적 근거가 없기 때문에 진위를 가릴 입장이 아니다. 그러나 이 시카고 사건은 재미있는 부분이 많아 소개해 보았다.

그다음 해인 1976년에는 더 중요한 일들이 일어난다. 이해 초반부에 캘리포니아에는 아주 심각한 가뭄이 진행되고 있었다고 한다. 이와 관련해서 2월에 오웬스는 앞서 말한 바 있는, SRI(스탠퍼드 대학 연구소)에서 연구하고 있던 프코프와 타르그에게 편지를 보내서 자신이 이 몹쓸 가뭄을 멈추게 하겠다고 전했다. 오웬스는 편지에서 밝히기를, '(가뭄을 끝내기 위해) 나는 이 지역에 비와 눈, 진눈깨비, 우박이 오게 할 것이다. 이와 동시에 이 지역에는 광범위한 정전 현상이 일어날 것이며 UFO가 나타날 것이다. 이렇게 되면 이 지역의 신문에는 가뭄이 끝났다는 기사가 1면에 뜰 것이다'라고 했다. 그런데 미쉬로브에 따르면 3일 만에 오웬스가 예측한 이 모든 일이 실제로 벌어졌다고 한다. 그리고 이에 대한 기사가 샌프란시스코에서 발행되고 있는 "Psychic"이라는 잡지에도 실렸다고 한다.

이 잡지를 언급하는 이유는 이 잡지에 나온 기사 덕에 오웬스가 런던 대학의 버크베크(Birkbeck) 칼리지에서 열린 초심리학회에 초청되었기 때문이다. 이 학교는 과학적으로 특별한 것을 연구하는 것으로 정평이 나 있었던 모양이다. 그래서 그런지 이 학교에서 열리는 학회에는 유명한 물리학자와 과학자들이 많이 참석했다. 그런데 그해에 런던 일대에 매우 심각한 가뭄이 진행되고 있어 런던의 교외 도시에는 물이 없어 트럭으로 물이 공급되는 지경에까지 이르렀다고 한다. 학회 측에서는 이 잡지에 나온 오웬스의 기사를 접하고 혹시나 그가 이 가뭄을 끝낼 수 있지 않을까 해서 그를 초대한 것이다. 그런데 오웬스가 영국에 도착한 날부터 비가 계속해서 내렸고 또 정전이 일어나 런던의 지하철이 마비되었다고 한다. 사태가 이렇게 바뀌자, 런던 타임스는 공식적으로 가뭄이 끝났다고 선언한다.

이때 미쉬로브도 오웬스와 함께 런던에 갔는데 이 사건을 두고 그는 혼란에 빠진다. 다음과 같은 가능성을 놓고 어떤 것을 택해야 할지 몰라 혼란에 빠진 것이다. 미쉬로브가 제시한 가능성을 보면, 1) (외계지성체의 도움을 받아) 오웬스가 정말로 이 현상을 일으킨 것인지, 2) 오웬스가 이 현상이 일어날 것을 알고 단순히 예측한 것인지, 3) 오웬스가 그냥 말한 것이 적중한 통계적인 요행이었는지, 4) 앞의 가능성이 다 아닌지 하는 등등이 있었다. 미쉬로브는 자기로서는 이 가능성 가운데 어떤 것을 택해야 할지 모르겠다고 말했다. 이 같은 미쉬로브의 태도는 내가 지금까지 오웬스의 이적에 대해 취한 태도와 대동소이한 것을 알 수 있다. 오웬스의 이적을 인정하기에는 객관적 증거가 없다는 것을 이유로 나도 항상 유보적인 태도를 취했기 때문이다.

어찌 됐든 오웬스는 이 학회에 나타나서 발표를 했는데 그때 또 촌스럽고 미성숙한 태도를 보였던 모양이다. 그는 학회장에 장난감 마차 같은 것을 끌고 들어왔는데 그 안에는 60cm 높이의 파일과 문서가 있었다. 이 서류들은 그때까지 그가 일으킨 이적에 대해 기록한 것이었다. 그가 보인 이 같은 태도는 매우 적절치 못한 것이라고 할 수 있다. 왜냐하면 어느 누구도 엄중한 학회장에 이런 식으로 자기를 과시하는 서물을 뽐내며 가져오지는 않기 때문이다. 특히 장난감 마차 같은 것을 끌고 들어오는 것은 어른으로서 할 일이 아니다. 오웬스의 이 같은 치기 어린 태도가 그의 신임도를 낮추는 데에 결정적인 역할을 한다. 그런데 정작 오웬스 자신은 그 사실을 잘 모르는 것 같았다.

그의 이상한 태도는 여기서 그치지 않았다. 이번에는 그의 발표가 사람들의 비위를 거슬러 놓았다. 이 사안은 앞에서 많이 이야기한 것이다. 그는 주장하길 자신은 UFO의 대리인이고 그들의 대사이며 특사(emissary)라고 운을 띄웠다. 그리고 외계지성체들이 자신의 뇌를 변화시켜 힘, 즉 PK 파워를 주었고 그 힘 덕분에 자신은 벼락을 치게 한다거나 홍수를 일으키고 가뭄을 끝내는 것 같은 이적을 일으킬 수 있다고 주장했다. 그리고 외계지성체들이 이런 일을 하는 목적은 자기를 통해 인류를 도우려는 것이라고 말했다. 이 말을 들은 청중들은 당연히 그를 비웃었다. 그가 말하는 것이 너무나 비합리하고 유치했기 때문이다. 오웬스는 청중에게 허풍선이처럼 보였을 게 틀림없다. 미쉬로브에 따르면 오웬스의 어휘 사용이나 정신 상태는 노동자층에 가까워 이 학회처럼 과학을 논하는 자리에는 격이 맞지 않았다고 한다. 어떤 청중은 그를 거의 정신병자처럼 취급했다고 하는데 당시는 관습적으로 예의 바른 것을 따지는 때인지라 오웬스같은 천방지축으로 노는 사람을 받아들일 만한 준비가 되지 않았다는 것이 미쉬로브의 견해였다. 앞에서도 말했지만 이런 점은 그의 전체 경력에서 계속 문제가 되었다.

그때 미쉬로브가 나서서 그를 구한다. 미쉬로브는 앞에서 이미 본 대로 자신이 캘리포니아에서 체험한 것을 말함으로써 사람들을 진정시켰다. 오웬스가 캘리포니아에 만연했던 가뭄을 종식시킨 이적을 소개한 것이다. 그러자 사람들이 동요를 그치고 오웬스의 말에 귀를 기울이기 시작했다고 하는데 전부가 그랬던 것은 아니고 일부만이 그런 태도를 보였다고 한다. 이때 오웬스는 미쉬로브의 이런 노력에 크게 감사를 전하고 그들 둘은 좋은 친구가 되기로 약조한다.

그렇게 영국에 갔다 온 미쉬로브와 오웬스는 그해 11월에 또 재미있는 실험을 한다. 재미있다고는 하지만 오웬스에게는 일상적인 것에 불과할 수 있겠다. 이때 미쉬로브는 오웬스에게 자신이 사는 샌프란시스코의 상공에 UFO가 나타나게 할 수 있느냐고 물었다. 미쉬로브는 아마 시험적으로 오웬스가 벌이는 이적을 직접 체험해 보고 싶었던 모양이었다. 그랬더니 '이때다!' 싶었던 오웬스는 자신의 능력을 자랑하려고 미쉬로브의 부탁을 몇 배로 들어주겠다고 약속했다. 오웬스의 대답은 샌프란시스코의 반경 100마일(160km) 이내에 3대의 UFO가 나타나게 해서 수백 명이 볼 수 있게 하겠다는 것이었다. 그러면 사진으로도 찍힐 것이고 지역 신문의 1면에도 그 UFO의 사진이 기사로 실릴 것이라고 공언했다. 아울러 이런 사건이 생길 때 항상 등장하는 정전도 함께 발생할 것이라고 말했다.

그랬더니 미쉬로브의 기억으로 12월 12일에 샌프란시스코 북쪽 50마일(80km) 지점에 정말로 UFO가 나타났다. 그런데 오웬스의 공언과는 달리 3대가 아니라 2대가 나타났다고 한다. 그때 그곳에서는 소노마(Sonoma) 주립대학의 예술학과가 과 차원에서 '하늘의 예술 작품(aerial artwork)'이라고 불리는 비일상적인 작품을 '라이브'로 보여주고 있었다. 이 작업의 일환으로 예술가가 조종사가 되어 비행기를 타고 교정 위를 날면서 연기를 내뿜기도 하고 원을 그리면서 선회하는 등의 비행을 했다고 한다. 수백 명의 학생이 이 행사에 참여하고 있었는데 그중에는 비디오카메라를 가진 학생도 있었고 교수들도 많이 참석했다. 그렇게 날다가 조종사가 900m 상공에서 원을 그렸는데 그때 그 비행기 오른쪽에 UFO가 나타났다. 조종사가 곧 이것을 목격하고 사람들에게 '폭이 4.5m~6m가 되는 UFO가 갑자기 나타났다'라고 전했다. 이 UFO는 수 분 동안 머물다가 갑자기 나타난 것처럼 또 갑자기 사라졌다고 한다. 이 UFO는 그리 큰 것이 아니니 아마 자선(子船)인 모양이다. 오웬스가 교통하던 UFO는 크기가 엄청나다는데 그의 주장으로는 지구 정도의 크기라고 한다. 그런데 이 UFO 모선은 인간의 눈으로는 보이지 않는다고 한다. 이런 따위의 이야기는 믿기 힘들지만 나름의 메시지가 있어 뒤에서 다시 다룰 것이다. 어떻든 이런 정황으로 추정해 보건대 이 큰 UFO 모선이 오웬스의 부탁을 받고 작은 UFO 몇 대를 보낸 것 아닌가 싶다.

이때 학생들이 비디오카메라로 이 UFO를 찍었는데 미쉬로브는 자신이 당시 촬영된 테이프를 갖고 있다고 밝혔다. 이런 걸 한번 직접 보았으면 좋겠는데 미쉬로브가 따로 공개하지 않았으니 안타까울 뿐이다. 그러나 UFO도 많이 보다 보면 그 UFO가 그 UFO라 별로 신기한 생각이 들지 않는다. 그래서 요즈음은 새로운 UFO 영상이 나왔다고 해서 크게 궁금해하지 않는다. 어쨌든 이 UFO의 사진은 지역 신문인 버클리 가제트(The Berkeley Gazette)에도 실렸고 비디오테이프는 샌프란시스코 베이 지역의 KQED-TV(채널 9)의 저녁 뉴스에도 방영되었다고 한다. 물론 이 쇼를 하는 동안에 정전이나 지

당시 샌프란시스코의 지역 신문인 "The Berkeley Gazette"의 1면에 실린 UFO 기사

진도 있었다. 이렇게 보면 오웬스가 예측한 것은 다 실현된 셈이다. UFO가 나타나 수백 명의 사람이 목격하고 지역 언론에 보도될 것이라고 한 예측이 모두 실현된 것이다.

상황이 이렇게 되니까 우리는 오웬스의 능력을 믿지 않을 수 없게 된다. 오웬스가 주장하는 것이 처음에는 터무니없게 보이지만 모든 것이 그의 말대로 일어났으니 믿을 수밖에 없지 않느냐는 것이다. 물론 이 사건들이 모두 우연으로 일어났다고 볼 수도 있을 것이다. 그런데 이 사건들은 너무나 이질적이라 우연한 기회에 이것들이 한꺼번에 나타났다고 생각하는 것은 그리 타당한 견해로 보이지 않는다. 오웬스는 분명히 UFO가 이른 시일 안에 샌프란시스코 지역에 3대가 동시에 나타날 것이라고 예언했고 그것은 거의 그대로 실현됐다. 'UFO'와 '샌프란시스코 인근의 출현'과 '이른 시일 내'라는 것은 서로 아무 관계 없는 요소인데 오웬스가 이 세 요소를 엮어서 이것들이 같은 사건에 연루될 것이라고 했고 그것이 실현됐으니 이것을 믿지 않고 배길 수 있느냐는 것이다. 그러니까 단도직입적으로 말해 이 세 요소가 함께 섞인 것은 결코 우연이 될 수 없다고 보아야 한다는 것이다. 그래도 믿지 않고 싶은 사람은 믿을 수 없다고 할 터인데 그것은 어쩔 수 없는 일이다. 그러나 내 개인적인 입장은 믿고 싶은 쪽으로 기울어져 있어 오웬스가 초능력을 갖고 있다는 데에 한 표를 던진다. 그가 분명히 초능력을 갖고 있다는 것은 확신할 수 있는데 그 능력의 정체가 무엇인가에 대해서는 확실히 모른다는 것이 나의 솔직한 고백이다. 그런가 하면 우리는 이 사건을 통해서도 UFO는 틀림없이 존재하고 외계 존재는 우리와 교통할 수 있는 존재라는 사실을 명확하게 알 수 있지 않았을까 한다.

그런데 이 일이 있은 다음에 또 재미있는 일이 있었다. 이것은 재미있다기보다 조금 섬뜩한 일이라고 할 수 있겠다. 위의 사건이 있은 다음 오웬스는 자기가 한 일을 자랑하려고 미쉬로브에게 전화했다. 그때 미쉬로브는 무슨 심사였는지 모르지만 무심코 오웬스에게 '당신은 UFO가 3대 올 거라고 했는데 2대밖에 안 오지 않았느냐'라고 하면서 당신이 한 예측이 100% 맞았던 것은 아니었다고 말했다. 그랬더니 오웬스가 화를 내면서 전화를 그냥 끊어버렸다고 한다. 아마 자존심에 상처를 받았던 모양이었다. 오웬스는 '내가 이런 대단한 일을 했다'라고 하면서 미쉬로브에게 나를 알아달라고 전화한 것인데 기껏 돌아온 답이 '당신의 예측이 다 맞았던 것은 아니다'라고 하니 김이 새면서 화가 난 것이다.

그런데 그 순간 미쉬로브는 목이 긁힌 것처럼 칼칼해지는 것을 느꼈단다. 이것은 감기가 처음에 들어올 때 느끼는 현상과 같은 것이었다. 이때 미쉬로브는 하루 이틀 뒤에 열이 오르기 시작할 것이고 그 뒤에 본격적으로 아플 것이라고 예측했다. 그래서 적어도 며칠은 고생하리라는 것을 직감했다고 한다. 그런 생각을 하고 있었는데 45분 뒤에 오웬스로부터 다시 전화가 걸려 왔다. 사과 전화였다. 오웬스는 미쉬로브에게 극진히 사과하면서 다시는 이런 일을 하지 않겠다고 약속했다. 그러자 거짓말같이 미쉬로브의 증상이 사라졌다고 한다. 감기 증세가 감쪽같이 없어진 것이다. 이게 도대체 무슨 일일까? 어떻게 이런 일이 가능할까? 미쉬로브는 이것을 사이킥 어택(psychic attack), 즉 정신적인 공격이라고 표현했다. 이것은 생각으로 상대방을 저주하는 것을 말한다.

나는 미쉬로브가 유튜브 영상에 나와 이 사건에 대해 직접 이야기하는 것을 들었는데 그때 '이게 말로만 듣던 '블랙 매직', 즉 흑주술 같은 것이구나'라는 생각이 들었다. 한 사람의 정신(의식)이 다른 사람의 몸에 심대한 영향을 미치는 사례를 목도한 것이다. 이런 일이 어떻게 가능할까? 이 일이 실제로 일어났다고 가정하고 그 과정을 한번 추론해 보자. 사건은 아마 이렇게 진행되었을 것 같다. 미쉬로브가 오웬스에게 '당신이 하려고 했던 게 다 이루어진 것은 아니지 않은가'라고 가볍게 타박하자 오웬스는 그 순간 자존심이 상했다. 오웬스는 앞에서 말한 것처럼 단순한 사람이다. 그가 총애하는 미쉬로브가 자신을 질타하는 언사를 날리자 그는 자기도 모르게 분노의 마음이 일어났다. 그때 오웬스의 부정적인 에너지는 바로 미쉬로브의 마음에 꽂혔다. 오웬스는 엄청난 사이킥 파워를 가진 사람이다. 그가 발사한 음산하고 강력한 정신 에너지를 맞고 미쉬로브는 타격을 입었다. 그리곤 바로 그의 몸에 감기 증상 같은 게 나타난 것이다.

사건이 이렇게 간단하게 진행된 것 같지만 여기에는 일정한 조건이 있다. 이 조건이 맞아야 이런 일이 일어날 수 있다. 그것은, 이 에너지를 내는 사람이 정신적으로 대단히 강한, 아니 그냥 강한 게 아니라 오웬스 정도는 되어야 한다는 것이다. 앞에서 본 대로 오웬스는 1940년대 중반에 자신의 염력을 발휘하여 라인 교수 실험실에서 탁자 위에 있던 멀쩡한 가위를 바닥으로 떨어트리지 않았던가? 이 정도는 되어야 그 사람이 내는 정신적인 힘이 타인에게 영향을 미칠 수 있는 것이다. 우리같이 평범한 사람들은 정신력이 보잘것없기 때문에 아무리 상대방을 증오해 봐야 그에게 타격을 줄 수 없다. 우리도 상대방을 증오하면 부정적인 에너지가 발생하기는 하는데 그 힘이 너무 미약해 상대방에게 전달되지 않는다. 어느 정도는 전달될 수 있지만 전달된 들 힘이 약해 상대방에게 아무 위해도 입히지 못한다. 그러나 오웬스의 경우는 다르다. 앞에서 잠깐 보았지만 오웬스는 살인을 일삼는 깡패들마저 눈으로 제압하지 않았던가? 그의 눈만 쳐다봐도 그 힘에 압도되니 그의 정신력이 얼마나 강한지 알 수 있다.

오웬스의 이 같은 사례를 접해 보면 앞에서 말한 흑주술이 불가능한 것은 아닐 거라는 생각이 든다. 흑주술은 잘 알려진 것처럼 타인에게 극히 '네거티브'한 생각을 보내 그를 죽이거나 위해를 가하는 마술적인 기술을 의미한다. 만일 오웬스의 이야기가 사실이라면 얼마든지 생각만 가지고 타인에게 심대한 타격을 주는 일이 가능할 것이다. 그런데 여기에는 일정한 조건이 따른다고 했다. 앞에서 말한 것처럼 주술을 거는 사람이 실제로 염력을 구사할 수 있는 능력을 갖고 있어야 한다. 그것도 촛불이나 흔들리게 하는 정도의 미약한 염력이 아니라 가위 같은 쇳덩어리를 움직일 수 있는 강한 염력을 갖고 있어야 한다. 그런데 이런 염력을 가진 사람이 지금 인류 중에 몇 명이나 있을까? 아마 거의 없을지도 모른다. 사정이 그렇기 때문에 이런 일이 실제로 일어났다는 뉴스가 보도되지 않는 것이리라.

그런데 이 같은 염력을 쓰는 사람이 있다면 그 사람이 반드시 새겨들어야 할 사안이 있다. 이런 힘을 구사하면 똑같은 힘이 나에게도 전해진다는 것이다. 그러니까 만일 내가 어떤 사람을 저주하는 강한 기운을 염력으로 일으켰다면 그 부정적인 기운이 내게도 작용되어 나도 망가진다는 것이다. 이것은 우주의 작용-반작용의 법칙이라 어느 누구도 벗어날 수 없다. 어떤 힘이 가해지면 반드시 같은 힘이 반대로 가해진다는 법칙 말이다. 그런 까닭으로 생각되는데 이런 힘을 쓸 줄 아는 사람은 그 부작용을 알기 때문에 이 힘을 행사하지 않을 가능성이 크다. 이렇게 보면 이 같은 부정적인 힘이 우리를 해칠 거라는 걱정은 하지 않아도 될 듯하다. 왜냐하면 이 힘을 행사할 수 있는 사람이나 기회가 거의 존재하지 않는 것으로 보이기 때문이다. 만일 이런 일, 즉 TV 드라마에서 보는 것처럼 무당이 짚으로 만든 인형(제웅)을 가지고 상대방을 저주하는 일이 쉽게 일어날 수 있는 일이라면 우리는 전부 그런 힘에 걸려 고전을 면하지 못할 것이다. 그런데 이런 일은 앞에서 본 것처럼 거의 일어나지 않으니 전혀 걱정할 필요 없다.

이렇게 상대에게 부정적인 힘을 가하는 것은 개인적인 차원에서만 일어나는 일이 아닌 모양이다. 거대한 수준에서도 일어났기 때문이다. 앞에서 잠깐 언급했지만 오웬스는 자신이 비웃음을 받거나 무시를 당했을 때 보복하는 경우가 꽤 있었는데 다음의 경우가 그 전형적인 예다. 오웬스는 1977년 여름 당시 샌프란시스코 지역에 앞으로 큰 가뭄이 올 것인데 자신이 그 가뭄을 끝낼 것이라고 공언했다. 그가 그런 말을 한 뒤에 정말로 큰 가뭄이 닥쳤다. 이때 오웬스는 샌프란시스코 지역에서 발간되는 어떤 신문사의 사무실로 들어가려고 했다. 그곳에서 그는 UFO 예언자인 자신이 가뭄을 끝내겠다는 것을 공개적으로 선언하려고 한 것이다. 그럼으로써 그 발언이 이 신문에 기사로 실릴 것을 바란 것이다. 그러나 그는 입구에서부터 저지당해 로비에 있던 경비에 의해 쫓겨나게 된다. 이것은 당연한 처사 아닌가 한다. 웬 미친 사람이 신문사 입구에 와서 '내가 가뭄을 끝나게 할 UFO 예언자다'라고 하면 어떤 경비가 어서 오라고 모시겠는가? 이런 홀대에 격분한 오웬스는 캘리포니아 사람들에게 교훈을 주겠다고 선언하면서 가뭄을 끝내는 대신 캘리포니아 지역에 산불을 일으키겠다고 위협했다. 산불은 그의 트레이드 마크라 할 수 있는 번개를 일으켜서 발생시킬 것이라고 덧붙였다.

이것은 전 캘리포니아 사람을 상대로 보복하겠다는 것인데 그 규모가 엄청나 놀랍다. 오웬스는 자신이 주장한 것이 허언이 아니라는 것을 기록으로 남기기 위해 이 내용을 편지로 써서 미쉬로브에게 보냈다. 그 편지를 받은 미쉬로브가 목격한 바에 따르면, 실제로 오웬스가 예측한 대로 단 몇 주 만에 캘리포니아의 영역 중 30만 에이커가 불탔다고 한다. 30만 에이커라고 하면 한국인들은 그 땅이 얼마나 넓은지 감이 오지 않을 것이다. 이것을 평으로 환산해 보니 3억

6,700만 평 정도가 되는데 하도 넓어 그 넓이가 잘 가늠되지 않는다. 그리고 번개로 인해 약 1,000건의 화재도 발생했다고 한다. 이것은 캘리포니아주가 역대로 겪은 최악의 참사 중의 하나였는데 캘리포니아주뿐만 아니라 다른 주에도 영향을 미쳤다고 한다.

이 일이 정말로 오웬스가 일으킨 건지 아닌지는 검증할 방법이 없다. 그런데 이런 이적을 접할 때마다 드는 의문이 있다. 오웬스가 보복하는 것은 그럴 수 있다고 하지만 그는 왜 자신이 개인적으로 당한 무시를 이렇게 광범위한 단위에 보복하는 걸까? 그는 일개 신문사에 의해 무시당했는데 왜 캘리포니아에 사는 주민에게 보복을 단행했느냐는 것이다. 정 보복하고 싶으면 그 신문사만을 대상으로 하면 되지 왜 애꿎은 캘리포니아 주민에게로 확대하느냐는 것이다. 이에 대한 답은 찾을 수 없지만 이런 일은 계속되었다.

그다음 해인 1979년에도 비슷한 사건이 있었다. 이번 경우는 사람들이 약속을 지키지 않았을 때 그가 가하는 보복인데 이번에도 오웬스가 행한 일의 규모가 심상치 않다. 이 해에 플로리다에 큰 가뭄이 있었던 모양이다(미국에는 왜 이렇게 가뭄이 잦은지 모르겠다!). 오웬스는 또 자신의 능력을 과시할 수 있는 좋은 기회라고 생각하고 종합 연예 신문인 내셔널 인콰이어러(National Enquirer)의 웨인즈 그로버 기자에게 연락했다. 자신이 태풍을 불러 플로리다의 가뭄을 끝낼 테니 이 일이 성공하면 신문에 사실대로 실어달라고 부탁하기 위해 연락한 것이다. 그로버 기자는 크게 생각하지 않고 그렇게 하겠다고 오웬스에게 약속했다. 그런데 오웬스의 말 대로 끝날 것 같지 않던 가뭄이 정말로 끝났다(이 일도 오웬스가 일으켰는지 아닌지는 알 수 없지만 말이다). 그런데 그로버는 약속을 어기고 오웬스의 일을 신문에 실어주지 않았다. 추정컨대 처음에 그로버는 설마 오웬스의 말이 실현될까 하는 생각에 성의 없이 기사화 해준다고 약속한 것 아닌지 모르겠다. 기자의 입장에서는 자극적인 사건이 필요해 오웬스의 부탁을 들어준다고 했는데 그의 힘으로 가뭄이 끝나는 일이 일어나지 않을 것 같으니 실제로 기사를 쓸 일이 없을 거라고 지레짐작했을 수도 있다. 그런데 가뭄이 정말로 끝났다. 그로버는 꼼짝 없이 오웬스의 기사를 써야 할 처지가 되었다. 그러나 만일 그가 정말로 오웬스에 관한 기사를 쓰면 소위 '또라이' 취급을 받을 위험이 컸다. 또 그런 기사는 '데스크'에서 잘릴 것이 뻔하다. 이런 생각을 하고 그로버는 오웬스의 기사를 싣지 않은 것 같다.

이 같은 기자의 위선적인 태도에 격분한 오웬스는 다시 태풍을 부르겠다고 했는데 실제로 태풍이 플로리다 쪽으로 몰려왔다. 이 태풍은 태풍 가운데 가장 센 '카테고리 5'에 해당하는 것으로 이미 도미니카에 큰 피해를 주었다고 한다. 그러자 이번에는 이 기자가 오웬스에게 사정했다. 이런 강한 태풍이 플로리다에 닥치면 수백 명이 죽게 되니 안 된다고 말이다. 그 말을 들은 오웬스는 마음이 흔들렸는지 '태풍이 전면적으로 타격하는 것은 막겠다'라고 기자에게 약조했다. 그 때문인지 태풍이 위력이 '카테고리 2'로 내려갔다고 한다. 여기서 말하는 카테고리 5는 바람 속도가 약 250km/h이고 카테고리 2는 약 155km/h이니 상당한 차이가 있는 것을 알 수 있다(참고로 가장 약한 태풍인 카테고리 1은 바람 속도가 약 120km/h 이하에 해당한다). 이 일도 여느 오웬스의 사건처럼 황당무계해서 어리둥절하다. 사람이 태풍을 불렀다가 물리고 그러다가 다시 부르는가 하면 그 태풍의 위력을 약하게 만드는 등의 일을 어떻게 '맨정신'으로 이해할 수 있겠는가? 여기서 내가 이 일의 진위를 가리려고 이 사건을 소개하는 것은 아니다. 단지 오웬스가 인간들이 약속을 지키지 않을 때 어떤 식으로 보복했는가를 보려고 이 일을 예로 설명한 것이니 여기서는 그 점만 유의하면 되겠다. 어차피 오웬스를 과학적인 사고로 이해하는 일은 가능하지 않으니 그 외의 다른 점을 보자는 것이다.

지금까지 우리는 오웬스가 행한 여러 이적을 살펴보았다. 물론 이 이외에도 많은 일이 있었지만 그 일어나는 양상이 비슷비슷해 더 이상 보지 않아도 된다. 이 정도만 보아도 독자들이 보기에 오웬스가 어떤 인물인지 어느 정도 감은 잡았을 것이다. 그런데 이번 장을 끝내기 전에 꼭 소개하고 싶은 두 개의 재미있는 에피소드가 있어 그것을 보고 마칠까 한다. 이 에피소드 역시 황당무계한 것은 마찬가지인데 이야기가 아주 재미있을 뿐만 아니라 이것을 통해 오웬스를 좀더 깊게 이해할 수 있을 것 같아 소개해 보는 것이다.

첫 번째 에피소드는 앞에서 잠시 소개한 것이다. 오웬스는 미식축구 같은 운동 경기를 보면서 자신의 염력을 이용하여 경기에 영향주는 일을 종종 했다. 이 일은 놀랍게도 경기의 승패를 뒤엎는 일을 말한다. 그런데 그 내용을 보면 만화 영화나 과학 공상 영화 등에 나 나올 법한 것이라 적이 당황스럽다. 오웬스가 TV로 운동 경기를 보면서 손으로 염력을 보내면 해당 선수가 갑자기 이상한 짓을 하는 등 어떻게 보면 아주 웃기는 일이라 그렇게 말한 것이다. 이 이야기는 이렇게 진행된다.

오웬스는 운동 경기를 TV로 시청할 때 항상 맥주와 위스키를 마셨다고 한다. 그러면서 그는 선수들에게 염력을 보냈다. 염력을 보낸다고 하지만 그 힘으로 무슨 일이든 다 할 수 있는 것은 아니라고 한다. 그가 할 수 있는 일이 한정되어 있는데 그는 자신이 응원하는 팀이 이기게 할 수는 없다고 한다. 그러면 오웬스가 할 수 있는 일은 무엇일까? 매우 흥미롭게도 오웬스는 자신의 염력으로 상대 팀을 방해할 수는 있다고 한다. 예를 들어 자기 팀이 패스를 잘하게 도울 수는 없지만 상대 팀이 '패스 미스'를 범하게 할 수는 있다는 것이다. 그러면서 그는 '이렇게 해줘도 내가 응원하는 팀이 그 상황을 활용하지 못하면 나도 어찌할 수 없다'라고 말했다. 이것을 더 구체적으로 설명해 보면, 미식축구에서 상대 팀의 쿼터백이 패스하려고 하면 오웬스가 재빨리 손으로 모니터를 가리키며 그 선수의 시야를 흐리게 만든단다. 그러면 그 선수가 공을 놓치던지 엉뚱한 데에 패스하는 등 어이없는 실수를 한다고 한다. 그렇게 해서 상대 팀이 점수를 올리는 일을 방해할 수 있다고 하는데 그럼에도 불구하고 오웬스 팀이 점수를 못 내면 그것은 어쩔 수 없는 일이란다. 그러나 대부분의 경우에 오웬스가 이런 상황을 만들어주면 그의 팀이 승기를 잡고 이긴다고 한다.

그런데 내 입장에서는 오웬스가 이런 일을 하는 것이 유치하게만 보인다. 그렇지 않은가? 태풍을 불게 하고 벼락을 치게 하는 힘을 가진 사람이 그 힘을 기껏 운동선수들의 정신을 혼란되게 만드는 데에 쓰니 말이다. 모세 이후에 처음으로 나타난 인류 최강의 '슈퍼맨'

이라는 사람이 운동선수들을 가지고 장난질을 하니 할 말을 잃는 것
이다. 게다가 그는 자기가 응원하는 팀에 개인적으로 연락해 자신이
염력을 사용해 이기게 해줄 테니 돈을 달라고 했다. 이 경우에 염력
을 사용하는 것도 졸렬하기 짝이 없지만 그것을 가지고 돈을 뜯어내
려고 했으니 할 말을 잃는다. 이것은 흡사 깡패들이 장사하는 힘없는
서민들로부터 돈을 뜯어내는 것과 유사한 치졸한 행동이다. 그래서
오웬스가 행한 이적을 보고 그를 조금 이해할 수 있겠다는 생각이
들다가도 그의 이러한 행동을 보면 다시 정체가 모호한 인간으로 보
인다. 개인적인 생각에 그칠지 모르지만, 그는 부정적인 의미에서 불
측지인(不測之人)이라고 하는 게 맞을 것 같다. 헤아릴 수 없는 사람이
기는 한데 보통 사람을 능가한다는 의미가 아니라 미숙하다는 의미
에서 헤아릴 수 없다는 것이다(그러나 그에게 긍정적인 면모도 있다는 것도
잊어서는 안 될 것이다).

이제 마지막 에피소드다. 이 에피소드도 물론 격외의 사건이지
만 지금까지 본 것과는 차원이 다르다. 시쳇말로 '클래스'가 다르다
는 것인데 이 사건 역시 내 머리로는 도무지 이해가 안 된다. 이 일
은 1985년에 시작된다. 이해 7월 22일 오웬스는 미쉬로브에게 다음
과 같은 내용의 편지를 보냈다. 편지에는 '나의 UFO가 (인간의 우주왕
복선인) 컬럼비아, 챌린저, 아틀란티스, 디스커버리 등 네 개의 스페이
스 셔틀과 나사 프로그램에 파괴적인 힘을 보내려고 한다. 그러나 이
들은 자비를 베풀어 (우주왕복선 전체나 나사의 다른 시설에는 파괴적인 힘을
보내지 않고) 단순히 하늘에 떠 있는 비행체만 부수려고 하는데 (그 시
도를 막을 수 있는) 시간이 없다... 그들은 지구에서 전쟁이 일어나는 것

을 막기 위해서는 UFO 기지가 필요하다고 한다. (그것을 통해) 인류와 지구를 도우려고 한다. 그런데 이 기지가 세워지는 것을 방해하는 관료들의 철갑을 뚫기 위해 그들은 이 이 우주왕복선 중 하나나 둘을 공격하려고 한다. 그러니 이 왕복선에 타는 사람들은 위험을 각오해야 할 것'이라고 쓰여 있었다.

이 편지를 받고 미쉬로브는 그다지 관심을 두지 않았다. 오웬스의 말이 너무나 황당했고 그가 한 예언이 틀린 경우도 꽤 있어서 그냥 패스한 것이다. 그렇게 있다가 몇 개월이 지난 12월 말 어느 날 오후 8시에 오웬스가 황급히 미쉬로브에게 전화했다. 그는 전하기를 '이 통화는 미쉬로브 당신이 받은 전화 가운데 가장 중요한 것 중의 하나가 될 것이다. 왜냐하면 외계지성체가 앞으로 발사하게 될 스페이스 셔틀을 격추하려고 하기 때문'이라는 것이었다. 그러니까 그가 5개월 전쯤에 경고한 것이 드디어 실현된다는 것이다. 그러면서 오웬스는 미쉬로브에게 어서 미국 정부에 이야기해서 다음 우주왕복선의 발사를 취소하게 하라고 강권했다. 그 전화를 받고 미쉬로브는 망연자실했다. 왜냐하면 우선 오웬스의 말이 너무나 황당했기 때문이다. 아니, 밑도 끝도 없이 우주왕복선을 폭파한다고 하니 우리의 일상적인 생각으로는 전혀 이해할 수 없는 기괴하고 수상한 일 아니겠는가? 도대체 멀쩡히 날아가는 우주선을 누가 어떻게 격추한다는 것인지 도무지 '료해'가 안 되는 것이다.

그다음도 황당하다. 오웬스는 도대체 무슨 생각을 했길래 당시 일개 대학원생에 불과한 미쉬로브에게 정부에 전화해서 이 프로젝트를 취소하라고 했을까? 이 때문에 미쉬로브도 매우 당황해했다.

폭발하는 챌린지호

오웬스가 어쩌면 저렇게 사리 판단을 못하냐고 하면서 말이다. 그런 소식은 정치적으로 비중 있는 인사가 전화해도 미국 정부가 들어줄까 말까 한데 아무 힘 없는 대학원생보고 연락하라고 했으니, 오웬스의 판단력을 문제 삼지 않을 수 없었던 것이다. 그때 미쉬로브는 앞에서 말한 대로 오웬스의 말을 그다지 신임하지 않고 있었던 터였다. 그때까지 그의 예언은 부분적으로만 실현되었기 때문에 미쉬로브는 이번에도 그저 해프닝으로 끝날 것으로 생각했다고 한다.

그로부터 한 달 정도가 지난 뒤 미쉬로브는 충격적인 뉴스를 접하게 된다. 아니, 미쉬로브만 충격받은 게 아니라 당시 모든 사람들이 큰 충격을 받는다. 잘 알려진 것처럼 그다음 해인 1986년 1월 28일 몇 차례 연기 끝에 발사된 챌린저호가 이륙한 지 70여 초 만에 폭발하고 말았다. 미쉬로브는 이 일을 겪고 어안이 벙벙해진다. 모든 것이 오웬스가 말한 대로 벌어졌기 때문이다. 오웬스는 이 사건에 대해 앞에서 말한 내셔널 인콰이어러의 그로버 기자에게도 사전에 고지했다고 한다. 그러니 오웬스가 챌린저호의 격추를 예측했다는 것은 미쉬로브가 지어낸 것이 아니라 실제로 발생한 일이라는 것을 알수 있겠다. 증인이 적어도 한 사람이 더 있기 때문이다.

우리는 오웬스와 관계해서 이 사건을 두 가지 방법으로 해석할수 있을 것이다. 첫 번째는 오웬스가 공언한 것처럼 이 사건은 실제로 외계 존재들이 벌인 짓이라는 것이다. 이것은, 오웬스의 말마따나 외계 존재들이 미국 정부에게 화가 난 나머지 챌린저호를 추락시키겠다는 의지를 가졌고 그것을 오웬스가 알게 되어 미쉬로브에게까지 알렸다고 보는 것이다. 미쉬로브는 대체로 이 견해에 동조하는 것 같은데 이 경우 우리는 앞에서 본 것처럼 다음과 같은 의문에 봉착할 수 있다. 즉 이 외계 존재들이 얼마나 화가 났길래 그 큰 우주선을 폭파하고 더 나아가서 귀중한 사람을 일곱 명이나 죽게 했냐는 것이다. UFO를 연구한 사람들의 중론에 따르면 외계 존재들은 좀처럼 인간을 공격하지 않는다고 하는데 왜 이 경우에는 인간을 처참하게 희생시켰냐는 것이다. 도대체 미국 정부가 무슨 잘못을 얼마나 크게 저질렀길래 이런 보복을, 그것도 미국 정부 관계자도 아닌 아무 죄 없는 승무원들을 대상으로 행했냐는 것이다.

그뿐만이 아니다. 외계 존재들은 이 비행선을 사람들이 볼 수 없는 우주에서 폭파한 게 아니고 발사된 지 얼마 안 돼 폭파하는 바람에 현장에서 많은 사람들이 두 눈으로 폭발하는 모습을 똑똑히 보았다. 이것은 사람이 죽는 모습을 현장에서 직접 목도하는 것이라 목격자들은 엄청난 충격을 받았을 것이다. 아울러 이 모습은 TV로 생중계되어 전 세계에서 수없이 많은 사람들이 이 비행선이 공중에서 산화되는 모습을 보았다. 이 모습을 TV로 본 사람들은 현장에서 본 것 같은 충격을 받지는 않았겠지만 그래도 매우 놀라고 큰 슬픔에 싸이긴 마찬가지였다. 그러면 외계 존재들은 이런 정황을 고려하지도 않고 그냥 이 일을 단행했을까와 같은 의문이 생기는데 이 의문에 대해서도 답이 쉽게 나올 것 같지 않다.

이와 연계해서 또 드는 의문은, 오웬스는 이 외계 존재들의 말을 전하면서 그들은 인류를 돕고 싶어 한다고 했다. 그래서 미국 정부와 접촉하려고 한 것인데 이런 일을 당하면 이들의 의도를 믿기가 힘들어진다. 아니, 인류를 돕고 싶다고 해놓고 어떻게 이렇게 살인을 저지른단 말인가? 인류를 정말로 돕고 싶다면 더 기다리던지, 아니면 다른 수를 쓸 것이지 어찌 인간에게 가장 귀중한 목숨을 빼앗아 갈 생각을 했는지 알 길이 없다. 이에 대해서는 오웬스나 미쉬로브도 밝히지 않아 외계 존재들의 정확한 의향을 알 수 없다. 또 의문만 남겨 놓고 지나가야 할 판이다.

이 사건에 대한 첫 번째 해석은 여기까지인데 이에 비해 두 번째 해석은 비교적 간단하다. 이 사건은 외계 존재와 전혀 관계가 없고 오웬스가 자신의 초능력으로 예언한 것뿐이라는 것이다. 그러니까 챌린저호는 어차피 기계 결함으로 폭파될 운명이었는데 그것을 오웬스가 알고 예언한 것에 불과하다는 것이다. 이것은 오웬스가 예지력을 발동해 알아낸 것이니 이 이외에 다른 해석이 끼어들 여지가 없다. 우리는 이 두 가지 해석 중에 어떤 것이 진실인지 모른다. 그러나 어쨌든 이 사건은 오웬스가 말한 대로 발생했기 때문에 그의 능력을 다시 한번 확인할 수 있는 기회가 되었다. 오웬스가 초능력으로 우주선의 추락을 예측했든, 아니면 진짜 외계 존재가 개입해서 우주선을 폭파했든, 그는 사건의 전말을 꿰뚫어 보고 있었으니 말이다. 그러니 우리는 그가 지닌 격외의(extraordinary) 능력을 인정할 수밖에 없는 것이다.

이 사건 뒤에 미쉬로브는 자신이 그동안 오웬스를 너무나 챙기지 않았다고 반성한다. 그런 생각 끝에 그는 앞에서 언급한 것처럼 그해에 오웬스의 최면 프로그램, 즉 외계 존재를 만나게 해주는 프로그램에 참여하여 그의 인생에서 일대 전환점을 맞이한다. 이 전환점은 미쉬로브가 'Thinking Allowed'라는 필생의 TV 프로그램을 시작한 것이라고 이미 밝혔다. 물론 여기서도 작은 의문을 던질 수 있다고 했다. 즉 미쉬로브가 오웬스로부터 최면을 받았기 때문에 그 프로그램이 그의 손에 들어온 것인지 아니면 어차피 그 프로그램은 미쉬로브에게 떨어지도록 되어 있어서 오웬스의 프로그램에 참여한 것과는 상관이 없는 것인지에 관한 의문 말이다. 사실 우리는 미쉬로브의 최면 참여와 TV 프로그램을 맡은 것 사이에 인과관계가 있는지 어떤지는 알지 못한다. 이런 식의 인과관계는 증명할 수 있는 것이 아니다. 그러나 미쉬로브는 최면을 받을 때 분명히 자신의 바람은 더 많은 사람에게 초심리학 같은 초월적인 세계를 알리는 것이라고 하면서 그런 일이 생기기를 바란다고 밝혔다. 그리고 이 프로그램이 실제로 생겼으니 이 두 사건 사이에는 어떤 에너지의 흐름이 있다고 봐도 크게 틀리지 않을 것 같다. 이렇게 진행된 오웬스와 미쉬로브의 관계는 그리 오래가지 못했다. 그다음 해에 오웬스가 세상을 뜨기 때문이다. 아마도 오웬스는 미쉬로브에게 마지막 선물을 선사하고 간 듯하다.

잡편(The Miscellaneous)

오웬스에 대한 설명을 마치려고 하는데 그러기에는 아직 재미있는 이야기들이 꽤 남아 있어 마지막으로 그것을 보려고 한다. 그런데 이 이야기들은 분류하기 힘들고 각각의 에피소드가 양이 많지 않아 본문에서 다루기 힘들었다. 그래서 장의 이름을 잡편이라고 하고 새로운 장을 만들었는데 외편(the extra)이라고 해도 무방하겠다. 이 장에서는 짤막하고 잡다한 여러 이야기를 다루어 보려고 하는데 처음에는 양이 많지 않을 것 같았는데 쓰다 보니 외외로 양이 많아졌다. 나도 예기치 못한 일인데 오웬스는 그만큼 이야깃거리가 많은 사람이기 때문에 그렇게 된 것 아닐까 한다.

이제 다룰 이야기들은 앞에서 많이 인용한 오웬스의 책(2012)에 실려 있다. 이 책에서 오웬스는 한 장을 마련해서 척 제이(Chuck Jay)라는 신원 미상의 인물과 대화를 하면서 UFO에 관해 매우 흥미로운 이야기를 다수 풀어내고 있다. 그런데 이 대화에는 다른 데에서는 접할 수 없는 UFO에 대한 번뜩이는 정보가 있어 그것을 보았으면 하는 것이다. 이번 장의 서술 방법은 대화의 생생함을 살리기 위해 두 사람이 대화한 것을 먼저 싣고 그에 대해 부연 설명하는 방식을 택하려고 한다.

1. 외계지성체들은 우리보다 차원이 높으며 우리를 관찰하고 있다!

제이: 외계지성체(SI)는 우리 곁에 있었습니까?

오웬스: 네. 그들은 항상 우리 곁에 있었습니다.

제이: 우리 인간은 외계지성체들의 의식 수준에 닿을 수 있을까요?

오웬스: 절대로 불가능합니다. 그들은 우리와 다른 파워를 가지고 있고 자연 법칙도 달라요. 그들은 우리와 완전히 다른 세계에 있습니다. 다른 차원에 있다는 것이지요. 그런데 그들은 그들의 차원에서 우리의 차원으로 전환하는 방법을 발견했습니다(우리의 차원으로 들어올 수 있다는 것을 말함—역주). 우리는 우리의 차원에만 국한되어 있지만 그들은 양 차원을 다닐 수 있습니다.

제이: 그러니까 외계지성체들이 지금도 여기에 있으면서 우리를 보고 있다는 말인가요?

오웬스: 당연하지요. 그들은 지구의 차원으로 내려와 지구인들이 하는 모든 행동을 관찰합니다. 또 지구인들을 대상으로 실험하기도 하고 그에 대해 결과를 도출하기도 합니다. 그들은 지구 차원으로 들어가 지구인들이 모르게 일을 할 수 있는데 그러다가 그들의 세계 혹은 차원으로 돌아오면 지구에 있는 배나 비행기, 잠수함 등을 망가뜨릴 수 있습니다. 다시 말해 그들은 자신들의 차원에 있으면서 다른 세계나 차원에 영향력을 행사할 수 있다는 것입니다.

이 대화의 내용은 우리가 대강 알고 있는 것이지만 확실하게 하려고 원문을 실어보았다. 여기서 중요한 것은 우선 외계지성체들이 항상 우리와 함께 있었다는 것이다. 우리는 대개 외계지성체들이 어딘지 모르는 아주 먼 행성에서 날아와 지구를 방문했다가 사라지는 줄로 아는데 그게 아니라는 것이다. 그런데 이렇게 생각할 수밖에 없는 것이 UFO들이 항시 보이는 게 아니라 아주 가끔 나타났다가 잠깐 사이에 쏜살같이 사라지니 그들이 우리와 함께 있다고 생각하기가 힘든 것이다.

그런데 그들이 우리와 항상 함께 있었단다. 그리고 지구인들을 살펴보고 있었단다. 이것이 사실이라면 이것은 무엇을 의미하는 것일까? 이는 엄청난 주제라 여기서 다 파헤치지 못한다. 왜냐하면 이것은 인류와 외계지성체의 관계에 대한 것이기 때문이다. 왜 저들은 저 높은 하늘 위에서 우리를 지켜보고 있고, 우리는 저들을 가뭄에 콩 나듯이 보고 그것도 순간적으로밖에는 접할 수 없는지 궁금하지 않은가?

그런데 오웬스는 인류의 의식 수준은 저들을 따라잡을 수 없다고 했다. 격차가 말할 수 없이 크기 때문이라는데 이것은 무엇을 의미하는 것일까? 그런데 이것이 사실이라면 우리는 그들에 의해 사육당하고 관찰당하는 그런 하위의 존재가 아닐까 하는 생각을 지울 길이 없다. 그러니 인류는 저들을 볼 수조차 없는데 저들은 인류 사이를 마음대로 왕래하는 것 아니겠는가? 이것은 흡사 우리가 야생 동물들을 연구하기 위해 정글에 갑자기 나타나 그들에게 위치추적기 같은 것을 달아 놓고 그들의 행동 양태를 연구하는 것과 아주 닮았다. 이런 경우에 야생 동물들에게는 인간이 갑자기 나타났다가 일정한 시술만 하고 사라지는 존재로 보이지 않겠는가? 그러나 인간은 추적기나 군데군데 설치해 놓은 감시카메라를 통해 이들을 다 파악하고 있다. 동물들은 전혀 눈치채지 못하지만 인간들은 그들의 일거수일투족을 낱낱이 감시하고 있는 것이다. 내가 보기에 이와 거의 비슷한 일이 인류와 외계지성체 사이에 벌어지고 있는 것 같다.

그렇다면 외계지성체들은 왜 인류를 관찰하고 있을까? 그냥 연구하기 위해? 인류를 돕기 위해? 아니면 지구를 식민지로 만들기 위해? 아니, 이미 지구가 자신들의 식민지이니 관리 차원에서 관찰하기 위해? 등등 여러 의문이 봇물 터지듯 생기는데 정확한 답은 알 길이 없다. 이유는 간단하다. 우리가 그들의 세계에 대해서 명확하게 아는 것이 거의 없기 때문이다. 이 같은 문제를 정면으로 다룬 학자가 있었다. 이 사람은 앞에서 이미 다룬 오토 바인더인데 그의 책은 제목이 아예 'UFO가 우리를 보고 있다(Flying Saucers are Watching Us)'로 되어 있다고 했다. 그런데 이 책의 내용을 보면 UFO가 인류를 그저 바라만 보고 있던 것이 아니었다. 바인더에 따르면 외계 존재들이 수백만 년 전부터 지구를 식민지로 만들고 인류를 관리하고 있었다고 하니 말이다. 우리는 이와 같은 바인더의 주장이 옳은지 그른지 알 수 없다. 우리는 그의 설을 판단할 수 있는 근거가 없기 때문에 유보하는 태도를 취할 수밖에 없지만 아주 재미있는 견해로 보인다.

이 문제와 관련해서 UFO 연구계의 전반적인 분위기를 말해본다면, 많은 연구자가 외계 존재들이 인류를 주시하고 있었다는 견해에 동조하고 있다. 어떤 연구가는 이 입장에서 조금 더 나아가서 외계 존재들이 인류에게 어떤 가르침을 주려고 하고 있다고 주장하기도 한다. 나는 개인적으로 이 의견에 동의하는데 내가 보기에 이 외계 존재들은 우리들보고 지구 환경을 파괴하는 등의 어리석은 짓을 그만두고 그들과 같은 수준의 상위 질서로 어서 진화하라고 권유하고 있는 것 같다. 이 문제는 거대한 주제라 다른 기회에 좀 더 길고 진지하게 논의해야 할 것이다. 이 주제를 충분히 설명하려면 아마 단행본이 필요할 것이다.

다시 우리의 주제로 돌아가서, 그런데 이 대화에는 마음에 걸리는 부분이 있다. 인류의 의식 수준에 대한 것으로 오웬스가 외계지성체의 의식 수준이 높다고 한 것은 인정할 수 있는데 인류가 그들의 수준에 도달할 수 없다고 한 것은 잘 이해가 되지 않는다. 인간도 진화를 거듭하면 꼭 외계지성체처럼 되지는 않더라도 정신적으로 상당한 진보를 이룩할 수 있을 텐데 그런 일은 '절대로' 일어나지 않을 거라고 하니 이상한 것이다. 그러면 인류는 지금까지 그랬던 것처럼 서로 피 터지게 싸우고 사정없이 죽이고 잔혹하게 고문하는 등 온갖 악행을 자행하면서 살 수밖에 없는 것일까? 만일 이게 사실이라면 이것은 매우 암울한 소식이 아닐 수 없다. 이런 현실을 인정하기 싫지만 그동안 인류가 한 짓거리들을 보면 오웬스의 말이 맞을 수도 있겠다는 생각이 든다.

사실 인류는 지금까지 서로를 너무나 잔인하게 대했다. 이에 대해서는 이견이 없을 것이다. 그런데 문제는 인류의 이러한 태도가 가까운 미래에 바뀔 것 같지 않다는 것이다. 예를 들어 여성들을 잔혹하게 억압하고 차별하는 일부 이슬람 국가나 단체들의 태도가 앞으로 변할 것 같은가? 이 여성들은 아프리카나 아시아의 이슬람 여성들을 말하는데 그 수가 수억 명은 될 터이니 얼마나 많은 여성들이 고통을 당하고 있는지 알 수 있다. 여성만 옷으로 신체를 가리는 차별을 비롯해서 너무 황당해 말이 안 나오는 여성 할례 등과 같은 비인간적이고 악독한 관습이 이슬람 사회에서 없어지는 일이 과연 가능할까? 내 개인적인 생각에 그칠지 몰라도 이것은 결코 기대할 수 없는 일일 것이다. 아니, 일어나지 않는다고 보는 게 더 합리적인 생각일지도 모른다. 인류에게는 이런 비합리적이고 황당한 일이 한둘이 아닌데 이런 것을 다 고치고 영적으로 진화된 존재로 거듭나는 일이 과연 일어날 수 있을지 심히 의심스럽다.

나는 이런 입장에서 인류는 외계지성체의 의식 수준에 오르지 못한다는 오웬스의 의견에 동조한 것인데 이에 대해서는 다른 식으로 근거를 댈 수 있다. 동물의 경우에 빗대어 보겠다는 것인데 동물은 아무리 진화해도 인간이 될 수 없다. 인간의 수준으로 업그레이드되지 못한다는 것이다. 지금까지 지구에 있었던 동물 가운데 인간이 된 동물의 예는 일찍이 접해본 적이 없다. 동물들은 'IQ'의 면에서 차이가 있는 것처럼 보인다. 그렇다고 해도 아무리 'IQ'가 높은 동물일지라도 인간이 된 적은 없다. 이것은 인류와 동물이 밟고 있는 진화의 트랙이 서로 다르기 때문일 것이다. 그러니까 인간과 동물은 가까운 진화의 길을 밟고 있지만 같은 길은 아니라는 것이다. 따라서 앞으로도 그 두 길은 만나지 않을 것이다. 이와 마찬가지로 인류와 외계지성체가 밟고 있는 진화의 트랙이 가깝기는 하지만 교차하지는 않고 계속해서 평행으로 가는 것 아닐까 하는 생각을 해 본다. 그러나 수준으로 따지자면 인류가 동물보다 의식 수준이 높듯이 외계지성체의 의식 수준이 인류의 그것보다 높다고 할 수 있겠다.

사정이 그렇다 하더라도 또 의문이 남는다. 인류와 외계지성체가 진화하는 트랙이 다르다고 했는데 그렇다면 그 목적지는 어떻게 다를지 궁금하다. 이에 대해서는 명쾌한 답을 얻을 수 없는데 그 이유는 인류의 목적지는 대강 알 수 있지만 외계지성체의 그것은 짐작조차 할 수 없기 때문이다. 외계지성체에 대해 알려면 그들을 만나서 물어보아야 하는데 아직은 만날 길이 없으니 그들의 속사정을 알 수 없다. 부디 그런 날이 가까운 미래에 오기를 고대해 본다.

2. 외계 비행선의 크기와
그들과 소통하는 방법에 대해

제이: 당신은 외계지성체 관련물을 크레용으로 그렸다고 했는데 그것을 볼 수 있나요?

오웬스: 물론이죠. 이게 그겁니다(그림은 없음―역주). 이 그림은 지구 근처에 있는 네 개의 커다란 외계 우주선을 그린 것입니다. 이들에 대한 좋은 이름을 생각하다가 나는 "엠미-엠마" 그룹으로 부르기로 했습니다(내 아들 릭이 붙여준 이름이지요). 내가 지구에 지진 같은 것을 일으키고 싶을 때 신호를 보내는 수신처가 바로 이 네 우주선입니다. (중략) 이 우주선들은 너무 커서 그 크기를 상상할 수 없습니다. 아마 지구보다도 더 클 겁니다.

제이: 우리는 왜 그 우주선을 보지 못하나요?

오웬스: 그들은 다른 차원에 있습니다. 그러나 나는 그들이 존재한다는 것을 증명할 수 있습니다. 내가 그들에게 연락하면 (그 전에 나는 먼저 과학자나 정부 관료에게 내가 무엇을 할지에 대해 적어 보냅니다) 그들은 지구의 회전이나 움직임(의 비율)에 영향을 미칠 수 있는 전자기력을 만들어냅니다. 그러면 그것 때문에 지구에는 지진이나 홍수가 발생하고 아주 기이한 날씨가 만들어집니다.

내가 앞으로 무엇을 할 것인지에 대해 글을 써서 먼저 밝히면 그 일은 실제로 일어납니다. 내가 이 네 대의 우주선에 연락하면 며칠 혹은 몇 주 내로 전 세계에 엄청난 홍수나 지진, 토네이도, 태풍이 일어납니다. 나는 그 증거 자료로서 이 사건들에 대해 적은 신문 기사를 모으고 거기에 과학자나 정부 관료에게 보낸 편지를 첨부합니다. 나는 이 일을 (이렇게 두 단계에 걸쳐서 하는데) 할 때마다 성공하지 않은 적이 없습니다.

제이: 당신은 이 일을 약 200번 해서 모두 성공했다고 한 것 같은데 사실인가요?

오웬스: 네. 나는 외계지성체들과 181번의 실험을 해서 모두 성공했습니다.

이 인용구에서 놀라운 것은 오웬스가 접촉한다고 하는 외계 비행선의 크기와 개수이다. 그에 따르면 이 비행선들은 4대이고 크기는 지구보다도 크다고 한다. 나는 처음에 이 이야기를 접하고 이 정도면 비행선이 아니라 '별'이라고 해야 하는 것 아닌가 하는 생각이 들었다. 지구보다도 크다고 하니 말이다. 그런데 이것의 정체는 무엇일까? 이것은 물론 이 이야기가 사실이라는 것을 인정할 때 던질 수 있는 질문이다. 이렇게 큰 물체를 외계지성체들이 인위적으로 만든 것인지 아니면 자연적으로 생겨난 것인지부터 알 수 없다.

먼저 인위적으로 만든 것이라고 하면 연상되는 게 하나 있다. 1977년에 개봉된 영화 "스타워즈" 1편을 보면 '악의 제국'이 우주에 만든 '죽음의 별(Death Star)'이라는 기지가 나오는데 이것이 오웬스가 말하는 외계 우주선을 닮은 것 같다. 기지라고 하지만 흡사 하나의 행성처럼 그 규모가 엄청나게 크다. 이 기지가 궁금한 사람은 이 영화의 마지막 장면을 보면 된다. 이때 주인공이 이 기지를 폭파시키기 때문에 기지 전체가 잘 보인다.

그런가 하면 두 번째 견해로, 이 기지가 원래는 자연적으로 만들어진 행성인데 외계지성체들이 이곳에 거주하면서 기지가 되었다고 보는 견해도 가능하겠다. 우리가 가진 정보로는 위의 두 견해 중 어떤 것이 타당한지 가늠이 되지 않는다. 그러나 나는 개인적으로 첫 번째 의견, 즉 이 기지가 외계지성체들에 의해 인위적으로 만들어졌다는 데에 한 표를 던지고 싶다. 의견은 그렇게 표명하지만 이 기지가 만들어진 배경이나 원리에 대해서는 아는 바가 없다. 그러나 조심스럽게 추정하건대 이 기지는 지구인들이 하는 것처럼 물질로 만든 것이 아니라 우리가 전혀 알지 못하는 재료를 가지고 완전히 다른 방법으로 만들었을 것이라는 느낌이 든다.

그런데 오웬스는 이런 기지가 4개가 있다고 했다. 이렇게 보면 지구처럼 큰 어마어마한 물체가 4개씩이나 지구 근처에 떠 있는 것이 된다. 지구 주위에는 금성이나 화성만 있는 줄 알았더니 이런 외계지성체의 기지가 4개나 있다고 하니 도저히 믿기지 않는다. 백 보양보해서 이것을 사실로 받아들이더라도 의문이 끊이지 않는다. 우선 이게 도대체 무엇인지 궁금하다. 이것이 단지 기지에 불과한 것인지 아니면 이 외계지성체들의 고향 행성과 같은 것인지 궁금한 것이다. 만일 이게 기지에 불과하다면 그들에게 고향에 해당하는 행성이 있을 터인데 그럴 경우 이 행성은 또 어디에 있는지 궁금해진다. 그다음에 드는 질문은 이들이 왜 지구 근처에 와 있는가에 대한 것이다. 그들이 여기에 와서 무슨 일을 하려고 하는지가 의아하다. 오웬스의 말로는 인류를 돕기 위해 왔다는데 왜 도우려는 걸까? 지구를 돕는 것 말고 그들이 보통 때 하는 일은 무엇일까 하는 등등의 의문이 잇달아 생긴다.

그런데 오웬스는 이렇게 큰 우주선이 안 보이는 이유에 대해서 그들이 다른 차원에 있기 때문이라고 했다. 외계 존재들에 대해 이야기할 때 이 차원에 대한 이야기는 끊이지 않고 나온다. UFO가 출몰을 자유자재로 할 수 있는 이유는 그들이 다른 차원, 더 정확하게 말하면, 인류보다 더 높은 차원에 있기 때문이라고 했다. 그들이 그들의 차원에 있을 때는 인간의 눈에 보이지 않지만, 차원을 낮춰 인간계로 오면 비로소 보이게 된다. 이 점은 앞에서도 언급한 것이다. 나도 평소에 이렇게 생각하고 있었는데 오웬스가 같은 취지로 이야기하니 내 생각이 틀리지 않았다는 것을 알 수 있었다. 그러나 그들이 속한 차원에 대해서는 알 수 있는 것이 하나도 없다. 그곳은 도대체 어떤 곳일까? 분명히 지상처럼 순수한 물질세계는 아닐 텐데 그렇다면 그곳에서는 물질이 어떤 의미를 가질까? 그곳에서는 물질이 인간의 물질계에서 갖는 의미와는 다른 의미를 가질 것 같은데 그게 궁금한 것이다. 추정컨대 이 차원에서는 물질과 의식이 물질계인 지구에서와는 달리 서로 구분되지 않을 것 같은데 그렇다면 양자가 어떤 관계에 놓일지 여간 궁금한 게 아니다.

그다음으로 오웬스는 이 우주선과 접촉하는 방법에 관해 설명했는데 이에 대해서는 내가 앞에서 이야기했으니 다시 언급할 필요 없겠다. 여기에 그가 이 우주선들과 접촉했다는 회수가 181번으로 정확히 나오는 게 재미있다. 앞의 본문에서 나는 이 접촉의 사례들을 선별해서 소개했는데 그가 이 회수를 정확하게 기억하는 것은 매번 기록으로 남겼기 때문일 것이다. 그리고 이 기록들은 대부분 미쉬로브가 갖고 있다고 했다. 이렇게 기록만 남기고 오웬스는 1987년에 타계하는데 이와 관련해 궁금한 것은 이 이후에 이 외계 존재들이 어떻게 되었을까에 관한 것이다. 자신들과 유일하게 통할 수 있는 존재가 죽었으니 지구에서의 사명을 접고 지구를 떠났을지, 아니면 다른 사람을 찾아 오웬스 때와 같은 일을 계속할지 그 구체적인 정황은 알 길이 없다. 그들이 만일 지구에서의 사명을 접는다면 그들은 또 어디로 갈지도 궁금하다. 아니면 자신들이 속한 차원으로 돌아가 그냥 그곳에서 있을 수 있겠다는 생각도 드는데 모든 것은 추정에 그칠 뿐이다.

3. PK 파워에 대해

제이: 이 그림은 무엇입니까?

오웬스: 이것은 PK 파워가 적용되는 구간을 그린 것으로 내가 이전에 말한 것처럼 잭슨빌에서 마이애미까지의 지역입니다. 이 지역은 "Electro"라고 알려진 지역인데 여기에는 PK 파워가 항상 자라나고 있습니다.

제이: 이 그림은 물질(적인 차원)을 그린 것인가요?

오웬스: 아닙니다. 이것은 다른 차원을 그린 것으로 특정한 지역에 (PK 파워가) 영향력을 행사하면서 계속 자라고 있는 모습을 그린 것입니다. 이 사정을 이해할 수 있게 예를 하나 들어보지요. 현상되는 인화지 위에 덧입혀지는 음판 사진(photo negative)을 생각해 보세요. 이렇게 인화지 위에 음판을 계속해서 덧입히면 사진이 나오지 않습니까? 여기 내가 앞에서 말한 '격자판(grid)'이 있는데 이 PK 지역과 격자판이 우주 비행사 세 명을 죽였습니다. 이것은 몇 년 전에 케이프 케네디에서 일어난 비극으로 당시 외계지성체가 미국 정부에 대해 화가 나서 일으킨 사건입니다.

제이: 그 사고는 선실의 산소 때문에 일어난 거 아닌가요?(산소에 불이 붙어 일어났다는 뜻일 것—역주)

오웬스: 아닙니다. 내 말을 들어보세요. 그 사건은 번개가 케이프 케네디 기지에 있는 번개 장비 패드를 때렸기 때문에 일어난 것입니다. 나는 이 일이 일어나기 전에 나사에 편지를 써서 알렸습니다. 그리고 내가 워싱

턴에 갔을 때 나사에서 일하는 이스트우드 씨에게 그 경위를 말했는데 그는 이 사건이 관계자들을 가장 곤혹스럽게 만들었다고 하더군요. 그들의 의문은 어떻게 번개가 특별한 방어 체제를 갖추고 있는 패드를 때릴 수 있었냐는 것이지요. 그것은 불가능한 일이라고 합니다. 그 뒤로 이런 일은 몇 번 더 있었습니다.

위의 이야기는 오웬스의 등록 상표처럼 되어 있는 PK 파워에 대한 설명인데 나름대로 이야기할 거리가 있어 소개해 보았다. 우선 주목을 끄는 것은 PK 파워가 적용되는 구간이 있다는 것이다. 이것은 지금까지 그가 한 일을 보면 충분히 이해된다. 오웬스가 어느 지역에 태풍이나 가뭄 같은 기상 이변을 일으키고 싶다고 외계지성체에게 요구하면 그들은 일종의 전자기장을 만들어 그 지역에 설치한다. 이에 대해 외계지성체가 그물을 쳐놓는다는 표현도 있었다. 그런데 이 전자기장이 그저 무정물 같은 것이 아닌 모양이다. 그 안에 잠재되어 있는 힘이 계속해서 자라난다고 하니 말이다. 설치하면 그냥 그대로 있는 것이 아니라 살아 있는 것처럼 성장한다는 것이다. 이런 이야기들은 정녕 이해하기 힘들지만 참고하면 좋을 것 같아 소개해 본다.

그런데 이 힘은 이렇게 자라나기 때문에 오웬스가 획책한 현상이 벌어진 다음에도 계속 작동한다는 것이 그의 주장이다. 그러면서 이 힘은 또 다른 현상을 낳는다고 하는데 예를 들면 이런 것이다. 오웬스가 일정한 지역에 PK 파워를 이용해서 태풍을 일으키는 데에 성공했다. 원하는 현상을 얻었으니 오웬스는 그 지역에 대해 잊어버렸다. 그런데 그 힘이 소멸되지 않고 스스로 자라나 그 지역에 정전을 일으키거나 통신 장애를 일으킨다. 이것은 오웬스의 의지와는 다르게 움직인 것이라고 할 수 있다. 그런데 이 힘이 얼마나 오랫동안 자라났다가 소멸되는가는 오웬스가 밝히지 않아 잘 모르겠는데 이 현상은 또 다른 격외의 일이라 어떻게 받아들여야 할지 난감하다. PK 파워를 일정 지역에 설치한다는 것부터 이해하기 힘든데 그 힘이 흡사 살아 있는 생물처럼 자라난다고 하니 도대체 어디서부터 어디까지 믿어야 할지 가늠이 되지 않는다.

여기에 격자판 이야기가 나온다. 앞에서처럼 PK 파워의 장을 만들어 놓은 다음에 여기에 격자판을 설치한다는 것인데 이 격자판의 구체적인 기능에 대해서는 오웬스가 설명하지 않아 잘 모르겠다. 그러나 내 짐작으로는 일정한 에너지의 흐름을 바꿀 때 이 격자판을 이용하는 것 같다. 예를 들어 태풍의 방향을 바꾸고 싶을 때 이 판을 이용한다는 것이다. 이에 대해서는 앞에서 오웬스가 글래디스 태풍의 방향을 바꾼다고 할 때 잠깐 설명했다.

그런데 여기에 영 다른 사례가 있어 우리의 주목을 이끈다. 위의 인용문에 따르면 오웬스는 자신이 PK 파워와 격자를 설치해 놓고 그것으로 우주 비행사를 세 명이나 죽였다고 주장하고 있는데 이것은 1967년 1월 28일 아폴로 1호의 우주 비행사 3인이 우주선 폭발로 사망한 사건을 가리키는 것 같다. 이 사건은 선실의 산소에 불이 붙어 일어난 것으로 알려져 있는데 오웬스의 주장은 이와 달랐다.

오웬스에 따르면 이 사건은 번개가 케이프 케네디 기지에 있는 번개 장비 패드를 때렸기 때문에 일어난 것이라고 한다. 그는 이 사건이 일어날 것을 미리 알고 나사에 있는 지인에게 알렸다. 그런데 그들은 번개가 특별한 방어 기제가 구축되어 있는 패드를 때린다는 것은 있을 수 없는 일이라고 하며 오웬스의 주장을 일축해 버렸다. 그러나 결국 우주선은 폭파되었는데 그렇다고 해서 나사 관계자들이 오웬스의 말을 받아들인 것은 아니었다. 나사 관계자들은 사건 발생의 원인이 번개라는 것을 수용하지 않았다.

그런 반응에 아랑곳 하지 않고 오웬스는 앞으로 이와 같은 일이 몇 번 더 있을 것이라고 주장했는데 그 결정적인 사건이 앞에서 본 챌린저호 폭발 사건이다. 그때도 그랬지만 이번에도 외계지성체가 아폴로 1호를 폭발시킨 것은 미국 정부에 대해 화가 났기 때문이라고 했다. 미국 정부가 자신들의 존재를 인정하지 않으니 화가 났다는 것 같은데 이번에도 똑같은 의문이 든다. 아무리 화가 났다고 해도 비행사들의 아까운 목숨을 앗을 필요가 있느냐는 말이다. 그러니까 미국 정부가 외계지성체를 인정하지 않는 것은 우주 비행사들의 잘못이 아닌데 왜 애꿏은 비행사들을 죽였느냐는 것이다. 또 그렇게 비행사를 죽여봐야 미국 정부가 반성하고 자신들의 태도를 바꾸겠는가? 이런 일은 결코 일어나지 않을 터인데 왜 외계지성체는 무모하게 이런 일을 벌이는지 잘 요해가 되지 않는다.

4. 외계지성체는 의식만 있는 존재?

제이: 당신은 (고등의) 외계지성체가 순수한 의식(intelligence)이라고 했습니다. 그들은 색깔로 된 가리개 같은 것을 취하나요?

오웬스: 그들은 투명해서 보이지 않습니다. 그러나 그들은 빛으로 여러 가지 가리개를 만들어 취할 수 있습니다. 그것은 최고의 외계지성체만이 할 수 있는 일입니다.

제이: (고등이 아니라) 하등의 외계지성체는 모습이 어떤가요? 그들은 인간의 모습을 취하나요?

오웬스: 아닙니다. 아무 모습도 지니고 있지 않은 최고의 외계지성체만 에너지를 가지고 그 일을 합니다. 그들은 의식으로 형태(form)를 만든 다음 자신을 그 안에 넣습니다.

제이: 외계지성체(고등의 존재든 하등의 존재든)들은 음식을 취하나요? 우리 인간들처럼 먹습니까?

오웬스: 아닙니다. 내가 보건대 그들은 음식물을 먹을 때 입을 통해 소화 기관으로 가져가지 않습니다. 대신 그들은 자신들이 흡수한 전기나 일정한 형태의 힘을 취하면서 삽니다.

제이: 많은 사람들이 비행접시에서 나오는 인간처럼 생긴 존재를 보았다고 하는데요...

오웬스: 다시 한번 말하건대 오직 고등의 외계지성체만이 형태를 취할 수 있습니다. 아니면 그들은 우리 인간에게 최면을 걸어 자신들이 인간처럼 보이게 만들 수 있습니다.

제이: 비행접시들은 왜 사고를 당하지 않습니까?

오웬스: 글쎄요.. 내가 교통하는 외계지성체들은 결코 사고를 내지 않습니다. 그들은 다른 차원에서 오기 때문에 사고를 내는 것은 불가능한 일입니다. 또 같은 이유인데요, 그들을 저격하려는 시도가 있었지만 어느 누구도 성공하지 못했습니다. 그것은 그들이 다른 차원에 속해 있기 때문입니다. 다시 말해 이 외계지성체들은 우리가 전혀 알지 못하는, 그들의 차원에만 적용되는 색다른 힘을 갖고 있습니다. 이것을 그들의 자연의 법칙이라고나 할까요? 그들은 그것을 우리의 차원으로 가져올 수 있습니다.

위의 인용에서 가장 시선을 끄는 것은 외계 존재를 순수한 의식 (intelligence)이라고 정의한 것이다. 여기에는 실로 많은 해석을 달 수 있는데 오웬스의 입장에서 가장 단순하게 보자. 앞에서 본 것처럼 오웬스는 그가 트와이터와 트위터라고 부르는 외계 존재를 통해 그들의 보스(Controller)와 접촉한다고 했다. 그런데 이 보스는 형태는 없고 의식만 있는 존재로 나오는데 오웬스는 이 인용문에서 바로 이 존재에 대해 말하고 있는 것 같다. 이 보스라는 존재에 대해서는 앞에서 이미 설명했다. 그 설명을 다시 잠깐 보면, 이 존재는 영적으로 엄청난 경지에 오른 존재인 것 같다고 했다. 그런데 우리는 그 경지가 얼마나 높은지 알지 못한다. 그 경지를 알려면 그와 비슷한 수준에 가야 하는데 우리 인간은 수준이 낮기 때문에 그의 경지를 알 수 없는 것이다. 이런 사정은 인간의 의식이 진화하는 단계를 보면 그 내막을 알 수 있다. 인간의 의식은 진화하면 진화할수록 물질에 의존

하는 성질이 약해져서 종국에는 궁극의 비물질화를 달성하게 될 것이라는 시각이 있다. 이 관점에 따르면 오웬스가 말하는 이 보스는 이 단계에 있거나 이에 준하는 단계에 다다른 것으로 보인다.

이런 설명을 처음 들은 독자는 어리둥절할 텐데 그런 이들을 위해 환생과 카르마 법칙을 가지고 오웬스의 주장을 설명해 보자. 이 법칙에 따르면 우리는 자신의 영적 발달을 위해 이 지상에 반복해서 환생해야 하는데 지상에서 더 배우거나 해결할 일이 없으면 더 이상 지상에 태어나지 않아도 된다. 더는 물질세계가 필요하지 않은 것이다. 이런 영혼을 불교에서는 아나함(阿那含)이라고 칭하는데 번역해서 불환(不還)이라고 부르기도 한다. 이런 급에 올라간 영혼들은 지상의 물질세계에 돌아올 필요가 없다. 물질계를 졸업한 것이다. 그 뒤로 이 사람은 에너지체인 영혼의 형태를 유지하면서 영계에서 나름대로 진화하면 된다. 이 진화 단계에 대해서는 매우 복잡한 이론이 있는데 그것을 간단하게 보면, 이 단계의 마지막 목표는 '자아 개념을 완전히 초월하는 것'이라고 할 수 있다. 이것은 '나'라는 의식을 완전히 넘어서서 자아가 사라지는 그런 경지를 말한다. 이 같은 관점에서 볼 때 외계 존재들은 이 목표를 향해가고 있는 존재 같은데 그들의 경지가 얼마나 높은가는 잘 알 수 없다. 그러나 영적으로 볼 때 인간과는 비교도 안 되게 높은 존재인 것은 확실한 것 같다.

그런데 오웬스에 따르면 이 궁극의 존재는 투명해서 보이지 않지만 인간들을 위해서 빛으로 가림막을 만든다고 했다. 이것은 무물질적인 차원에 있어 보이지 않는 자신을 인간들이 볼 수 있게 자신에게 색깔이 있는 빛을 입힌다는 것으로 이해된다. 비록 필자가 말은 이렇게 하지만 이 과정이 어떻게 이루어지는 잘 알지 못한다. 그런데 이 존재가 이보다 더 물질화하는 방법을 택할 수도 있다고 했다. 즉 그 존재가 의념으로 일정한 형태를 만들어내고 그 안에 들어가는 것이 그것이다. 만일 이 존재가 인간에게 가까이 가기 위해 인간의 형태를 취하려고 한다면 어떻게 할지 어느 정도 상상이 된다. 아마 그 존재는 의식으로 인간의 모습을 만들고 자신(의 의식)을 그 안에 넣을 것이다. 그러면 상대하는 인간은 그를 인간으로 파악하게 될 것이다.

이것 말고 또 다른 방법도 있다. 인간에게 최면을 걸어 자신이 인간처럼 보이게 하는 것이다. 이런 경우는 외계 존재들에 의해 피랍된 사람들이 많이 겪는 것 같다. 전형적인 예가 외계 존재에 의해 피랍된 사람이 우주선 안에서 겪는다고 하는 체험이다. 이들 중에 특히 남자들이 그러한데 이 남자들 가운데 몇몇은 우주선 안에서 여자로 보이는 외계 존재와 성적인 관계를 가졌다고 보고했다. 이때 당사자인 남성이 한결같이 하는 이야기가 있는데 그것은 상대 외계 존재가 매우 섹시한 여성을 보인다는 것이었다. 이것은 그 남성이 최면 상태가 되어 자신이 상대한 외계 존재를 성적인 흥분을 일으키는 인간 여성으로 파악했기 때문이 아닌가 한다. 그러나 이 입장은 이 남성의 체험을 사실로 인정했을 때 유효한 견해임을 잊어서는 안 된다(이런 이야기들을 소개는 하지만 사실 여부는 알 수 없다!).

그다음에 나오는 음식 섭취에 관한 것도 재미있다. 오웬스에게 외계 존재들이 인간처럼 음식을 입에 넣어 소화기관에서 분해하느냐고 물으니까 그는 그렇지 않다고 답했다. 이 질문은 평범한 것이지만 외계인에게 관심 있는 사람이라면 무척 궁금해하는 사안이다.

나도 오웬스의 견해에 동조하는 편인데 그것은 외계 존재들의 모습 때문이다. 예를 들어 이른바 스몰 그레이로 불리는 외계인의 생김새를 보면 입이 매우 작은 것을 알 수 있는데 그런 입으로는 음식을 섭취할 것 같지 않다. 그런 작은 입에 음식을 넣는 것이 영 상상이 되지 않는다. 아울러 그 입안에 치아가 있을지도 궁금한데 음식을 취하지 않는다면 치아도 필요 없는 것 아니겠는가. 오웬스에 따르면 외계지성체들은 음식이 아니라 전기나 그와 비슷한 힘을 취해서 에너지로 삼는다고 했는데 이 말이 사실이라면 외계지성체들은 소화와 관계된 기관들이 필요 없게 된다. 이때 말하는 힘에는 전기도 있겠지만 방사능 같은 것도 포함될지 모르겠다. 이렇게 추측하는 이유는 외계 비행체가 나타난 장소에는 방사능 수치가 매우 높게 나오기 때문이다. 방사능과 외계지성체의 관계도 중요한 주제이지만 아직 그들이 내뿜는 방사능의 정체를 잘 알지 못하는 나로서는 이에 대해 적절한 답을 내놓을 수 없다.

외계지성체들의 몸에 대해 말이 나와서 말이지만 그들의 몸도 외계 비행체만큼 불가해하다. 도무지 그 정체를 알 수 없으니 그들의 몸도 UFO처럼 'Unidentified Body', 즉 '미확인(혹은 확인 불능) 신체'라고 불러야 할 판이다. 왜냐하면 그들의 몸은 분명히 물질로 이루어진 것 같은데 움직일 때는 물질이 아닌 것처럼 보이기 때문이다. 그 대표적인 예가 1994년에 아프리카 짐바브웨에서 땅에 내려온 외계인들이다. 그들은 초등학교 학생들에 의해 목격되었는데 그들에 따르면 이 외계지성체(스몰 그레이)들은 분명히 다리와 같은 몸을 갖고 있었는데 인간처럼 걸어 다니는 것이 아니라 미끄러지듯 움직였다고 한다.

만일 이 아이들의 증언이 사실이라면 이 외계인들은 어떻게 해서 그런 식으로 움직일 수 있었을까? 여러 가지 답이 있을 수 있을 텐데 그 답 가운데 하나를 골라 보면, 그들은 지구의 중력을 무력화하는 모종의 능력을 갖고 있었던 것은 아닐까? 아니면 그들의 몸은 물질이 아니라 에너지로 되어 있어서 그냥 떠다닐 수 있는 것 아닌가 하는 추측도 해본다. 그런데 이들의 몸을 순수한 에너지체로 보는 것은 타당한 견해가 아닌 것 같다. 왜냐하면 세기의 유명한 초능력자인 유리 겔러가 미국의 나사 연구소 가운데 한 곳에 보관되어 있는 외계 존재의 사체를 분명히 보았다고 했기 때문이다. 이들의 몸이 이렇게 보관될 수 있었던 것은 그들의 몸이 물질로 이루어져 있기 때문일 것이다. 그런데 외계지성체의 몸이 이렇게 물질로 구성되어 있는 것 같은데 에너지체의 성격도 갖고 있는 것 같으니 헷갈린다. 우리가 외계 비행체를 대할 때도 그것을 물질로 보아야 할지 아니면 물질을 넘어선 다른 어떤 것으로 보아야 할지를 놓고 고심했는데 외계 존재의 몸에 대해서도 똑같은 문제를 겪고 있으니 재미있다.

그다음에 나오는, UFO의 추락 사고와 관계된 이야기는 기존에 우리가 알고 있던 정보와 일치하지 않는 점이 있어 살펴보아야겠다. 오웬스는 자신이 교통하는 외계지성체들의 비행체는 다른 차원에서 오기 때문에 절대로 사고를 내지 않는다고 주장한다. 또 지구인들이 이 비행체를 공격한 적이 있는데 성공한 적이 없다고 했다. 그 이유는, 이들은 인간과 다른 차원에 살고 있어 인간에게는 없는 힘을 갖고 있기 때문이라는 것이었다. 여기서 조금 이상한 점이 발견된다.

이 외계지성체들이 절대로 사고를 내지 않는다는 것이 그것이다. 사고를 안 냈다니? 아니 그러면 오웬스는 그 유명한 로즈웰 사건이나 트리니티 사건에서 UFO가 추락했다는 사실을 몰랐다는 말인가? 그가 이 사건들을 몰랐을 것 같지 않은데 왜 이런 발언을 하는지 알 수 없다.

사실 이것보다 더 이해가 안 되는 것은 UFO가 추락했다는 것이다. 나는 이게 말이 안 된다고 생각한다. 생각해 보라. 인간의 수준을 넘어도 한참을 넘어선 외계의 비행체가 속절없이 추락한다는 게 말이 되겠는가? 인간이 만든 비행기도 여간해서 지상에 추락하지 않는데 어떻게 이 외계의 비행체는 트리니티에 추락한 지 2년도 안 되어서 또 로즈웰에서 추락하느냐는 말이다. 그런가 하면 로즈웰 사건이 있은 지 6년 뒤인 1953년에는 미국 애리조나주 킹맨이라는 도시 근처에서 또 UFO가 추락했다는 설이 있는데 이런 것으로 보면 그즈음에 미국에 UFO들이 꽤 많이 추락한 모양이다. 사실 이 추락 사건 외에도 더 많은 사건이 있는데 그것들은 확실하게 밝혀진 것이 아니라 언급하지 않았다. 나는 UFO가 이처럼 추락하는 게 잘 이해되지 않지만 어떻든 분명히 UFO는 숱하게 떨어졌다. 이렇게 UFO 추락 사건이 많았음에도 불구하고 오웬스가 이 일을 모르고 있다는 것은 이해가 잘 안된다.

굳이 오웬스의 입장을 두둔한다면, 그가 교류하던 외계지성체들은 이런 사고를 당하지 않았는지도 모르겠다. 그들은 대단히 고등한 존재들이어서 이 같은 어이없는 사고로 추락하지 않았을 것이라고 추정해보는 것이다. 또 그들의 비행체가 지구만 하다고 하니 그게 떨어지고 말고 할 일이 어디 있겠는가? 그렇다면 또 다른 상상의 나래를 펴본다. 오웬스가 교류하던 외계 존재는 로즈웰에 떨어진 외계 존재들과는 다른 종류일지도 모른다는 억측을 해보는 것이다. 내친김에 상상을 더 해보면, 로즈웰에 추락한 외계 존재들은 오웬스가 교류하는 외계 존재들과 다른 종족인데 그 기술 수준이 떨어져 지구에 추락한 것 아니냐는 것이다. 이것은 지구에 사는 인간들도 수많은 종족들로 이루어져 있고 그 종족들 사이에 과학 기술의 수준이 격차를 보이는 것과 유사한 것으로 이해하면 될지 모르겠다. 그러니까 여러 외계 종족 가운데 과학 기술 면에서 수준이 떨어지는 종족이 로즈웰에서 추락한 것 아니냐는 것이다. 이 주제에 대해서는 이처럼 의문만 던질 뿐 명확한 답은 얻을 수 없으니 후학들의 연구를 기다릴 뿐이다.

그다음 이야기는 인간이 UFO를 공격한 사건에 관한 것인데 이는 오웬스의 의견이 맞는 것 같다. 그에 따르면 UFO를 저격하려는 인간의 시도는 어떤 것도 성공하지 못했다고 했는데 이 점에 대해서는 대부분의 UFO 연구가들이 동의할 것이다. 지금까지 수없이 많은 기회에 인간의 전투기가 UFO를 만났지만 그 전투기가 UFO를 격추했다는 소식은 들은 적이 없다. 아니, 인간의 전투기는 공격다운 공격을 한 적이 없다고 보는 게 더 타당한 견해일 것이다. UFO에 대해 어느 정도 알고 있는 사람들은 이 같은 이야기를 많이 접했을 것이다. 전투기의 조종사가 UFO를 격추하기 위해 미사일을 조준하면 마지막 순간에 조종석 안에 있는 모든 계기가 작동을 멈췄다는 이야기 말이다. 나도 이런 사례를 많이 접해 봤지만 전투기가 UFO를 향해 미사일을 발사했다는 이야기는 거의 들어보지 못했다. 대신 전투기가 기관총을 발사한 사례가 있어 전 권에서 소개했다.

이것은 1980년 페루 공군의 후에르타스 중위가 행한 일로 그는 소련제 전투기인 수호이를 몰고 가서 UFO를 향해 기관총으로 총알 수십 발을 갈긴 것으로 유명하다. 이 사건은 UFO 연구사에서 대단히 중요한 사건인데 UFO를 향해 인간이 총격을 가한 아주 드문 사례 중 하나로 간주되기 때문이다. UFO 역사를 보면 인간이 UFO를 향해 총격을 가했다는 사건은 매우 드문데 그 가운데에서도 이 사건은 현직 전투기 조종사가 직접 밝힌 것이라 그 신임도가 최고라고 하겠다. 다른 연구자가 건너 듣고 밝힌 것이 아니라 조종사 자신이 언급한 것이니 믿지 않을 수 없는 것이다. 그런데 이 조종사에 따르면 그때 이 UFO는 자기가 가한 총격으로 아무 영향도 받지 않았다고 한다. 그렇게 총알 세례를 받고도 멀쩡했던 것이다. 이에 대해 오웬스는, 이 외계 존재들은 그네들 차원에만 통용되는 힘이 있어 그것으로 인간들의 공격을 막아낼 수 있다는 식으로 설명했다. 그러나 더 이상의 설명이 없어 구체적인 것은 잘 알지 못하지만 상상의 나래를 펴서 추측해 본다면, 이들은 전투기가 총알을 발사했을 때 UFO에 일종의 막을 만들어서 총알을 막은 것 아닌지 모르겠다.

그런데 전투기가 총알이 아니라 미사일을 쏘려고 했을 때는 사정이 조금 달라진다. 미사일은 UFO도 막기 어려웠던 모양인지 이것을 피하기 위해 두 가지 방법을 사용했다. 우선 전투기의 계기를 작동 불가능으로 만들어 미사일을 못 쏘게 하는 방법이 있다. 두 번째로는 전투기가 자신을 조준할 수 없게 자리를 바꾸거나 도망가는 경우가 있는가 하면 아예 사라지는 방법이 있다. 이런 식으로 그들은 인간의 공격을 피했는데 재미있는 것은 그들이 충분히 역공격을 할 수 있었음에도 불구하고 그렇게 하지 않았다는 것이다. 이에 대해 적지 않은 UFO 연구자들은 이런 사례를 통해 그들이 인간에게 적대적이지 않다는 것을 알 수 있다고 주장했다. 그들에게 인간의 전투기 같은 것은 아무것도 아닐 텐데 그럼에도 역공격을 하지 않은 것은 인간을 배려한 것 아니냐는 것이다. 나도 대체로 이 의견에 동의하는데 이 의견에 반대하는 일부 연구자들은 UFO가 자신들을 공격하는 전투기를 격추시킨 일이 있다고 주장하기도 한다. 그러나 이에 대해서는 말만 있고 정확한 자료나 근거를 대지 못하는 경우가 많다. 그러나 이런 일이 있을 수 있다는 데에 나는 한 표를 던지고 싶다. 왜냐하면 UFO가 인간을 공격한 예가 전혀 없지는 않기 때문이다.

5. 알 수 없는 외계지성체의 영적 수준

제이: 이런 상황에서 기도가 도움이 될까요?

오웬스: 우리가 어떤 상황에 부닥치든 기도는 도움이 됩니다. 그러나 (그 반대의 상황도) 잊어서는 안 되겠습니다. 지난 세계 대전 때 나치에 의해 도륙당한 수백만의 유대인들도 기도했겠지요. 그러나 그 기도는 그들이 도륙당하는 것을 막지 못했습니다. 그런데 외계지성체들은 우리보다 신에게 더 가까이 가 있고 우리를 구원할 수 있는 엄청난 영적인 힘을 갖고 있습니다. 물론 이것은 우리가 그들의 행동을 허락할 때

만 가능한 이야기입니다. 당신은 이 점을 기억해야 합니다. 인간의 의식 (intelligence)은 말살될 수 있지만 외계지성체의 그것은 그렇게 될 수 없습니다. 기도는 모든 사람을 돕습니다. 내가 당신에게 몇 번이고 말했지요? 내가 사는 동안에 인간 차원에서 행한 어떤 것도 나를 도울 수 없을 때 나는 기도했고 그 결과 기적이 일어났다고요.

오웬스: 내 생각에 외계 존재들이 하는 일은 몇몇 종류의 외계지성체들이 체스 게임을 하는 것에 비유할 수 있을 겁니다. 그렇게 되면 우리는 체스판의 말이 되는 것이지요. 외계지성체들은 매우 진화되어 있기 때문에 인류처럼 서로 해치지 않습니다. 그들은 그런 차원에서 심도 있게 사고하기 때문에 우리가 지닌 제한되고 작은 마음을 훨씬 넘어서 있습니다. 그래서 우리는 (그들의 수준을) 상상조차 할 수 없습니다. 이처럼 내가 접촉하는 외계지성체들은 너무나도 뛰어납니다.

제이: 그럼 외계지성체들이 사고하는 범위가 무제한급이라는 것인가요?
오웬스: 맞습니다. 무제한이에요. 내가 교통하는 외계지성체는 모든 과거로부터 모든 곳에 존재했던 무한의 의식(unlimited intelligence)과 접촉하는 방법을 압니다.

이번 인용은 비슷한 의미를 가진 문장을 모아본 것이다. 외계 존재들 영적인 수준에 대한 것인데 이것은 의식과 관계되기 때문에 대단히 어려운 주제다. 오웬스는 기도에 관해 이야기하다가 외계지성체들은 인류보다 신에게 더 가까이 있는 존재라는 뜬금없는 말을 했다. 오웬스는 앞에서도 계속해서 자신이 접촉하는 외계지성체는 대단히 높은 존재라고 했는데 여기서도 같은 이야기를 하고 있다. 그런데 이번에는 다른 표현인 '신과의 거리'에 대해서 언급했다.

이것은 진화의 단계와 관계된 이야기로 보이는데 독자들의 이해를 돕기 위해 존재의 사슬(chain of being)의 관점에서 보자. 존재의 사슬은 지구상에 있는 존재들이 진화하는 단계를 계급으로 나누어 만든 것인데 정점에는 신이 있고 그 밑으로 천사, 그리고 인간이 있다 (인간 밑으로는 동물과 식물 등이 있다). 이것은 신을 인정하는 서양 종교의 입장에서 본 것인데 신의 단계를 '의식의 완성' 혹은 '초월의식의 달성'이라고 보면 신을 인정하지 않는 사람도 비교적 쉽게 받아들일 수 있을 것이다.

이 구도에서 보면 외계지성체는 인간과 신 사이에 존재한다고 할 수 있다. 그런데 그냥 그 사이에 존재한다고 하면 외계지성체의 수준을 잘 알 수 없다. 그래서 조금 더 구체적으로 말해 보면, 그들은 오웬스가 인용문에서 말한 것처럼 인간보다 더 신에게 근접해 있다고 할 수 있다. 이것은 그들의 비행체, 즉 UFO가 움직이는 모습을 보고 내린 판단이다. 잘 알려진 것처럼 그들의 UFO는 출몰을 자유자재로 하고 인간의 비행기가 절대로 흉내 낼 수 없는 방법으로 날아다니기 때문에 그들이 인간보다 진화한 존재라는 것이다. 그러나 우리는 외계 존재에 대한 정보가 적어서 그들이 인간보다 얼마나 진화된 존재인지 모른다. 이것을 다른 말로 하면 그들이 신에게 얼마나 가까이 가 있는지 모르겠다는 것이다.

그런데 우리가 만일 천사의 존재를 인정한다면 재미있는 질문이 가능해진다. 천사의 존재를 인정하는 것은 허구적인 이야기로 들릴 수 있겠지만 그런 것에 연연하지 않고 상상력을 발휘하여 이 문제를 검토해 보면 좋겠다. 발상이 재미있어서 시도해 보는 것이다. 한번 옆길로 빠져보자는 것인데 이런 일을 자주 하면 안 되겠지만 한두 번 정도는 괜찮지 않을까 싶다.

주지하다시피 천사는 인간과 신 사이에 있는 존재이다. 이렇게 보면 인간과 신 사이에는 외계 존재와 천사라는 두 존재가 있는 것이 되는데 이 상황을 받아들인다면 외계 존재와 천사의 위계질서가 궁금해진다. 조금 유치한 질문처럼 들리지만 쉽게 말해서 외계 존재와 천사 가운데 누가 더 높냐는 것이다. 이것을 조금 더 구체적으로 말하면 외계 존재와 천사 가운데 '의식의 초월화'를 누가 더 이루었느냐고 물을 수도 있다. 그런데 우리는 외계 존재에 대해서도 잘 모르지만 천사에 대해서도 잘 알지 못하기 때문에 이 질문에는 대답하기 힘들다.

이 질문에 대해 명확하게 대답할 수 없지만 위에서 인용한 오웬스의 말에서 약간의 힌트를 얻을 수 있을 것 같다. 즉 천사와 외계 존재의 수준을 알 수 있는 작은 단서가 있다는 것이다. 오웬스가 말한 것처럼 그가 교통하는 외계지성체는 인류를 구원할 수 있는 힘을 갖고 있다는 것이 그것이다. 이것은 그들이 이 같은 영적인 힘을 갖고 있다는 것을 말한다. 우리는 이러한 힘을 오웬스가 보인 수많은 이적에서 확인할 수 있었다. 예를 들어 그들은 가뭄을 일으킬 수도 있지만 가뭄을 종식시킬 수도 있는 힘을 갖고 있었다. 오웬스는 외계 존재가 이런 힘을 활용하여 인류를 구할 수 있다고 본 것 같다.

이와 같은 오웬스의 견해를 받아들인다면 외계 존재들은 이 같은 능력과 더불어 자비심도 갖고 있는 것이 된다. 이에 비해 천사들은 자비심은 갖고 있을는지 모르지만, 외계 존재들이 지닌 능력은 갖지 못한 것으로 보인다. 예를 들어 지금 인류가 처한 기후 위기 같은 것도 외계 존재들이 개입하기로 작심하면 인류를 도울 수 있는 일이 많을 것이다. 그러나 천사는 외계 존재들처럼 인간의 일에 개입한다는 이야기를 들어보지 못했다. 예를 들어 천사가 사람들에게 나타나 지금 인류가 처한 기후 위기 문제를 경고했다는 식의 이야기는 접해본 적이 없는 것 같다. 이런 여러 이야기들을 종합해 보면 외계 존재는 천사보다 더 상위에 처한다고 볼 수 있겠다. 외계 존재의 능력이 천사들보다 출중한 것으로 보이기 때문이다.

그런데 여기서 오웬스는 또 재미있는 점을 제시한다. 외계 존재들이 이처럼 대단한 능력을 갖고 있다손 치더라도 그들은 인간이 허락할 때만 인간의 일에 개입할 수 있다는 것이다. 이 대목에서 잠깐 외계 존재를 부정하는 사람들의 주장을 들어보아야 하겠다. 그들은 UFO나 외계 존재는 존재하지 않는다고 하면서 그 증거로 이 지구가 인간들의 탐욕으로 이렇게 망가지고 부서졌는데 외계 존재들이 개입해서 바로 잡으려고 하지 않는다는 것을 제시했다. 외계 존재가 존재하지 않기 때문에 아무 일도 일어나지 않는 것이지 정말로 그들이 존재한다면 지구의 참상을 보고 가만히 있을 리가 없다는 것이다. 최근의 예를 보면, 히틀러가 나와 유대인을 600만 명을 죽여도, 미국이 원자폭탄을 두 번이나 떨어트렸어도 또 북한 같은 저질 국가에서

핵폭탄을 만들어 전체 인류를 위협해도 외계 존재들은 아무 일도 하지 않았다. 이런 상황을 보면 외계 존재는 존재하지 않기 때문에 이런 현상이 생기는 것이지 그들이 존재한다면 분명히 이런 일에 개입했을 것이라는 것이 그들의 주장이다.

이처럼 외계 존재를 부정하는 견해에 대해 오웬스가 이 인용문에서 밝힌 내용은 하나의 답이 될 수 있겠다는 생각이다. 오웬스의 주장에 따르면 지구에서 일어나는 일은 지구인의 요청이 없는 한 개입하지 않는 것이 그들의 강령이기 때문에 개입하지 않은 것이다. 그래서 지구에 원자폭탄 같은 것이 터져도 그대로 방관한 것이지 외계 존재가 존재하지 않기 때문에 그런 일이 발생한 것이 아니라는 것이다. 내 생각에 외계 존재들이 지구인을 이렇게 대하는 것은 정당한 것으로 보인다. 이것은 그들이 지구인을 존중하기 때문에 나온 태도가 아닌가 한다. 그들이 보기에 지구인들이 지닌 과학 기술의 수준이 아무리 저급하더라도, 또 지구인들이 하는 행동거지가 미성숙하고 잔인하더라도 지구는 자신들의 세계와 엄연히 다른 체계이기 때문에 존중해야 한다고 생각하는 것 같다.

이것은 우리가 아이를 교육할 때를 미루어 생각해보면 알 수 있다. 사람을 교육할 때 가장 중요한 것은 상대방을 존중하는 것이다. 이것은 어린아이를 교육할 때도 마찬가지다. 아이가 아무리 어리고 미숙하더라도 그를 무시하면 안 된다. 그보다 그를 하나의 인격체로 인정하고 그의 자율권을 존중해야 한다. 어리니까 아무것도 모른다고 생각하면 그 교육은 처음부터 '꽝'이라고 할 수 있다. 외계 존재들도 지구인들에 대해 이런 식으로 행동하는 것 같은데 이것이 사실이라면 그들은 분명 인격적(?)으로도 인류보다 진화된 존재라고 할 수 있다. 그들이 원한다면 지구인들을 데리고 얼마든지 장난질할 수 있지만 그렇게 하지 않으니 말이다. 그리고 그들은 그 앞선 기술 문명을 가지고 지구의 일에 마음대로 개입할 수 있을 텐데 그렇게 하지 않으니 인류보다 진화되었다고 하는 것이다.

문제는 인류다. 오웬스가 앞에서 이런 말을 하지 않았는가? 외계 지성체가 그에게 미국 정부 관계자와 연락해서 미국 내에 기지를 만드는 등 서로 협력할 수 있는 장을 마련해 보라고 말이다. 그런데 지금까지 알려진 바로는 미국 정부가 외계 존재 자체를 부정하고 있으니, 인류를 도와서 무슨 일을 하고말고가 없다. 미국 정부는 지금까지 외계 존재에 대해서 모르쇠로 일관하고 있으니 외계 존재들이 뚫고 들어간 틈이 없는 것이다. 소수의 UFO 연구가들은 이미 미국 정부와 외계지성체 사이에 협업이 시작되었다고 주장하는데 아직 명확하게 밝혀지지 않았으니 무엇이라고 논평할 게 없다. 나는 개인적으로 지금 인류가 처한 위기는 인류 혼자의 힘으로는 풀 수 없기 때문에 반드시 외계 존재의 도움이 필요하다고 생각하는데 만일 이 주장에 동의한다면 그다음 단계로 우리 인류는 무엇을 어떻게 해야 할지 궁구하는 일이 필요하겠다.

그런데 그다음 문구에서 오웬스는 이상한 말을 하고 있다. 외계 존재의 의식은 말살될 수 없지만 인간의 의식은 말살될 수 있다고 한 것 말이다. 아무리 오웬스의 입장에 서서 이해하려 해도 인간의 의식이 말살될 수 있다는 것은 무엇을 의미하는지 모르겠다. 인간의 의식이란 원래 육신과 별도로 존재하는 것이라 육신이 멸한 뒤에도 잔존한다. 따라서 인간을 죽인들 의식은 없어지는 것이 아니다. 사정이 이러하기 때문에 인간의 의식은 어떤 경우에든 소멸되지 않는다. 따라서 오웬스가 인간의 의식에 대해 왜 부정적으로, 즉 소멸될 수 있다고 말했는지 알 수 없다.

그렇지만 그다음 문장에서 오웬스가 하는 말은 우리의 폐부를 찌른다. 즉 인간은 체스판의 말 같은 존재에 불과하다는 문구 말이다. 이 말은 듣기에 따라 매우 기분 나쁘게 들릴 수 있다. 지구상에 사는 인간들은 자신들이 만물의 영장이라고 하면서 한껏 뽐내면서 살고 있는데 기껏 체스판의 말에 불과하다고 하니 말이다. 한국적인 표현으로 한다면 장기판의 말에 불과하다고 할 수 있겠다. 장기판의 말이란 장기를 두는 사람이 마음대로 할 수 있는 미물에 불과한 것인데 인간이 그것과 같다는 것은 인간의 자존심에 큰 상처를 줄 것이 틀림없다.

오웬스는 자신이 인류를 이렇게 생각하는 이유에 대해 말하길, 외계지성체들은 매우 진화된 상태에 있어 서로를 해치지 않는다고 했다. 그런데 이것을 반대로 생각하면 인류는 서로를 해치는 존재라고 할 수 있을 것이다. 이 같은 오웬스의 진단에 대해 그렇지 않다고 반대의 의견을 낼 수 있는 사람은 별로 없을 것이다. 인류의 역사를 보면 인류는 끔찍이도 서로를 괴롭히고 죽이고 못살게 굴었기 때문이다. 이런 역사는 예외 없이 지금도 진행되고 있는데 멀리 갈 것도 없이 북한에서 이루어지고 있는 모습을 보면 이 상황을 잘 알 수 있다. 인간이 인간을 대하는 태도가 얼마나 극악한지는 북한보다 더 심한 사례가 없기 때문이다. 북한은 인류가 지금까지 만들어낸 사회

가운데 최악이라고 할 수 있다. 오웬스에 따르면 외계지성체들은 이런 인간과는 본질적으로 다르다. 그들은 깊게 사고하기 때문에 인간의 제한되고 작은 마음을 훨씬 넘어 있다. 그래서 그들의 수준은 상상조차 할 수 없다고 하는 것이다. 특히 그가 접촉하는 외계지성체들은 너무나도 뛰어나다고 몇 번이고 되뇌었는데 그들이 어떻게 뛰어나다고 하는 건지 궁금하다.

우리는 오웬스가 말하는 외계지성체들의 수준이 어떤지에 대해 잘 알지 못한다. 그런데 그 수준을 짐작할 수 있게 하는 문구가 그다음 인용에 나온다. 즉 외계지성체들이 사고하는 범위가 무제한급이라는 것이다. 그런데 이 무제한급이라는 게 장난이 아니다. 지금 접할 수 있는 정보만 무제한인 게 아니라 과거(시원)로부터 모든 곳에 존재했던 무한의 의식(unlimited intelligence)과 접촉하는 방식을 안다고 하니 말이다. 이 말은 실로 대단한 것이다. 이것은 온 우주에 팽배한 의식, 아니 사실은 우주 자체가 의식일진대 외계지성체는 이 의식과 접촉하는 방법을 안다는 것을 말한다. 그러니 이게 얼마나 대단한 것이겠는가?

눈치 빠른 독자들은 이 말을 듣고 생각나는 단어가 있을 것이다. 아카샤 레코드가 그것이다. 아카샤 레코드에서 아카샤는 하늘을 뜻하는데 불교에서는 이것을 허공이라고 표현하기도 한다. 이것을 불교적으로 풀면 허공 법계라고 할 수 있다. 따라서 아카샤 레코드는 이 허공(법계)에 저장되어 있는 기록이라고 할 수 있다. 그런데 불교 교리에 따르면 이 아카샤는 그냥 하늘이나 허공이 아니라 의식 그 자체라고 할 수 있다. 이 의식은 무시무종의, 즉 시작도 없고 끝도 없는 존재라 앞에서 오웬스가 전한 것처럼 무제한급이라고 할 수 있다. 그렇게 보면 이 우주의 역사는 바로 이 의식의 역사라고 할 수 있다. 이것은 힌두교나 불교 같은 인도 종교가 기본적으로 상정하고 있는 교리인데 이것이 가장 구체적으로 드러난 것이 불교의 유식학이다. 여기서 유식학에 대해 깊게 들어갈 생각은 없지만 이 학파의 근본 주장은 의외로 간단하다. 이것은 웬만한 사람이면 다 알고 있는 문구로 요약될 수 있다. 즉 '일체유심조(一切唯心造)'가 그것으로 이것은 '(우주의) 모든 것은 마음이 만들었다'라는 것을 의미한다. 다시 말해 우주는 의식이 만들었다는 것인데 이 교리는 한 문장에 불과하지만 그것이 갖고 있는 의미는 온 우주만큼 광대하고 심오하다.

의식이라는 것은 모든 것을 의식하는 주체이다. 그리고 의식된 생각은 그 의식에 바로 저장된다. 어떤 것도 허술하게 빠지지 않는다. 다시 말해 우주가 생긴 이래(?) 모든 생각과 사건이 저장된다는 것이다. 이렇게 보면 우주가 바로 의식이 되는데 그런 의미에서 무제한이라고 하는 것이다. 이 의식을 현대적인 용어로 표현한다면 '우주 의식'이라고 할 수 있다. 오웬스는 위의 인용문에서 이 의식을 모든 시간과 모든 곳에 존재했던 의식이라고 불렀다. 그런데 엄밀히 말해서 이 문구에서 의식을 묘사하는 용어로 '존재했던'이라는 과거를 나타내는 표현을 쓰면 안 된다. 이유는 너무도 자명하다. 이 의식은 항상 현재에 있기 때문이다. 아니 현재라고 할 수도 없는 게, 과거나 미래에 대비되는 현재가 되면 그러한 의식은 현재에 제한되기 때문이다. 굳이 다시 말하면 그렇게 제한되지 않는 현재에 있는 것이 바로 의식이라고 말할 수 있다.

그런데 오웬스에 따르면 외계 존재들이 바로 이 의식에 접속(촉)할 수 있다는 것이다. 그래서 대단하다는 것인데 모든 외계지성체들이 그런 것인지 아니면 오웬스가 접촉하는 외계지성체만 그런 것인지는 알 수 없다. 그러나 그의 발언을 보면 거개의 외계지성체들이 이런 능력을 갖고 있는 것으로 보이는데 인간으로 오면 이야기가 완전히 달라진다. 인간 가운데 이런 능력을 지닌 사람은 극소수이기 때문이다. 이 능력은 불교에서 말하는 천안통(天眼通)과 같은 신통력을 말하는데 이 같은 신통력을 얻으려면 얼마나 오랫동안 수행을 해야 하는지 모른다. 천안통이란 자신이 보고 싶은 게 있으면 그것이 시간적으로, 혹은 공간적으로 아무리 멀리 떨어져 있다 하더라도 당사자가 생각하는 순간 그의 눈앞에 영상으로 펼쳐지게 할 수 있는 능력을 말한다. 예를 들어 내가 천안통을 지니고 있다고 하자. 그런 내가 지구에서 250만 광년이나 멀리 떨어져 있는 안드로메다 은하계가 보고 싶다는 원을 세우면 이 은하계가 바로 나의 눈앞에 펼쳐진다. 그리고 과거의 인물인 원효가 보고 싶다면 원효의 모습이 금세 내 뇌리에 영상으로 떠오른다. 이것이 가능한 것은 이러한 것들이 모두 아카샤 레코드에 저장되어 있기 때문이다. 이때 나는 어떻게 해야 내가 원하는 대상의 영상을 접할 수 있을까? 이 방법을 알려주는 문헌은 없지만 추정해 보면 다음과 같지 않을까 한다. 우선 나의 초능력을 가동하여 이 레코드에 접속한다. 그다음에 찾으려는 대상과 코드(주파수)를 맞추면서 고도로 집중하면 그 대상의 영상이 떠오를 것 같다.

이 같은 능력을 지녔다고 믿어지는 사람 가운데 우리 시대에 살았던 사람을 꼽으라면 에드거 케이시 같은 사람을 들 수 있을 것이다. 케이시는 의학적인 교육을 전혀 받지 않았는데도 자가 최면 상태에서 환자의 병명을 맞히고 그 치료 약을 알아냈으며 그 약이 어디에 있는지도 파악하는 등의 대단한 신통력을 가진 사람이었다. 그가 이런 정보를 알아낼 수 있었던 것은 아카샤 레코드에 접근할 수 있기 때문이라는 유력한 설이 있다. 그가 최면에 들어 무의식 상태가 되면 개인적인 의식이 잠정적으로 사라지기 때문에 곧 오웬스가 말하는 무제한의 의식(혹은 우주 의식)과 하나가 되어 그 안에 있는 정보 가운데 자신이 원하는 것을 취한다는 것이다. 케이시는 이런 식으로 환자를 고친 것으로도 유명하지만 시대의 현자답게 인류의 미래에 대해 예언한 것으로도 유명하다. 앞에서도 잠깐 언급했지만, 이 예언을 보면 정확한 예언도 있지만, 터무니없이 틀리는 예언도 있는데 사정이 어찌 됐든 이런 예언이 가능한 것은 그가 아카샤 레코드에 접속할 수 있었기 때문일 것이다.

이런 측면에서 보니 오웬스가 인류를 체스판의 말로 보는 게 이해가 된다. 현재 인류가 처해 있는 수준이 너무나 보잘것없기 때문이다. 우주 전체에 어떤 종족이 어떻게 있는지는 모르지만, 지구에 사는 인류는 아마 그 가운데 진화가 잘 안되었거나 더딘 종족이라고 할 수 있지 않을까 싶다. UFO 관련 책을 읽다 보면 아주 이상한 이야기를 많이 접하는데 그 가운데 하나가 이 우주에는 인간 세상에 유엔 같은 국가연합 기구가 있는 것처럼 은하의 결속체인 은하 연합 혹은 우주 연합 같은 것이 있다고 한다. 그런데 인류는 이 연합에 정식의 '멤버'로 참여하지 못하고 있다는데 이유는 간단하다. 수준이 너무나 떨어지기 때문이다. 한마디로 말해 수준 미달이라는 것이다. 그래서 많은 외계 종족들이 인류를 가능한 한 빨리 진화시켜 이 우주 연합에 가입하게 만들려고 한다는데 이런 유의 이야기는 그 진위를 전혀 알 수 없다. 그러나 부분적인 내용에 대해서는 찬동을 표하고 싶다. 즉 인류가 지극히 미발달한 종족이라고 묘사한 부분 말이다.

이 외계 존재들이 이처럼 말할 수 없이 뛰어난 존재라는 것은 이른바 UFO 피랍자들의 증언에서도 확인된다. 물론 모든 피랍자들이 그런 식으로 말하는 것은 아니지만 존 맥 교수가 조사한 피랍자 가운데에는 그렇게 말하는 사람이 많았다. 이것은 맥의 대표 저서인 『Abduction』에 잘 나와 있는데 피랍자들은 처음에는 이 유괴 체험이 잔혹하고 끔찍하다고 생각했는데 시간이 지나면서 의미를 더 파보니 그것은 엄청난 영적인 체험이었다고 고백했다. 그러면서 스몰 그레이로 나오는 이 외계 존재들은 영적인 깊이가 심오하기 짝이 없었다고 실토했는데 특히 그들의 눈을 보면 그 같은 느낌을 받게 된다고 한다. 이 피랍자 가운데에는 오웬스가 한 말과 거의 똑같은 말을 하는 사람도 있었다. 즉 '외계지성체는 우리보다 신에게 훨씬 더 가깝다'라는 말 말이다. 이렇게 진하게 외계지성체와 조우 체험을 한 사람은 일종의 종교 체험을 한 사람 같아 대단히 영적인 인간으로 바뀐다고 한다. 그래서 앞에서 본 것처럼 어떤 UFO 연구가에 따르면 외계지성체와 만나는 15분의 체험은 명상 수련 15년 한 것에 버금간다고 한다. 체험이 그만큼 강렬하고 심오하다는 것인데 이것은 모두 외계 존재들이 영적으로 매우 뛰어난 존재이기 때문에 가능한 일일 것으로 생각된다.

6. 외계 비행선을 만드는 법과 조종하는 법에 대해

제이: 외계지성체들은 비행선을 어떻게 만드나요? 공장에서 만드나요? 당신에 따르면 어떤 것은 지구만 하다고 했는데 그렇게 큰 비행접시를 어떻게 만드나요?

오웬스: 그들은 우리가 하는 것처럼 물질로 (비행선을) 만들지 않습니다. 내가 그들에게서 알아낸 바에 따르면 그들은 (비행선을 만들 때) 기계나 공장을 사용하지 않습니다. 그들은 정신적인 힘(mental power), 즉 의식으로 비행선을 만듭니다.

제이: 만일 그들이 마음이나 의식으로 물체를 움직일 수 있다면 이 같은 놀랄 만한 의식의 힘으로 비행선을 만들었을 것 같네요.

오웬스: 맞아요. 내가 확신하건대 그들은 너트나 볼트 같은 나사를 조립하는 일은 하지 않습니다. (중략) 그들은 비행선을 운전할 때 손잡이나 기어 같은 것을 사용하지 않습니다. 그들은 그들의 비행선을 생각합니다―생각으로 조종한다는 것이지요.

위의 내용은 외계 비행선(UFO)이 만들어지는 원리와 조종하는 법에 대해 귀중한 정보를 제공한다. 물론 구체적이고 자세한 정보는 아니지만 지금까지는 이런 설명을 접할 수 없었기 때문에 이 설명이 귀중한 것이다. 이런 정보는 오웬스처럼 UFO나 외계 존재를 접한 사람만이 알 수 있다. 그런데 그런 사람은 극소수밖에 없기 때문에 이런 정보를 전해줄 사람은 거의 없다고 해도 틀리지 않는다. 그렇다고는 하지만 오웬스의 전언이 너무 파격적이라 평범한 지구인의 입장에서는 이해하기 힘들다.

이 지구라는 세계는 철저하게 물질주의에 따라 만들어졌기 때문에 오웬스의 이야기를 이해하기가 힘들다. 비행체를 연상하면 우리는 당연히 로켓이나 여객기, 전투기를 생각하는데 이 비행체들은 모두 공장에서 물질로 만든다. 쇠를 비롯해 수많은 물질로 만든다. 이것은 너무나도 명약관화한 사실이다. 그런데 오웬스는 외계 존재들은 볼트나 너트 같은 물질을 이용해서 비행체를 만들지 않는다고 해서 황당한데 그래도 어느 정도 이 말을 요해할 수 있는 방증 자료가 있다. 이 책의 전 권에서 다룬 트리니티 사건을 보면 다음과 같은 장면이 나온다. 이 사건의 주인공인 어린 호세(9살)는 그곳에 추락한 UFO가 견인되기 전날 밤 몰래 그 비행체 안에 들어가 보았다고 증언했다. 그때 그가 남긴 말이 매우 인상적이다. 우주선 안에는 인간이 만든 비행기에서 보이는 측정 기구나 시계, 핸들 같은 조종 장치 같은 게 전혀 없었다는 것이다. 더는 설명하지 않아 구체적인 모습은 알 수 없지만 이 우주선 안에는 비행기 안에 있는 복잡한 기계나 장치가 없다는 것으로 이해된다. 이런 의미에서 오웬스가 외계지성체들의 우주선은 공장에서 기계를 사용해서 만드는 것이 아니라고 한 것이리라.

그 대신 그들은 정신적인 힘, 즉 의식으로 비행체를 만든단다. 도대체 이게 무슨 말일까? 이게 왜 이해가 안 되는지 예를 들어보자. 다른 사건은 몰라도 트리니티 사건에서는 분명 UFO가 추락했고 호세와 그의 친구가 8일 동안 그 비행체가 견인되는 과정을 모두 지켜

봤다. 그런데 그들의 증언에 따르면 그 비행체는 분명 물질로 만들어져 있었다. 그게 분명 물질일진대 어떻게 의식으로 만들었다는 것인지 도무지 설명이 안 된다는 것이다. 정신의 힘으로 어떻게 저렇게 견고한 물질을 만들어낼 수 있다는 말인가?

사실 우리의 입장에서는 이 비행체가 물질로 되어 있는지 아닌지를 판단할 수 있는 근거가 없다. 물론 이 비행선이 우리의 눈에 목격될 뿐만 아니라 또 아주 예외적인 경우이지만 이것을 만져보았다는 사람들이 있으니 이 비행선은 물질로 만들어졌다고 할 수 있다. 그런데 이 비행체가 물질로 구성되어 있다면 설명이 안 되는 점이 너무 많다. 특히 이 비행체의 움직임이 그러하다고 했다. 누누이 언급한 것처럼 이 비행체는 중력 등 지구에 적용되는 모든 힘을 무시하는 것처럼 움직인다. 직각으로 꺾는 비행을 하는가 하면 점프하는 것처럼 움직이기도 하고 한 대가 여러 대로 나뉘었다가 다시 합체되기도 한다. 그러다가 믿을 수 없는 속도로 움직이는가 하면 갑자기 사라지기도 하고 그러다 다시 나타나기도 한다. 이것은 이 비행체가 물질이 아니라는 것을 정확하게 보여준다. 물질이라면 지구상에서 통용되는 물리법칙을 벗어날 수 없는데 이들은 물리법칙 따위는 존재하지 않는 것처럼 행동하니 말이다.

이런 궁리 끝에 이 비행체는 물질이 아니라 정신적인 어떤 것으로 만들어졌을 것이라는 결론을 조심스럽게 내려본다. 이것은 오웬스가 주장한 것과 같은 입장이다. UFO가 움직이는 양태를 보면 우리의 의식과 통하는 바가 있다. 우리가 생각할 때 어떤 식으로 하는가? 생각으로는 마음속에서 어떤 것이든 마음대로 움직일 수 있다.

마음속으로 어떤 비행체를 상상하고 그것을 이리저리 보낸다거나 지웠다가 다시 나타나게 하는 등등의 일은 전혀 어려운 게 아니다. 우리의 상상으로는 어떤 일도 가능하기 때문이다. 그런데 이 UFO가 움직이는 모습이 딱 이렇다. 어느 누가 생각으로 움직이는 것처럼 제멋대로 움직이기 때문이다.

그런데 오웬스가 바로 이와 비슷한 발언을 한다. 외계 존재들은 생각으로 비행체를 조종한다고 말이다. 이것은 매우 간단한 말이지만 담긴 뜻은 심오하기 그지없는 것처럼 보이는데 그 구체적인 내용은 알 길이 없다. 도대체 어떻게 생각으로, 물질로 만들어진 것으로 보이는 우주선을 조종한다는 말인가? 그런데 만일 그들이 생각으로 우주선을 조종한다는 것이 맞는다면 그 비행선은 물질로 만들어져 있으면 안 된다. 이유는 간단하다. 생각으로는 그 큰 우주선을 움직일 수 없기 때문이다. 그런데 앞에서 본 대로 그들의 우주선은 의식으로 만들어졌다고 했다. 그러니 생각으로 조종할 수 있는 것이다. 이렇게 추론은 하지만 그 구체적인 항법(航法)은 알지 못한다. 조금도 짐작할 수 없다.(극히 최근에 출간된 Grant Cameron의 『UFO Sky Pipots : Pilots of Peau and Omeness』(2022)는 이 주제와 관련해 참고할 만한 책이다)

그런데 이러한 사정을 약간이나마 설명해 줄 수 있는 이야기가 있어 소개해 본다. 이 이야기는 1961년에 로즈웰 사건을 접하고 그에 대한 자료를 물려받은 미국 육군의 코르소 대령이 1997년에 펴낸 회고록인 『The Day After Roswell』에 나온다. 그가 전하는 이야기는 격외적인 면이 있어 믿기 힘든 면이 많다. 그는 자신이 로즈웰에 추락한 우주선을 조사해서 역설계 방법으로 새로운 기술을 개발하게 했다고 주장했다. 그렇게 해서 만들어진 것 가운데에는 방탄복 등에 쓰이는 광섬유나 초강력 직물 등이 있다고 한다. 또 외계지성체가 직접 쓰던 물건도 발견됐는데 그 가운데 우리의 관심을 끄는 것은 외계지성체의 머리띠라는 것이다. 그의 추론에 따르면 외계지성체가 이 띠를 두르고 마인드 컨트롤로 우주선을 운항한다고 하는데 이것은 앞에서 오웬스가 말한 것처럼 외계 존재들이 우주선을 생각으로 운항한다는 것과 맥을 같이 한다고 할 수 있다. 이 같은 코로소의 주장에 동의하지 않는 사람도 있지만 재미있는 견해라 소개해 보았다.

7. PK Power의 확장성에 대해

제이: PK(파워)는 어떻게 자라나요? 외계지성체들이 그렇게 하나요? 아니면 자체적으로 자연스럽게 커지나요?

오웬스: (그 힘이 커지는 것은) 자연스러운 일입니다. 그 힘은 한번 발동하기 시작하면 다른 도움이 필요 없습니다. 같은 PK가 옛날에 이집트인들이 무덤을 만들 때 사용된 적이 있습니다. 그런데 시간이 흐를수록 이집트 사람들이 사용한 PK(그리고 저주)는 약해지기는커녕 더 강력해졌고 더 악성이 되어갔습니다.

한참 뒤에 유럽인들이 그 무덤을 열었을 때 오래전에 심어 놓았던 PK는 조용하게 또 보이지 않게 유럽인을 공격했습니다. 그들은 그 힘을 볼 수도, 만질 수도, 냄새 맡을 수도, 느낄 수도 없었습니다. 그러나 그 힘은 유럽인들에게 들러붙어 그들이 어디를 가든 따라다녔습니다. 그리곤 그들에게 사고나 질병이 일어나게 할 수 있는 적당한 때를 기다렸습니다. 시간이 되었을 때 PK는 번개처럼 힘을 발휘해 당사자가 잔혹한 사고를 당하거나 병으로 고생하게 만들었습니다. 그뿐만이 아니었습니다. 그들을 살해하거나 평생을 좌절 속에서 살게 했습니다.

탐험가들은 이런 식으로 벌을 받았는데 이것은 그 무덤의 문에 있는 명문에 적혀 있는 그대로였습니다. 이 명문에는 이 무덤이 훼손되면 이 같은 일이 일어날 것이라는 경고문이 쓰여 있었습니다. 나는 외계지성체들이 이집트인들과 친구가 되어 그들에게 PK를 사용하는 방법을 가르쳐주었을 것이라고 생각합니다. PK에는 당신이 아는 것처럼 많은 종류와 유형이 있습니다.

(중략)

당시에 외계지성체들은 이집트인들이 소유해도 문제가 없을 정도로 PK의 힘을 가르쳤을 겁니다. 그러나 땅에 씨를 심으면 자라듯이 PK 역시 그렇게 자랍니다. 조금 뒤에 새싹이 나오고 줄기가 나옵니다. (그처럼) 밭에서 옥수수가 자라듯이 그곳에는 장대하고 강력한 PK가 가득 찬 장(field)이 형성됩니다. 그리고 PK는 보이지 않게 힘이 자라나는데 그 힘은 이 작업을 처음에 시행했던 의식(intelligence)에 의해 조종됩니다.

무덤에 있는 망자를 보호하기 위해 PK를 사용한 이집트인들 가운데 자신이 묻힌 무덤의 문 위에 사람들에게 들어오지 말라는 봉인을 한 사람은 "투탕카멘"일 겁니다. 거기에는 '(이 무덤에 들어오는 사람은) 저주에 걸려 죽는다'라고 쓰여 있었습니다. (20세기가 되어) 10여 명의 과학자가 이 지하실의 문을 부수고 발굴을 이행했는데 나중에 그들은 세계 어디에 있건 기이하고 참혹한 죽음을 맞이했습니다. 이처럼 외계지성체들이 어떤 사람에게 PK를 걸면 그 사람은 걸어 다니는 PK 식물이 됩니다. 그 상태에서 그는 이 PK를 구사한 존재에 의해 의도적인 조종을 받다가 적절한 시간이 되면 사고를 당해 죽게 됩니다.

위의 이야기는 믿기 힘든 내용이지만 피라미드를 발굴한 사람은 모두 저주를 받는다는 속설과 통하는 바가 있어 실어보았다. 이 속설에 대해 오웬스가 나름의 설명을 제공하고 있어 보려고 하는 것이다. 이것은 이른바 외래 문명 기원설과 관계되는 것으로 UFO를 연구하는 사람들 가운데에는 외계 존재들이 이집트 시대나 그 이전부터 지구에 왔었고 당시 인류에게 그들의 높은 기술을 전수했다고 주장하는 사람들이 있다. 따라서 당시 지구인들이 갖고 있던 기술은 외계 존재로부터 받은 것이 되는데 그 때문에 외래 문명 기원이라는 표현이 나온 것이다. 그렇게 외계 존재들이 하강한 지역은 꽤 여러 개인데 대표적인 곳이 이집트나 페루 같은 곳이다. 외계 존재들이 이 지역에 내려와 그곳에서 사는 사람들에게 그네들의 앞선 기술을 전수해서 피라미드 같은 불가사의한 건축물을 짓게 했다는 것이다.

그들이 그렇게 주장하는 이유 가운데 가장 유력한 것은 이집트의 피라미드 문명이나 페루의 잉카 문명이 현대 인류도 가지지 못한 높은 기술 문명을 가진 것처럼 보이기 때문이다. 오웬스도 이 의견에 동의하는데 여기서는 PK 파워에 대해서만 말하고 있다. 그에 따르면 외계지성체들이 고대 이집트인에게 PK 쓰는 법을 가르쳤고 그에 따라 그들은 왕의 무덤을 만든 다음 거기에 이 PK가 작동하도록 설치했다는 것이다. 이런 것은 진위는 알 수 없으니 그에 대한 논쟁은 피하고 오웬스의 주장을 소개하는 것으로 만족하기로 하자.

오웬스의 설명 가운데 재미있는 것은 이렇게 PK를 무덤에 심어 놓으면 그것이 마치 살아 있는 생물처럼 점차 자라나 강력한 PK의 '필드'가 만들어진다는 주장이다. 이 힘은 뒤에도 그대로 유지되는데 더 믿기 힘든 것은, 이 힘이 처음에 그 힘을 장착했던 의식 (intelligence)에 의해 조종된다는 사실이다. 이런 이야기는 잘 믿기지 않지만 실제로 현대에 들어와 이 무덤에서 일어난 일을 보면 그럴듯하게 들리는 면도 있다. 왜냐하면 이 무덤 가운데에는 앞에서 말한 것처럼 이른바 '저주문'이 적혀 있는 무덤이 있는데 여기에 적힌 대로 사건이 발생하는 것처럼 보이기 때문이다. 그 대표적인 것이 오웬스가 인용문에서 말하고 있는 투탕카멘의 무덤이다.

이 무덤의 문에는 잘 알려진 것처럼 '이 문을 부수고 이 무덤 안으로 들어오는 사람은 저주에 걸려 죽는다'라고 쓰여 있다. 그런데 이런 일이 실제로 일어나는 것처럼 보여 '파라오의 저주'라는 말이 생기게 된다. 특히 발굴에 참여한 사람들이 이 저주에 걸려 죽었다는 속설이 있다. 물론 그 발굴에 참여한 사람들이 다 죽는 것은 아니지만 꽤 많은 사람이 죽었으니 이 속설이 그럴듯하게 들린다. 그런데 발굴하는 사람들이 현장에서 사고를 당하는 경우도 있지만 발굴이 끝나고 본국에 귀국한 다음에 이상한 사고를 당해 죽는 경우도 있었다. 물론 이런 일이 정말로 무덤에 걸려 있다고 하는 PK 힘 때문에 생겼는지 아닌지는 알 수 없다. 그러나 이성적으로 생각해 보면 죽은 사람들은 그냥 죽을 때가 되니 죽은 것인데 그걸 PK 같은 주술적인 힘과 연관시키는 것은 불합리하게 보인다.

그런데 오웬스의 견해와 비슷한 주장도 있어 우리의 관심을 끈다. 이 주장의 주인공은 펠로우즈(R. Fellows)라는 학자인데 그는 2024년에 "Journal of Scientific Exploration"이란 잡지에 기고한 글에서 흡사 자신이 투탕카멘 무덤의 저주를 푼 것처럼 말했다. 그에 따르면 1922년에 처음으로 이 무덤을 발굴했을 때 몇몇 사람이 죽었는데 그 원인이 무덤에 잔존해 있던 독성 수준의 방사능과 유독 폐기물이라는 것이다. 무덤 내부의 방사능 수치가 높아 이것 때문에 병에 걸릴 수 있다는 것이었다. 이 주장과 오웬스의 주장을 연결하면 PK 힘은 방사능과 관계된 것일 수 있다. 그런데 외계지성체와 UFO는 방사능과 관계가 깊다. 왜냐하면 UFO가 착륙한 지역에는 항상 방사능 수치가 높게 나왔기 때문이다. 그런가 하면 전 책에서 소개한 것처럼 한국 전쟁 때 철원 근처에서 UFO가 비행체를 향해 총을 쏘았던 미군을 공격했을 때도 방사능 성질을 가진 광선을 사용했다. 그 광선 공격을 받은 미군들은 방사능에 피폭됐을 때와 같은 증상과 보였기 때문에 그렇게 볼 수 있는 것이다. 이런 것들이 모두 추정에 불과하지만 한번 생각해 봄 직한 것 같다.

8. 다른 차원(other dimension)의 힘에 대해

제이: 그들(외계지성체)은 과거나 미래로 여행할 수 있다고 생각하십니까?

오웬스: 당연하지요. 그들은 나에게 아즈텍이나 마야, 잉카, 고 이집트 사람들의 지혜로부터 '의식(intelligence)'을 '개발(tap)'할 수 있는 방법을 가르쳐주었습니다. (중략) 이 방법은 과거에 전 세계에 어디에도 알려지지 않았고 활용된 적도 없습니다. 나는 이 방법을 "OD"('other dimension'의 약어로 '다른 차원'을 뜻함) 방법이라고 불렀습니다. 나는 이 방법을 사용하여 의사들이 포기한 환자를 구한 적이 있습니다.

그러나 나는 나와 같이 일하는 사람들에게 경고하기를, 의사나 치과의사들과 가깝게 지내라고 합니다. 왜냐하면 PK나 OD 방법이 약이나 수술, 그리고 의사를 대체할 수는 없기 때문입니다. 나는 사람들에게 외계인들이 우리의 치아를 뽑거나 감염된 맹장을 제거하는 따위의 일을 하는 것은 아니라고 충고했습니다. OD 방법은 기존의 약이나 수술이 실패했을 때만 의사의 허락하에 사용될 수 있습니다. (중략)

제이: 이 PK나 OD 법은 예수가 한 일과 비슷한 것처럼 보이는데요. 예수가 죽은 사람을 살렸을 때도 이 방법을 썼나요?
오웬스: 물론이지요. 나는 예수가 OD 방법을 알았다고 생각합니다. (내가 보건대) 예수 자신이 외계지성체이거나 혹은 외계지성체에게 훈련받았거나 이 둘 중의 하나였다는 것은 의심의 여지가 없습니다.

제이: 예수는 사람들에게 자신의 옷을 만지게 해서 병을 고치기도 했습니다.
오웬스: 맞아요. 그런데 그것은 일종의 속임수 같은 것이었습니다. (중략) 예수는 자신이 다른 차원에서 오는 OD 방법을 쓴다고 설명해줘도

사람들이 이해하지 못할 것이라는 것을 알았습니다. 그래서 자기 옷을 만지라고 한 것인데 이보다 더 단순한 게 어디 있습니까? 그는 또 시각 장애가 있는 사람에게 "이제 내가 당신의 눈꺼풀 위에 침을 바르고 문지르면 당신은 눈을 뜰 것입니다"라고 말한 것으로 알려져 있습니다. 그는 이렇게 하면서 OD 힘을 가져와 사람들을 고쳤습니다.

몇 년 전에 내가 텍사스에서 어떤 사람들을 치유할 때 사람들에게 말하기를 빛을 보면서 내 목소리를 들으라고 했습니다. 이렇게 말하면서 나는 비밀리에 외계지성체가 나에게 준 OD 기술을 사용했습니다. 그러면 그들은 원하는 것을 얻었습니다. 즉 치유가 되었다는 것이지요. 그렇지만 그들은 나의 '비밀 시스템'이 그들에게 작동됐다는 것을 전혀 알지 못합니다.

그렇지만 나의 일을 예수의 그것과 비교하지 마세요. 나는 비교조차 하지 않습니다. (왜냐면) 나는 인간적인 약점이나 실수, 단점이 너무 많기 때문입니다. 그러나 우연인 것 같지만 나는 이런 방법들을 발견했고 그것을 사용하는 방법도 알았습니다. 예수도 마찬가지고 모세도 이에 대해 많이 알고 있었습니다.

제이: 예수의 제자들은 어떻습니까?

오웬스: 제자들은 그런 힘이 없었습니다. 그래서 예수는 제자들을 훈련하려 했는데 잘되지 않았습니다. 이것은 마치 내가 당신을 가르치는 것과 비슷합니다. 내가 그림까지 그려가면서 가르치려 했는데 당신은 여전히 그게 뭔지 모르고 있지 않습니까? 이렇게 된 이유는 (내가 제시하는) 이 이상한 심볼들은 영어권은 물론이고 이 지구상에서는 발견되는

것이 아니기 때문일 것입니다.

에드거 케이시의 예를 들어봅시다. 그는 엄청난 영능력자입니다. 그는 당신에게 무엇이 잘못됐는지 알려주고 그것을 고칠 수 있는 방법에 대해서도 가르쳐줄 수 있습니다. 그는 다른 사람에게도 같은 것을 이야기 했고 심지어 그 주제에 관해 책도 썼습니다. 그러나 그가 죽었을 때 더 이상의 에드거 케이시식의 기적은 없었습니다. 그의 아들과 추종자들이 그의 일을 흉내 냈지만 성공하지 못했습니다. 케이시는 한 명밖에 없습니다. 그것은 자기 마음속에서 일어나는 일을 '목격하는' 사람은 케이시 하나밖에 없기 때문입니다. 나도 같습니다.

위의 문장에는 많은 내용들이 실려 있다. 그것을 하나하나 보면, 우선 오웬스는 여기서도 외래 문명 기원설을 주장하고 있다. 즉 아즈텍, 마야, 잉카나 고대 이집트에 살던 사람들이 외계지성체로부터 기술을 전수받았다고 하는 것인데 이에 대해서는 진위를 확인할 수 없으니 논쟁하지 말자. 이 사실도 인정하기 어려운데 오웬스는 여기서 더 진일보한 주장을 하고 있다. 즉 외계지성체들이 자신에게 이 고대인들의 지혜를 통해 의식을 고양하거나 활용할 수 있는 방법을 가르쳐주었다는 것이다. 그런데 여기서 의문이 생긴다. 오웬스는 이 지혜를 외계 존재로부터 직접 전수받으면 되지 왜 저 먼 과거에 살던 고대인을 통해서 받았는지 그 이유를 모르겠다.

그런데 이렇게 해서 오웬스가 알아낸 방법은 그다지 어려운 것이 아니다. 그는 이 방법을 'Other Dimension'의 약자인 "OD" 방법이라고 불렀는데 이것은 획기적으로 새로운 것은 아니다. 이것은 앞에서 많이 본 것처럼 다른 차원에 있는 외계 존재의 힘을 빌려서 쓰는 것을 말한다. 우리가 지금까지 본 것처럼 오웬스가 태풍이나 정전 등을 일으킬 때 다른 차원에 있는 외계지성체의 힘을 빌려 왔기 때문에 새로울 게 없다는 것이다.

그는 불치병에 걸린 사람을 살릴 때도 이 힘을 이용했다. 그가 워싱턴에서 한 소녀를 살린 적이 있는데 그때 그 소녀는 머리에 온갖 튜브가 꽂혀 있는 등 오웬스가 본 환자 가운데 최악이었다고 한다. 오웬스가 병실에 들어갔을 때 그 소녀는 서서히 죽어가고 있었는데 그가 그녀를 구하는 데는 5분밖에 걸리지 않았다. 이때 그는 그 소녀의 손을 잡고 외계지성체들에게 신호를 보내는 그만의 '비밀 시스템'을 작동시켰다고 한다. 그러자 그 신호를 받은 외계지성체들이 그들의 파워(에너지?)를 그녀에게 보냈고 그 결과 병이 씻은 듯이 나았다고 하니 그 과정은 매우 간단했다. 쉽게 말해 다른 차원에 있는 외계지성체들의 힘을 빌려 사람을 고친 것이다.

이와 비슷한 예가 예수의 치유 사건에도 나오는데 가장 유명한 사례는 예수가 혈루증에 걸린 여인을 고친 사건이다. 이 여인은 불규칙적으로 하혈이 지속되는 혈루증에 걸려 12년을 고생하던 중 어느 날 예수를 만난다. 그때 그녀는 병을 고치겠다는 일념을 갖고 예수의 옷을 만졌는데 그 자리에서 병이 기적적으로 낫게 된다. 이 사건을 두고 오웬스는 예수가 속임수 같은 것을 썼다고 주장한다. 예수의 옷을 만지게 한 것은 일종의 방편 같은 것으로 그 행위 때문에 병이 치유된 것은 아니라는 것이다. 그보다는 예수가 이 여인 모르게 'OD' 파워를 이용하여 병을 고친 것인데 이 경위를 설명해 줘 봐야 이 여인이 이해하지 못할 터이니 그냥 옷을 만지게 한 것이라는 것이다. 아무 일도 안 했는데 병이 고쳐지면 이상하니까 옷이라도 만지게 해서 병이 고쳐졌다고 믿게 만들었다는 것이다. 이것은 앞에서 오웬스가 불치병에 걸린 소녀의 손을 잡고 비밀리에 외계지성체의 힘을 활용한 것과 비슷하다고 하겠다.

오웬스는 이런 사례를 하나 더 드는데 이것 역시 매우 유명한 예이다. 예수가 시각장애인의 눈을 뜨게 해준 사건으로 그는 이 장애인의 눈을 그냥 뜨게 해준 게 아니라 일종의 '퍼포먼스'를 한다. 잘 알려진 것처럼 땅에 침을 뱉어서 그것으로 진흙을 개어 그의 눈에 바른 다음 실로암 못으로 가서 씻으라고 한 것이 그것이다. 그렇게 해서 그 장애인은 눈을 뜨게 되는데 오웬스의 해석은 이때에도 예수가 OD 파워를 사용했다는 것이다. 내 생각을 보태 보면, 예수가 이 같은 퍼포먼스를 한 것은 이 사람이 OD 파워를 받게 하려고 방편으로 한 것 같다. 예수가 이처럼 진흙을 눈에 바르는 등의 행동을 했을 때 이 사람은 '(예수 같은 신인이 나에게 이런 일을 했으니) 나는 분명히 나을 것이다'라고 생각하면서 수용적이고 개방적인 자세를 가졌을 것이다. 그렇게 되니 외계에서 작용하는 OD 파워가 쉽게 이 사람을 자극해서 장애가 극복된 것 아닐까 한다.

그러자 질문자는 갑자기 예수의 제자를 끌어들여 그들도 OD 파워를 쓸 줄 알았냐고 물어보았다. 이에 대해 오웬스는 예수가 제자들을 훈련하려 했지만 잘되지 않았다고 답하면서 자신도 자신의 일을 주위의 사람들에게 가르쳐 보려고 했지만 잘 안되었다고 실토하고 있다. 그런데 나는 이 설명이 잘 이해되지 않는다. 외계지성체와 소통해서 그들의 힘으로 인간의 병을 고치는 일은 아무나 할 수 있는 일이 아니라는 생각이 들기 때문이다. 그게 가르친다고 되는 일이냐는 것이다. 이런 일을 하는 사람은 매우 특이한 초능력을 갖고 있기 때문에 우리 같은 범인과는 비교 자체가 불가능하다. 이들은 우리와 비교해 볼 때 기본 틀이 달라도 너무 다르다. 오웬스도 그랬지 않았는가? 자신은 외계지성체들의 비행선에 가서 뇌수술 같은 것을 받았다고 말이다.

앞에서 말한 대로 이 수술이 어떤 것인지는 명확하게 모르지만 아마도 외계 존재의 엄청난 힘을 감당할 수 있게 두뇌의 용량을 대폭 올리는 수술이 아니었을까 하는 추측이 가능하다고 했다. 사정이 이런데도 오웬스가 자신의 일을 다른 사람에게 가르치려고 했다고 하니 이게 이해가 안 되는 것이다. 아니, 우리의 뇌는 이전 그대로인데 어떻게 외계지성체의 그 큰 에너지를 감당할 수 있다는 말인가? 우리 같은 범인은 그것을 배우려고 노력할 것이 아니라 그 혜택을 받을 수 있게 겸손한 자세나 개방적인 태도를 취하는 것이 합당한 자세일 것이다. 종종 그는 자신을 치켜세우길 모세 이후에 그런 신인은 자신이 처음이라고 했다. 자신이 그런 사람일진대 어찌 다른 사람을 가르쳐서 자기와 같은 사람을 만들겠다고 생각한 것일까? 그게 이상하지 않은가?

그러면서 오웬스는 에드거 케이시에 대해 말하는데 이번에는 정확하게 이야기했다. 케이시 이후에는 그와 같은 능력을 지닌 사람이 더 이상 없었다고 말이다. 사실 케이시도 보통 사람이 아니다. 그의 특별한 능력은 스스로 자가 최면에 들어가 깊은 무의식 상태에서 우주적인 정보를 빼 오는 데에 있다. 그 상태에서 자신의 의식을 아카샤, 즉 허공에 보내 그곳에 있는 기록에서 자기가 필요한 정보를 가져오는 것이다. 이런 그와 비교해 볼 때 우리 같은 범인이 어떻게 그를 따라갈 수 있겠는가? 우리에게는 그가 지닌 초능력이 없지 않은가?

그런데 케이시의 전생을 보면 그가 가진 능력의 기원을 짐작할 수 있다. 그는 자신의 전생에 대해 실토하기를 먼 옛날 이집트 시절에 고위 사제였던 적이 있었다고 밝혔다(어느 이집트 시대를 말하는지는 그가 밝히지 않아 잘 모른다). 그때 그는 어떤 기회에 의식과 육신을 분리하는 특별한 초능력을 획득했다고 하는데 그 능력이 이번 생에 발휘되면서 여러 이적을 보인 것이다. 어떻든 케이시는 20세기에 미국은 물론이고 전 세계적으로도 대단히 뛰어난 예언자로 명망이 높았는데 이런 능력은 다른 사람에게 가르친다고 계발될 수 있는 것이 아니다. 오웬스도 이런 사실을 인정하고 케이시 이후에 아들이나 추종자들이 케이시를 흉내 내려고 했지만 성공하지 못했다고 말하고 있다. 그러면서 케이시 같은 사람은 더 이상 존재하지 않을 것이고 자신도 마찬가지라고 주장했다.

9. 모세의 기적에 대해

제이: 모세가 지팡이를 뱀으로 만든 게 사실입니까?

오웬스: 사실입니다. 추정해 보건대 그는 당시 외계지성체들에게 이렇

게 말했을 겁니다. '이것 보십시오. 당신들은 내가 사람들에게 하는 일이 진짜라고 증명할 수 있는 증거를 주셔야만 합니다. 사람들은 자신들의 육체적 감각만 믿을 뿐 OD 효과는 이해하지 못합니다. 내 백성들은 내가 미쳤다고 할 겁니다. 그러니 불타는 (떨기) 나무에서 나는 목소리여, 사람에게 보여줄 수 있는 무언가를 주십시오'라고 말입니다. 그러자 타는 나무에서 '좋아'라는 목소리가 들렸는데 그때 그 목소리는 모세에게 그 지팡이를 쓰는 방법을 가르쳐주었습니다.

(중략)

제이: 모세가 그 지팡이로 바위를 쳤더니 물이 나왔지요?

오웬스: 사실 그 일을 한 건 모세가 아니라 외계지성체들일 겁니다. 예수가 '(자신의) 옷을 만지는' 기술을 활용했듯이 모세는 지팡이를 수단으로 사용했습니다. 루르드 기적에서 천사가 그곳에 있던 소녀를 활용했듯이 말입니다. 그런데 외계지성체들이 나에게 말하길 루르드의 기적을 일으킨 것은 (천사가 아니라) 자신들이라고 하더군요. 그리고 이곳 미국에 현대의 '루르드'를 만들려고 했는데 미국인들로부터 협조가 전혀 없었답니다. 그래서 외계지성체들은 지구인들이 외계지성체를 믿는 것보다 '요술 지팡이'를 믿는 것이 훨씬 쉬운 것이라는 것을 알게 되었습니다.

위의 이야기는 기독교 신자들에게는 매우 친숙한 것이다. 바로 구약성서의 '출애굽기'에 나오는 것으로 자신이 신의 사자라는 것을 믿지 않는 이스라엘 사람을 대상으로 모세가 기적을 행한 이야기이다. 여기에서 모세가 '불타는 나무에서 나오는 목소리여'라고 말하고 있는데 이 목소리는 당연히 신의 목소리를 말한다. 모세가 호렙산에

올랐을 때 (떨기) 나무가 불타는 모습을 발견하게 되는데 그때 신의 목소리가 들리면서 두 사람(?)의 대화가 시작된다.

사실 이 사건은 기독교(그리고 유대교와 이슬람교)에서만 유명한 것이 아니라 종교학에서도 많이 회자(膾炙)된다. 왜냐하면 이 같은 모세와 신의 조우 사건은 종교 체험의 전형을 보여주고 있기 때문이다. 종교 체험은 매우 다양한데 모세의 체험은 신을 만났을 때 겪는 가장 전형적인 체험이라 할 수 있다. 이때 모세는 중요한 두 가지 감정을 체험한다. '공포'와 '황홀'이 그것인데 모세는 너무나도 강력한 존재인 신을 만나게 되니 처음에는 엄청나게 큰 두려움을 느낀다. 너무나도 큰 존재이지만 그와 동시에 정체를 전혀 알 수 없는 존재이기 때문에 모세는 그런 신 앞에서 두려움을 느끼지 않을 수 없었다. 보통 사람인 우리는 모세가 겪은 공포를 겪어보지 못했기 때문에 그 공포가 어떤 것인지 잘 모른다. 그러나 우리도 그 공포를 미약하게나마 느끼는 경우가 있다. 가장 좋은 예가 귀신의 집 체험 같은 것이다. 이 집에 들어가면 정체를 알 수 없는 무서운 존재가 언제 튀어나올지 몰라 우리는 엄청난 공포를 느낀다. 공포가 심한 나머지 하의를 지리는 사람도 있다. 우리는 이 같은 하찮은(?) 가짜 귀신을 만날 때도 너무 무서워 패닉에 빠지는데 이런 귀신과는 비교할 수 없는 큰 존재인 신을 만났을 때 어떤 공포를 겪을지 상상조차 되지 않는다.

그런데 신을 만났을 때 이렇게 공포만 느낀다면 귀신 체험과 다를 바 없다. 신을 만났을 때 우리는 이 같은 공포를 체험한 다음 곧 황홀감을 느끼게 된다. 이것이야말로 종교 체험에서만 맛볼 수 있는 강렬한 체험이다. 흔히들 이것을 '엑스터시'라고 표현하는데 자기를 잊고 자신의 근원인 초월적인 존재와 하나가 되면서 겪는 체험이라고 할 수 있다. 여기 나오는 모세의 체험에는 이 황홀감이 제대로 표현되지 않았는데 그는 자신이 겪을 수 있는 종교 체험 가운데 가장 강한 체험을 한 것이 틀림없다. 이런 체험은 보통의 종교인들은 좀처럼 겪을 수 없는 절정의 체험으로 가장 상위의 체험이라고 할 수 있다. 무한하고 전체인 신을 만났으니 그 강렬함을 비견할 수 없을 것이다. 그래서 이 체험은 체험자를 근본적으로 변화시키고 그 효과가 평생을 간다.

모세의 체험을 이야기하다 옆길로 조금 빠졌는데 모세의 종교 체험은 워낙 중요한 주제라 약간 자세하게 말해보았다. 다시 우리의 주제로 돌아가서 모세가 행한 기적에 대해 보자. 처음 기적은 이렇게 진행된다. 신이 모세에게 지팡이를 던지라 해서 따랐더니 지팡이가 뱀으로 변했다. 그다음에는 신이 모세에게 뱀의 꼬리를 잡으라 해 그대로 했더니 뱀이 다시 지팡이가 되었다.

그다음 이야기는 모세가 그 지팡이로 바위를 쳤더니 물이 나왔다는 이야기인데 이것도 물론 출애굽기에 나온다. 모세가 이스라엘 사람들을 이집트에서 가까스로 탈출시켰더니 그들은 '왜 우리를 이집트에서 끌어내어 목말라 죽게 만드느냐'라고 하면서 불평을 해댔다. 이때 모세는 이들의 반응에 크게 위험을 느꼈던 모양이다. 돌팔매질을 당할지도 모른다고 생각했다고 하니 말이다. 이 상황을 타개하고자 신에게 달려가서 이실직고하니 신은 모세에게 호렙산으로 가서 거기에 있는 바위를 지팡이로 치라고 명한다. 그러면 그 바위에서 물이 나오는 기적을 시현해 보이겠다고 약속했다. 모세가 이 명을 따랐더니 정말로 바위에서 물이 나왔다는 것은 알려진 대로이다.

이런 기적이 나온 배경에 대해서 오웬스는 기존 기독교와는 다른 설명을 제시한다. 예측할 수 있는 바와 같이 이 기적은 신이 일으킨 게 아니고 외계지성체가 'OD'의 힘을 이용해서 일으킨 것이라는 것이다. 즉 모세가 대화한 것은 '야훼'라고 불리는 이스라엘인의 신이 아니라 UFO를 타고 온 외계지성체라는 것이다. 앞에서 본 것처럼 예수가 불치병에 걸린 어떤 여성에게 자신의 옷을 만지게 함으로써 병을 고쳤듯이 모세는 지팡이를 이용한 것이라는 게 오웬스의 주장이다. 그러니까 외계지성체의 힘이 예수의 옷을 통해 해당 여성에게 전달되었듯이 모세의 경우도 그의 지팡이를 통해 같은 힘이 전달되었다는 것이다. 이런 주장에 대해서 우리가 맞다 그르다 할 처지가 아니니 흥미 있는 독자들에게 참고하라고 이처럼 소개만 하고 넘어가려고 한다.

더 재미있는 예는 그다음에 나오는 루르드 사건이다. 이 사건은 19세기 중반에 일어난 것으로 가톨릭교회에서는 매우 유명한 사건이다. 이 사건을 아주 간단하게 보면, 프랑스 남부에 있는 루르드라는 작은 마을에 자신을 성모 마리아로 밝힌 존재가 세 명의 여자아이에게 나타나 병을 치유할 수 있는 샘물을 발견하게 해준 사건이다. 그 뒤에 수천 명의 사람들이 이 물을 마시고 병을 고쳤다고 전해지는데 가톨릭교회에서도 여기에 나타난 존재가 성모라는 것을 공식적으로 인정했다. 가톨릭교회가 공식적으로 인정했다는 것은 대단한 권위를 갖는데 이 기적에 대해서도 오웬스는 다른 입장을 취한다. 즉 그는 외계지성체의 입장에 서서 이 사건은 기독교적 사건이 아니라 외계 존재들이 아이들을 수단으로 삼아 일으킨 것이라는 것이다. 나는 여기서 이 사건이 교회 안에서 일어난 것인지 아니면 외계지성체가 일으킨 것인지, 그 진위를 밝힐 생각은 없다. 아니 밝힐 수 있는 정보가 부족해 판단 내리기가 힘들다고 하는 게 더 합당하겠다는 생각이다.

여기서 재미있는 것은 외계지성체들이 또 미국 정부에 대해 다음과 같은 불만을 표했다는 사실이다. 자신들도 루르드처럼 아이를 매개체로 이용해 지상에 나타나서 미국 정부와 협력을 도모하고 싶은데 미국 정부가 전혀 협조하지 않는다는 것 말이다. 앞에서도 말한 것처럼 외계 존재들은 오웬스를 매개로 끊임없이 미국 정부에 그들의 의사를 전달했지만, 미국 정부가 호응하지 않아 아무 진척도 보지 못했다. 이 점은 본문을 읽어 본 사람은 무슨 말을 하는 것인지 이해할 것이다.

그런데 2020년대에 들어오면서 외계지성체들이 미국 정부와 함께 진행하는 협력사업이 이미 진행되고 있었다는 주장이 나오기 시작해 우리의 관심을 끈다. 대표적인 것은 2023년 미국 국회 청문회에서 이 같은 사실을 폭로한 해군 장교 출신의 데이비드 그러시가 한 발언을 들 수 있다. 독자들은 이 같은 그러시의 발언에 대해서는 워낙 언론에 많이 노출되어 이미 알고 있겠지만 이보다 더 한 이야기를 한 사람이 적지 않다는 사실에 주목해야 한다. 그러시는 단지 해군 장교 출신의 예비역이지만 그보다 사회적 신분이 훨씬 높은 사람이 그와 같은 주장을 해 우리의 비상한 관심을 끈다.

이 같은 주장을 한 사람은 이스라엘의 장군 출신이며 우주국 국장을 역임한 바 있는 하임 에쉐드(Haim Eshed)라는 사람으로 그는 수년 전부터 인류와 외계지성체가 협업하는 회합이 있다고 주장했다. 그런데 그는 그냥 주장한 게 아니라 확신에 차 있는 태도를 취해 우리를 놀라게 한다. 심지어 에쉐드는 그가 상대하는 외계 존재들에게 이 사실을 인류에게 알려야 하는 것 아닌가 하고 물었더니 그 외계 존재들은 아직 때가 아니니 알리지 말아달라고 했단다. 이런 것들을 통틀어 보면 앞으로 이 외계지성체 문제는 인류 사회에 '핫이슈'로 떠오를 가능성이 높다. 왜냐하면 이전에는 접하지 못했던 정보들이 속속 드러나기 때문이다. 이제 우리도 이 같은 시대의 도래를 적극적으로 준비해야 할 것이다.

이 장을 마치며

　　이제 오웬스에 대한 서술을 마칠 시간이다. 오웬스에 대해 글을 시작하면서 처음에는 그다지 많이 쓰리라고 생각하지 않았다. 그러나 내용을 풀어보니 뜻밖에도 설명할 것이 많아 지금처럼 적지 않은 분량이 되었다. 사실 이 책에서 소개하고 있는 오웬스의 이야기는 많이 간추린 것이다. 그가 행한 이적을 다 적으려면 단행본으로도 힘들 것이다. 그는 그만큼 이야깃거리가 많은 사람인데 독자들에게는 그를 이해할 수 있는 정도의 분량만 간추려서 소개한 것이다.

　　이렇게 간략하게 보았는데도 우리는 그가 기인 중의 기인이라는 느낌을 지우기 힘들지 않을까 싶다. 그가 기인 중의 기인이라는 것은 시쳇말로 그의 '스케일' 때문이다. 우리가 일상에서 만날 수 있는 기인은 보통 지구 차원에서 다른 사람과 조금 다르게 기이한 행동을 하는 사람을 말한다. 이런 기인을 만나려면 '세상에 이런 일이'와 같은 TV 프로그램을 보면 된다. 이 프로그램을 보면 사회와 모든 인연을 끊고 산에 들어가 평생 동물과 같이 살면서 생을 마친 사람이 나오는데 이런 사람이 우리가 아는 일반적인 기인이다. 그렇지만 이런 기인은 여전히 지구의 범위를 벗어나지 못하고 있다. 그의 소재지를 사회에서 산속으로 옮겼을 뿐이다.

　　이에 비해 오웬스는 노는 물이 다르다. 그가 활약하는 무대는 지구가 아니라 우주다. 그래서 그에게는 우주적인 기인의 풍모가 보인다. 앞에서 본 것처럼 그는 우주적인 존재와 교류하면서 지구에 온갖 이변을 만들어내는, 전 지구적인 이적을 만들어냈다. 그래서 과연 이런 초능력을 가진 사람이 인류 역사에 또 있었을까 하는 의구심마저 든다고 했다. 오웬스는 자신을 모세에 버금가는 존재라고 치켜세웠는데 그 평가에 과장인 측면도 있겠지만 꼭 '뻥'이라는 생각은 들지 않는다. 내가 지금까지 접한 종교적 인물 가운데 오웬스처럼 스케일이 큰 이적을 행한 사람을 보지 못했기 때문이다. 다른 나라는 몰라도 적어도 인도나 중국, 한국 등지에 나타났던 종교적인 성자 가운데 오웬스가 가진 것 같은 초능력을 보인 인물은 발견하지 못했다.

이 같은 이적에 능한 사람 가운데 우리 주위에 가깝게 있었던 사람으로 나는 서문에서 강증산을 들었다. 그는 오웬스가 외계지성체의 힘을 빌려 이적을 행했듯이 자신이 교류한 신명들의 힘을 빌려 이적을 보여주었다. 그렇지만 그가 행한 이적은 소소한 것이라 오웬스처럼 지구 기상을 뒤흔드는 그런 것은 없었다. 예를 들어 증산은 바람과 비를 부른다거나 사람의 병을 고치는 이적을 행했는데 이런 작은 이적 가운데에는 재미있는 것도 있었다. 그가 우천 시에 걸으면 그의 머리 위에만 비가 오지 않는다거나 겨울에 진창 길을 가면 그가 걷는 곳만 얼어 진흙 길을 피할 수 있었다느니 하는 것이 그것이다. 그런데 이런 것들은 개인적인 것이고 규모도 그리 크지 않다. 이에 비해 오웬스가 행했던 이적은 증산의 수준을 넘는다. 넘어도 훨씬 넘어 비교 자체가 불가능하다. 오웬스는 아무 때나 번개를 치게 하는 것을 비롯해 엄청난 규모의 태풍을 불러오기도 하고 반대로 아주 심한 가뭄이 들게도 한다. 또 UFO를 수시로 부르는 등 그 이적이 장난이 아니다.

이와 비슷한 평가는 미쉬로브가 접촉한 학자들의 입에서도 나왔다. 미쉬로브의 먼 친척으로 미국 초심리학의 역사를 가장 잘 알고 있다는 스콧 로고(S. Rogo)라는 학자의 이야기이다. 로고는 미국에서 초심리학에 대해 가장 많은 정보를 소개한 책으로 알려진 『Parapsychology: A Century of Inquiry(초심리학: 한 세기의 탐구)』라는 책을 썼다. 로고에 따르면 오웬스는 백인의 역사상 가장 탁월한 영능력자일 것이라고 한다. 서양의 초심리학 역사에 가장 밝은 사람인 로고가 이런 주장을 한 것을 보면 오웬스의 위상을 알 수 있지 않을까 한다. 또 미쉬로브의 친한 친구인 제임스 드리스콜(J. Driscol)이라는 사람은 융 심리학을 전공한 학자인데 오웬스에 대해 매우 융기안적인(Jungian) 평가를 내리고 있다. 그의 해석에 따르면 오웬스는 그리스의 신인 포세이돈의 원형적인 힘과 접촉하는 것 같다고 한다. 융은 우리 인간은 깊은 무의식 안에 많은 원형을 갖고 있다고 주장했는데 드리스콜은 이 설을 적용해 오웬스의 경우에는 바다의 신인 포세이돈의 원형과 접촉함으로써 태풍을 일으키는 등의 이적을 보인 것 아닌가 하고 주장한 것이다. 이런 해석은 '맞다 틀리다' 둘 중의 하나를 고를 수 없다. 그저 하나의 해석으로 생각하고 우리가 대상을 이해하는 데에 도움을 받으면 된다.

　　그러나 앞에서 누누이 지적한 것처럼 오웬스는 이 같은 칭송 말고 그에 정반대되는 평가도 만만치 않다고 했다. 즉 편집증적이고 망상적이고 허세 부리고 돈만 밝히는 사람이라는 평가 말이다. 나는 본문에서 이러한 평가가 일리가 있다고 했다. 따라서 오웬스를 대할 때는 이 평가를 잊어서는 안 될 것이다. 이런 평가, 저런 평가 등을 대하다 보면 오웬스라는 사람은 선인들이 많이 썼던 문구인 불측지인 (不測之人), 즉 헤아릴 수 없는 사람, 혹은 어떤 사람인지 전혀 알 수 없는 사람이라고밖에 표현할 수 없을 것 같다. 우리가 지닌 잣대로는 도저히 그를 파악할 수 없기 때문이다. 그러나 그가 틀림없이 공헌한 바가 있어 그것을 잊어서는 안 되겠다.

사실 그가 행한 이적은 우리가 UFO에 대해 알려 할 때 그다지 도움 되는 것은 아니다. 대신 그가 UFO에 관해 설명해 준 것은 대단히 유효하다. 예를 들어 UFO는 지구에서 비행기 등을 만들 때처럼 공장에서 볼트나 너트 등을 가지고 만드는 것이 아니라고 명확하게 밝힌 것은 우리에게 귀중한 정보를 준다. 그뿐만 아니라 거기서 더 나아가서 외계지성체가 그들의 비행체를 의식으로 만든다고 알려준 것은 UFO를 이해하려 할 때 일차적으로 많은 도움을 준다. 앞에서 누누이 말한 것처럼 이 UFO들은 그 움직임이 물체라면 따라 할 수 없는 양태로 움직였다. 지그재그로 비행하면서 점프하기도 하고 갑자기 사라졌다가 나타난다거나 한 대가 여러 대로 나뉘었다가 다시 한 대로 되는 등의 비행은 UFO가 물질로 되어 있으면 설명이 불가능한 것이라고 했다. 따라서 우리는 UFO는 물질을 넘어서 존재한다고 할 수 있다. 그런데 오웬스가 나서서 UFO는 물질이 아니라 의식으로 만들어졌고 다른 차원에서 오는 것이라고 말해주니 그제야 UFO의 실체가 조금이나마 더 파악된 느낌이다. 그러나 이러한 UFO의 이해는 여전히 초보적인 것으로 아직도 제대로 밝혀지지 않은 것이 훨씬 더 많다는 것을 잊어서는 안 된다.

그다음으로 오웬스의 설명에서 우리가 알 수 있었던 것은, 적어도 그가 접촉한 외계지성체들은 인류를 돕기 위해 협업을 원하고 있었다는 사실이다. 물론 이것은 오웬스가 아는 외계지성체에만 국한되는 사항으로 인류와의 협업에 관심 없는 또 다른 외계 존재가 있는지 어떤지는 모른다. 그러나 어떻든 오웬스의 예를 통해 보면 인류에게 우호적인 외계지성체가 있다는 것은 사실이 아닐까 싶다. 아울러 그들은 미국 정부와 협업하고 싶은데 미국 정부가 모르는 체하면서 거부하는 바람에 그들의 의도가 관철되지 못하고 있다는 이야기는 재미있는 사안이라 하겠다. 만일 이런 주장이 모두 사실이라면 우리는 이 외계 존재와 관련해 무엇을 어떻게 해야 할지 진지하게 생각해 보아야 할 것이다. 이것이 오웬스를 연구하고 난 후의 과제로 남는다.

부록:
오웬스의 최면문

　다음은 오웬스가 UFO와 외계 존재를 만나고 싶어하는 사람들에게 제공하는 최면문인데 미쉬로브가 자신이 최면을 받았을 때 이용됐던 것을 정리한 것이다.[1] 본문에서 말한 대로 오웬스는 이 최면문을 이틀에 걸쳐 피최면자에게 되뇌어주는데, 형식은 30분 최면하고 15분 쉬는 형태로 이루어졌다. 그런데 안타깝게도 우리는 최면사가 없으니 최면을 받을 수 없다. 사정이 그렇다 하더라도 우리는 이 문장들을 자가 최면하는 데에 이용할 수 있고 또 최면이 아니더라도 주의 깊게 읽으면서 이 내용을 어떻게 내면화할 수 있을지 생각해 볼 수 있다. 이 문구 가운데 마음에 드는 것이 있으면 그것을 기억해서 눈을 감고 마음으로 되뇌면서 이미지를 상상하면 어느 정도 최면 효과가 생길 터이니 독자들도 한번 시도해 보기 바란다.

---

1) Mishlove, 앞의 책. pp. 228~236.

"나는 자연과 신에게 나의 영혼, 그리고 마음과 육신을 바친다

(I Give My Soul, Mind, and Body to Nature & God)."

자연의 힘은 내 안에서 작용하고 있다.

나는 우주 의식이나 신, 자연이 내게 다음과 같은 것을 줄 것이라는 확신을 가지고 있다. 좋은 삶을 살고 행복하고 건강하며 성공적인 삶을 살기 위해 내가 필요로 하는 모든 것을 줄 것이라는 믿음과 확신이 그것이다. 그런데 신과 자연은 나보다 먼저 이런 생각을 갖고 있다.

나는 자연이 꽃을 피우게 하고 아름답게 만들 수 있다면 내 인생도 꽃피우고 아름답게 만들 수 있다고 믿는다. 자연이 내 팔에 난 상처를 치료하듯이 과거에 내 마음과 몸, 그리고 영혼에 생겼던 아픔을 치유하고 미래에 생길 수 있는 폐해도 모두 고쳐주리라고 믿는다.

자기 최면의 힘이 나를 위해 작동한다
(The Power of Auto-hypnosis is Working for Me).

(마음을 가라앉히면) 나는 이제부터 평화의 느낌 속에 있을 것이고 나 자신과 친구가 될 것이다. 나의 무의식은 내가 지금까지 가장 많이 이용한 암시를 모두 실현하게 해줄 것이다. 내가 이번 생 동안 엄청난 힘을 발휘할 수 있었던 비밀은 자기 최면을 활용하는 데에 있다. 이번에 훈련받으면서 배운 말과 기술은 모두 내 마음 안에 깊게 새겨지고 그 상태로 지속될 것이다. 따라서 내 인생을 일정한 방식으

로 주조하려고 할 때 나는 이 단어나 기술을 도구로 활용할 수 있을 것이다. 이 작업은 굳이 내 의지를 사용하지 않아도 가능하다. 나의 삶에는 심오하고 내면적이며 평화로운 감정이 더욱더 생겨날 것이다. 이러한 감정은 흡사 돌처럼 굳건하고 내 삶에 단단한 기반이 될 것이다.

내면의 암시력 강화하기
(Strengthening the Power of Suggestion Within)

이 암시는 미래에 효과가 생길 때까지 지속될 것이다. 이 덕분에 내 신경계는 긴장이 풀릴 것이며 나는 화와 긴장을 떨쳐버리고 웃을 수 있다. 이 효과는 2년 동안 지속될 것이다. 그런 다음 나는 행복하고 건강하고 양질의 균형 감각을 가지려고 할 때 필요한 긴장을 스스로 만들 것이다. 이 암시는 과거에 나의 삶에 영향을 준 부정적인 요소보다 강력하다.

내 삶의 모든 분야에서 개선이 이루어질 것이다. 이 같은 개선은 내가 마치 어린아이가 된 것처럼 내 안에서 성장해 나갈 것이다. 내 앞에는 1,001개의 기쁨과 성취가 있다. 살려고 하는 나의 의지는 매 순간 강해질 것이다. 그뿐만 아니라 나의 ESP 능력과 영적인 능력은 더 자라나고 더욱더 강력해진다. 내 삶의 장에서 울리는 진동수는 더욱더 높아질 것이다. 나는 누구와도 잘 지내고 세상에 잘 적응할 수 있다.

나날이 나는 평온해지고 더 큰 자신감을 갖는다. 나는 줄곧 내면의 균형을 견고하게 유지할 것이다. 나는 더 행복해지고 강해질 것이다. 나의 자신감은 바위처럼 더 단단해지고 마음 안에 깊이 자리 잡는다. 나의 마음은 더 명징해질 것이다. 잠의 질도 더 좋아질 것이며 그에 따라 충분한 휴식이 될 것이다. 나의 집중력 역시 더 강력해질 것이다.

멋진 원(The Wonderful Circle)

어떤 것을 명징하게 보고 싶을 때마다 나는 내 앞에 '멋진 원'을 만들 것이다. 그 원을 통해 보면 모든 것이 망원경으로 보는 것처럼 초점이 맞아 명확하게 보이고 또 사진기로 보는 것처럼 깨끗하게 보인다. 그러면 내가 가진 모든 문제들이 녹아 없어질 것이다. 그리고 나는 내 자신을 완전하게 알고 내 인생을 좌지우지할 수 있을 것이다. 흡사 맑은 날에 배를 운항하는 선장처럼 말이다. 나는 더 이상 안개 속에 있지 않다. 이제부터 나는 새로운 날과 새 삶을 경험하게 될 것이다.

나의 마음은 몸과 완전한 균형을 이루어 좋은 관계를 맺게 될 것이다. 내 몸 안에 있는 작은 시계들은 모두 완전한 질서와 일치 속에 존재하게 될 것이다.

무의식의 조종자와 접촉하기(Contacting Subconscious Control)

나는 이제 마음의 눈으로 조종석에 앉아 있는 사람을 보게 될 것이다. 나는 그 사람에게 이름을 지어주는데 그 이름은 절대로 변하지 않을 것이다. 나는 그 사람을 나의 무의식이라고 생각한다.

앞으로 나는 손가락으로 원을 그릴 것이다. 이 사람과 접촉하고 싶을 때 나는 자기 최면을 할 것이다. 그럴 때마다 나는 손가락으로 원을 그릴 것이다.

이 사람을 만날 때 나는 내가 만든 이름으로 그를 부를 것이다. 이 사람은 조종석에 앉아 있으면서 나의 인생에서 일어나게 될 사건이나 상황을 만들어내는 능력을 갖고 있다.

내 안에 있는 생의 원리(The Life Principle within Me)

오래전부터 지구에는 삶의 원리가 있었는데 그 어떤 것도 이 원리를 이길 수 없었다. 이 원리는 계속해서 위로 향하면서 몸부림쳤는데 (그 과정에서) 위험과 역경은 새로운 동기부여로 작용했다. 그럼에도 불구하고 이 원리는 전혀 고갈되지 않았다. 이 원리는 또 다른 도전을 직면하기 위해 새로운 특징을 발달시켰다. 새로운 특징이란 껍질이나 침, 독, 천연색(coloration), 아가미, 털, 날개. 물갈퀴 같은 것을 말한다. 이 원리는 계속 살아남았고 저항했다.

이 원리는 나의 창조물로서 나의 내면에서 움직인다. 그러나 활발한 것은 아니고 조용하게 움직인다. 이 원리는 이전에는 자주 잠자는 상태에 있었는데 이제부터는 완전히 깨어날 것이다.

자기 최면법을 활용해서 나는 이 원리에 닿을 수 있는 특별한 전화기를 만들 수 있다. 나는 이제 이 전화기로 전화를 건다.

이 원리는 모든 나이대에 걸쳐 무한정한 힘을 갖고 있으며 항상 깨어 있어 우리를 행복하고 건강하고 유용하게 만들어준다. 이 원리는 자연에게도 같은 일을 하는데 그것은 내 인생이 내게만 속한 것이 아니라 자연에도 속해 있기 때문이다.

이 원리는 나와 내 인생을 개선할 것이고 이를 통해 나는 다른 사람과 인류를 더 좋게 만들 수 있다. 지금부터 생명의 원리가 역동적으로 내 안에서 깨어나게 될 것이다.

비밀 장소(The Secret Place)

이제 나는 나의 무의식과 접촉할 수 있는 또 다른 방법을 얻게 될 것이다. 그것은 나의 '비밀 장소'라 불리는 것과 관계된다. 나는 하얗고 분홍색을 띤 구름이 아름답게 떠 있는 푸른 하늘에 큰 유리공이 있는 것을 상상한다. 그런 다음 그 유리공 안에 내가 있다고 상상한다. 거기에는 아주 편안한 의자 두 개가 서로를 바라보고 있다. 여기는 절대적으로 평화롭고 조용하다. 이곳은 나의 비밀 장소로 나는 여기에서 어떤 방해도 받지 않고 신과 자연의 힘을 확실하게 경험할 수 있다.

나는 두 의자 중 하나에 앉아 있는 자신을 바라본다. (중략) 나는 내 육신과의 연결이 끊겼다. 이제부터 나는 마음으로서만 존재한다. 내가 마음인 것이다. 그 상태에서 앞에 있는 의자를 보라. 거기에는 한 사람이 앉아 있다. 그는 소리를 전혀 내지 않고 목소리도 사용하지 않는다. 그의 얼굴은 강하지만 친절하고 부드럽고 다정한 눈을 갖고 있다. 그는 하얀 가운을 입고 있고 샌들을 신었으며 턱수염이 있다. 그의 손에서 밝은 빛이 발산해 내 안으로 스며든다.

바라는 것이 있을 때마다 나는 이 비밀 장소로 와서 이 벗과 내 소원을 나눌 것이다. 그는 내 말을 들을 것이고 나를 도울 것이다. 그는 자연의 모든 힘을 조종할 뿐만 아니라 우리의 세계도 조종한다.

그는 결코 크게 말하지 않는다. 그러나 그가 내 눈을 보면 그의 위대하고 무한한 지혜가 내 안으로 들어온다.

내가 이곳, 즉 나만의 비밀 장소를 떠날 때 나의 의문과 소망이 내가 인지하지 못하는 깊은 수준에서 사전에 응답받을 것이다. 그리고 언젠가 이 의문과 소망은 적절한 때에 나에게 알려질 것이다. 나는 이런 식으로 도움받게 되는데 그와 더불어 유리공 속에 있는 나의 벗과 나는 내가 이 세계에서 소망하고 이루려고 한 것을 확실하게 실현할 수 있다는 것을 알고 있다(그것이 어떤 것이든 상관없다).

비밀 장소는 별과 하늘이 저 밖에 있듯이 내 마음 깊은 곳에 있다. 내가 유리공 안에 있을 때마다 빛나고 순수한 하얀빛이 나와 함께 있을 것이다. 그것은 나의 기, 혹은 생명의 장(bio-field)이 지닌 진동수를 높이고 강화해 줄 것이다.

나는 자연과 신에게 내 영혼, 그리고 마음과 몸을 바친다
(I Give My Soul, Mind, and Body to Nature and God).

나는 이전보다 더 많은 이완과 집중을 경험하고 있다. 나는 이제 내 영혼, 그리고 마음과 몸을 주저 없이 자연과 신에게 모두 바쳤다. 그 대신 나는 자연과 신으로부터 사랑과 지혜, 이해, 행복, 그리고 마음의 평화를 얻었다. 나는 자연과 신과 합을 맞출 것이다. 왜냐하면 나는 선하고, 행복하고, 도덕적이고, 영적인 삶을 살고 싶기 때문이다. 나는 물질적인 안락감이나 부에 대한 소유는 보장받지 않지만, 앞에서 말한 정신적인 것은 보장되었다는 것을 알고 있다. 내가 하는 말과 마음가짐은 (유리공 속에 있는) 내 친구에 의해 인도되고 자연과

신은 나에게 훌륭한 것을 선사할 것이다. 그러면 나는 적절한 때에 적절한 방법으로 인도적인 선택을 할 수 있을 것이다.

나는 이 방법을 통해 내 팔에 난 상처를 치유하는 자연의 강력한 힘과 연결되어 있었다. 이 일은 의사가 아니라 오직 자연만이 할 수 있다. 아기를 만드는 자연은 (아기를) 탄생시키고 행성들을 각각의 자리에 고정해 놓는다. 나는 나를 자연과 신에게 바쳤기 때문에 더 이상 나에게 속해 있지 않다. 여생 동안 자연의 이 같은 신비롭고 경이로운 힘은 내 몸과 마음을 가득히 채울 것이고 그 어느 때보다 나를 행복하고 건강하게 만들어줄 것이다. 이제부터 나의 삶은 더 융성해질 것이다. 흡사 봄에 새싹이 돋는 것처럼, 또 꽃이 피는 것처럼 말이다. 이제부터 나는 행복하고 희망이 넘치는 건강한 새로운 삶을 살 것이다. 나는 이것을 지켜볼 터인데 분명히 그렇게 될 것이다. 그 어떤 것도 이것을 멈출 수 없다.

나는 언제나 긍정적인 기억을 활용할 수 있다
(Positive Memories Always Available to Me).

이제부터 만일 내가 부정적이고 낙담하고 우울하고 자신감이 없어지고 세상과 보조를 맞추지 못하면, 또 모든 것이 나를 거역한다고 느끼면 좋지 않은 일이 일어날 수 있다. 바로 이럴 때 나의 무의식은 자동으로 좋고 행복하고 긍정적인 나의 과거 기억을 가져올 것이다.

이 같은 행복하고 기분 좋고 긍정적인 기억은 자연스럽게 슬픔이나 우울, 그리고 부정적인 자신감을 몰아내고 유쾌함과 희망, 낙천적인 생각, 자신감을 가져올 것이다.

내 영혼의 진동을 다시 조화롭게 만들기
(Resynchronizing My Vibration)

나는 이제 내가 탄생하는 순간으로 되돌아간다. 내가 의식적으로는 알지 못하는, 깊은 수준으로 말이다. 이때 나는 나의 맥박과 뇌파의 진동수를 합치시키고 자연과도 하나가 되려고 노력한다. 이를 통해 나는 육체적, 심리적, 영적으로 완전한 타이밍을 가질 뿐만 아니라 완전한 균형을 이루고 내 의식을 완벽하게 집중할 수 있게 된다. 나는 이 상태로 현재로 돌아온다. 그리고 나는 여생 동안 이런 상태로 계속 살 것이다.

이제 10부터 1까지 세면 나의 마음은 녹음기가 돌아가듯 과거로 회귀해서 아주 깊은 차원에서 내가 태어난 순간으로 돌아갈 것이다. 10, 9,.. 2, 1, 이제 내 맥박과 뇌파는 순간적으로 완전한 균형을 이룰 것이다. 육체적이나 심리적으로 그리고 영적으로 말이다.

그리고 1부터 10까지 세면 나의 마음은 다시 앞으로 나아가 현재로 돌아올 것이다. 나는 이렇게 완전한 균형과 집중력을 갖고 여생을 살 것이다.

자동으로 방향 잡기(Auto-direction)

주목하기: 무의식이여! 앞으로 나는 적절한 능력을 갖추고 적절한 시간대에 적절한 곳에 있을 것이다. 나는 내가 가장 좋은 일을 할 수 있는 최적의 장소에 있을 것이다. 어떤 곳이 되든 나는 나의 기술과 능력이 필요한 곳에 가서 그곳에 있을 것이다. 그대여, 나의 무의식이여! 그대는 내가 나를 찾을 수 있게 도와주어야 하며 여생 동안

내가 인류나 나를 위해 봉사할 수 있게 내 안에 있는 최고의 것이 드러날 수 있게 협력해야 한다. 이 같은 과제가 만족스럽게 이루어질 수 있는 방향으로 무의식의 무한한 힘을 돌려라.

8번씩 말하기(Bank Eight)

지금부터 나는 주변 분위기를 좋게 만들기 위해 초인적인 조절 능력을 갖출 것이다. 내가 어떤 단어를 8번씩 크게 말할 때마다 그 단어의 진동이 팽창하여 내 존재를 행복과 평화, 그리고 용기와 인내, 자신감 등으로 가득 채울 것이다. 내가 이런 식으로 8번씩 크게 말하면 이 같은 일이 일어날 것이다.

아이큐야, 무엇을 할까? (IQ What to Do?)

나는 항상 과거의 경험을 기억해서 그것을 활용할 수 있는 능력을 갖출 것이다. 이것을 촉발하기 위해 나는 "아이큐야, 무엇을 할까?"라는 문구를 반복해서 말할 것이다. 그러면 적당한 대답이 내 무의식에서 나올 것이다.

파워 콘트롤 50

나는 내 마음의 힘을 50배 늘릴 수 있다. 이 일은 내 손가락을 붙이고 '파워 콘트롤 50'이라고 말하기만 하면 이루어진다.

통증 콘트롤 50

나는 필요할 때 내가 겪는 통증을 50배로 참을 수 있다. 위와 마찬가지로 손가락을 붙이고 '통증 콘트롤 50'이라고 말하기만 하면 이 일이 가능하게 된다.

초능력 콘트롤 50

나는 내 영의 능력을 50배 올릴 수 있다. 이것도 손가락을 붙이고 '초능력 콘트롤 50'이라고만 하면 된다.

자동 망원경(auto-binoc) 통해 보기 50

나는 무엇이든 과거를 기억할 수 있다. 손가락을 붙이고 '자동 망원경 50'이라고만 하면 기억할 수 있다. (그렇게 하면) 내 무의식이 작동해서 망원경으로 보는 것처럼 내 기억의 창고를 검색해서 필요한 기억을 찾아 보통의 경우보다 50배 빠르고 50배 정확하게 가져올 수 있다.

히프노스피어(hypnoshere, 최면 영역)

나는 강력한 인간 자석이 될 것이다. 그래서 눈으로는 볼 수 없는 보편 지식의 창고에서 엄청난 지식과 지혜, 또 이해력을 끄집어낼 것이다. 그럼으로써 여생 동안 나는 내가 원할 때마다 일상적인 조건에서는 가질 수 없는 지식과 지혜, 이해력을 활용할 것이다.

나는 원할 때마다 나의 마음을 잉카나 아즈텍, 마야, 이집트에 존재했던 위대한 정신(minds)으로 보낼 수 있을 것이다. 매일 밤, 잠들기 전에 내가 원한다면 잠자고 있을 때, 이 위대한 정신으로부터 배울 수 있다는 암시를 준다. 그러나 잠에서 깨면 나는 자동으로 현재로 돌아올 것이다. 나는 이런 방식으로 고대 문명의 위대한 정신을 통해 나를 훈련할 수 있을 것이다.

뒤틀린 것 펴기(The Kink Eraser)

나는 이제 어린 시절로 되돌아간다. 그런 다음 나는 치유 과정의 일환으로, 어린이처럼 사심 없이 학습하고 시간을 빨리 돌리는 어린 시절의 힘을 활용하게 될 것이다. 나는 또 내가 태어난 날로 돌아가서 무의식 안에서 뒤틀린 것들을 발견하고 그것을 펴는 일을 한다.

매주 반복하기(Auto-weekly)

앞으로 10주 동안 일주일에 한 번씩 내가 지금 배우고 있는 모든 기법이 내 무의식 안에서 반복될 것이다. 이렇게 하면 이 기법들이 강화될 것이다.

마음의 벽(Mind Wall)

나의 신경계에는 나를 보호하기 위해 난공불락의 벽이 만들어질 것이다. 이것은 1년 동안 유효할 것이다.

그림 틀(Picture Frame)

나는 지금 비어 있는 틀을 본다. 그 안에서 나는 내 그림자를 본다. 그리고 그 그림자가 진주처럼 하얀 거품에 휩싸이는 것을 본다. 이렇게 하면 나의 무의식 안에 있는 자연의 치유력이 발동하게 된다.

꿈의 투사

나는 내가 해결하고 싶은 문제나 상황을 그려본다. 그런 다음 꿈에게 내가 바라는 것의 해결책을 제시하라고 요구한다.

확대경으로 하는 거리 두기 기술
(Magnifying Glass Distance Technique)

만일 내가 어떤 문제나 일정한 상황에 놓여 있다면 나는 내 마음을 움직일 수 있다. 어디까지 움직일 수 있을까? 이 문제나 상황을 정확하게 이해하기에 딱 맞는 거리까지가 정답이다. 나는 명확한 초점 의식을 갖기 위해 내 마음을 가장 적절한 거리에 둘 수 있다. 이 거리는 그 상황에 너무 가까운 것도 아니고 너무 먼 것도 아니다. 나의 초점 의식은 명확하다.

자연의 행복 은행(Nature's Bank of Happiness)

원하면 나는 이 무한한 자원(자연)으로부터 원하는 것을 빌려 올 수 있다. 그러나 내가 받는 행복은 이자를 쳐서 갚아주어야 한다. 이를 위해 나는 한 달에 한 번씩 모르는 타인을 행복하게 해주어야 한다. 내가 적에게 친절을 베풀었을 때는 이전에 대출받은 게 더 빨리 상환된다.

오늘 그리고 매일

나는 밝은 신세계(Bright New World)에 있을 것이다. 나는 바른 행동(Right Action) 원리와 조화를 이룰 것이다. 내 주위에는 온통 행복을 비는 사람들로 붐빌 것이다. 나는 파괴적이거나 해가 되는 행동에는 절대 개입하지 않을 것이다. 나는 제3의 의식 혹은 자동최면의 의식을 발전시킬 예정인데 이것은 나의 일상 의식보다 무의식에 더 가깝다.

이것으로 훈련은 끝난다.

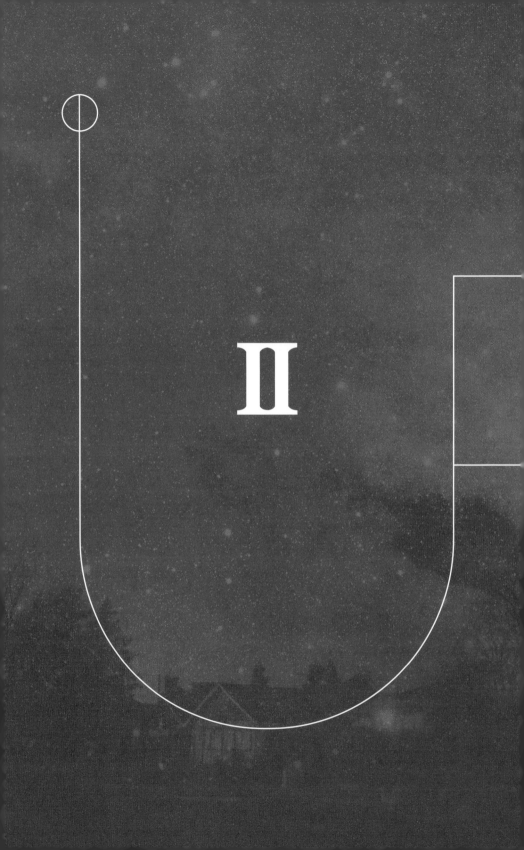

II

크리스 블레드소 이야기

시작하며

이제부터 우리는 대단히 독특한 또 다른 UFO 접촉자를 만난다. 이 사람의 이름은 크리스 블레드소(Chris Bledsoe, 이하 크리스)로 그는 평범한 사업가였는데 2007년 UFO를 만나면서 그의 인생은 완전히 바뀐다. 그런데 그의 UFO 체험은 다른 사람의 그것과 비교해 볼 때 조금 특이하다. 그는 명확하게 외계지성체의 것으로 추정되는 우

크리스 블레드소

주선을 목격한 적도 없었고 보통 '그레이'라 불리는 외계인을 확실하게 만난 경험도 없다. 그의 UFO 체험은 뒤에서 자세하게 다루겠지만 독자들의 이해를 위해 여기서 그 전체적인 정황을 잠깐 살펴보려고 한다.

크리스는 2007년 1월 큰아들을 데리고 친구들과 함께 강가에 낚시하러 갔다. 그때 그는 혼자 떨어져 별생각 없이 숲속으로 들어갔는데 어두운 하늘에서 발광하는 구체(orb), 즉 UFO를 만난다. 그가 목격한 것은 우리에게 친숙한 비행접시나 세모꼴의 비행체가 아니고 빛이 나는 공처럼 생긴 것이었다. 이것은 정식의 비행체는 아니지만 그 정체를 모를 뿐만 아니라 인간이 만든 것이 아닌 것으로 판명되

었기에 일단은 UFO로 간주된다. 크리스는 이 UFO를 목격한 뒤 곧 일행들에게 돌아왔는데 이들이 난리가 났다. 크리스는 그들이 왜 이런 반응을 보이는지 이유를 알 수 없었다. 그들은 크리스에게 4시간 동안이나 어디에 갔다 왔냐고 다그쳤다. 크리스는 이 말이 이해되지 않았다. 그가 그들을 떠나있던 시간은 고작 15분 정도에 불과했다고 생각했기 때문이다. 그런데 시계를 보니 분명 4시간이 흘렀고 숲속에 들어가기 전에 자신이 피워 놓은 모닥불 역시 다 타서 재로 변해 있었다. 잠깐 숲속에 들어갔다가 온 것 같은데 4시간이 흐른 것이다. 이때 특히 크리스의 아들은 패닉에 빠지는 등 아주 힘든 체험을 겪게 된다.

이 4시간은 보통 '사라진 시간(missing time)'이라고 불리는데 크리스가 이처럼 4시간 동안 사라졌다가 다시 나타난 것은 그가 전형적인 UFO 피랍 체험을 겪었다는 것을 의미한다. 이 체험에 대해서는 이미 전 장에서 오웬스를 다루면서 기회가 있을 때마다 언급했다. 그때 설명한 대로 외계인들에 의해 유괴되었다고 주장하는 사람들은 자기가 유괴되었던 시간을 거의 기억하지 못하는 것으로 알려져 있다. 그래서 '사라진' 시간이라고 하는 것인데 나중에 최면 등으로 그 기억을 살려낼 수는 있다. 그 기억을 살펴보면, 그들은 보통 몸채로 둥둥 떠서 UFO 안으로 이끌려 들어가 그곳에서 온갖 생체 실험을 당하게 되고 어떤 때는 몸에 칩 같은 것이 심어지는 일도 있다고 한다. 그런 다음 당사자는 원래 있던 곳으로 보내지지만 본인은 아무것도 기억하지 못한다. 그냥 그 상태로 아무것도 모르고 일생을 보낼 수도 있지만 악몽을 꾸는 등 심신의 상태가 나빠지면 치료 차 정신과에 가서 최면을 받는 경우가 있다. 그러면 그때 그가 유괴되었을 때 겪었던 일이 적나라하게 드러나게 된다.

그런데 크리스의 경우는 영 다르다. 그는 납치된 것이 아니라 외계인으로 보이는 존재의 안내를 받고 어딘가로 갔는데 그곳이 어떤 곳인지는 알 수 없다고 술회했다. 그곳은 그저 깜깜했다고만 했는데 그는 그곳에서 자신이 어떤 일을 겪었는지 끝끝내 기억하지 못했다. 그러나 생체 실험 같은 것은 없었고 따라서 당연히 칩 같은 것도 주입되지 않았다. 그저 그는 발광하는 구체를 보고 미지의 존재들과 교통하다가 4시간만에 원래 있던 자리로 돌아가서 일행들을 다시 만난 것이다. 이 체험이 벌써 십여 년 전에 발생한 것이지만, 더 이상 밝혀진 것은 없다.

크리스의 체험에서 특이한 점은 그가 계속해서 발광하는 구체를 만났다는 것이다. 이 물체는 한 번에 보통 3개 정도가 나타난다고 하는데 그가 원하고 그들이 응하면 수시로 이 구체들이 나타났다. 게다가 이 구체는 촬영도 마음대로 할 수 있어서 우리도 그것을 볼 수 있다. 크리스의 인스타그램(https://www.instagram.com/christopherlentzbledsoe)에 들어가면 그가 찍은 구체 사진이 수두룩하게 있다. 그뿐만 아니라 동영상으로도 찍은 게 있어 그 실재를 의심할 수 없게 만든다. 그러나 이 구체가 아무 때나 나타나는 것은 아니고 목격자들의 상태에 따라 출몰이 결정되는 것 같았다. 목격자의 상태란, 목격자 가운데 의심하는 사람이 있어서는 안 되고 동행한 사람들이 구체의 출현을 진심으로 바라야 한다는 것이다. 그렇게 되니 이 구체는 다수의 사람보다는 서너 명 정도 되는 소수의 사람에게만 나타났다. 그러나 크리스 가족들과는 매우 친밀해서 이 구체가 집안에 들어오기도 하고 이들의 옆에까지 다가오는 경우도 있었다. 크리스의 장남은 그런 구체가 자기 팔에 아주 가까이 와서 어떤 촉감 같은 것을 느낀 적이 있다고 실토했다. 발광하는 물체이니 그 빛에서 일정한 에너지가 나오는 것을 느꼈던 모양이다. 이 구체의 기이한 행동은 여기서 끝나지 않았다. 초록빛을 발산하는 어떤 구체는 집안에 들어와 터지면서 집 안 전체를 초록빛으로 물들였다는 믿지 못할 이야기도 있었다.

그런데 크리스가 겪은 체험의 하이라이트는 이게 아니었다. 그의 체험이 다른 UFO 체험자들과 결정적으로 다른 것은, 그가 천사 같은 존재를 만났기 때문이다. 크리스는 이 존재를 그저 'the Lady'라고 부르는데 한국어로는 천사 혹은 성녀(聖女)라고 부르면 될 것 같다. 그는 2007년 UFO를 만난 후 5년 동안 주위로부터 엄청나게 시달림을 받는다. 이것은 UFO 체험을 하는 사람들이 많이들 겪는 것이다. 한마디로 말해 미친 사람 취급받는 것인데 크리스는 자신이 그런 대우를 받는 것은 참을 수 있지만 자식들이 학교에서 조롱의 대상이 되는 것은 견디기 힘들었다고 고백했다. 게다가 그가 살던 지역은 기독교의 근본주의적인 신앙이 강한 곳이라 크리스와 그의 가족은 악마를 숭배하는 불한당으로 매도당했다.

그렇게 흘러가다 2012년 부활절에 크리스는 앞에서 말한 것처럼 말할 수 없이 아름다운 여성 천사를 만나게 된다. 이때 천사는 크리스에게 '당신은 자신이 겪은 일을 세상에 알려야 하는 사명이 있다'라는 말을 남기는데 이때부터 크리스와 그의 가족은 삶에 대한 태도를 바꾼다. 은둔의 생활을 청산하고 사회 속으로 들어가, 기독교식으로 표현하면 간증을 하면서 적극적으로 자신의 체험을 알리기 시작한 것이다. 이 체험에서 크리스는 기존의 UFO 체험자들과 궤를 달리한다. 기존의 체험자들은 외계인을 만날지언정 크리스처럼 천사 같은 존재를 만나지는 않는다. 이 점에서 크리스의 체험은 UFO 체험보다 순전한 종교 체험에 가깝다고 할 수 있다.

그런데 문제는 이 천사의 정체가 오리무중이라는 데에 있다. 크리스의 책과 그가 나온 영상을 꽤 섭렵해 보았지만, 이 천사의 정확한 정체는 알 수 없었다. 그러나 일단은 기독교 전통에 가까운 존재로 보인다. 왜 이런 판단을 내렸는지는 독자 여러분이 이 장의 뒷부분을 읽어 보면 자연스럽게 알 수 있을 것이다. 이에 대해 먼저 간단한 팁을 준다면, 이 천사는 크리스에게 나타날 때 종종 기독교의 최고 명절 중의 하나인 부활절에 나타났다는 사실을 들 수 있겠다. 그리고 확실하게 말할 수 있는 점은 이 천사는 신 자체는 아니고 신의 대리자로서 크리스의 모든 것을 보호하고 관장하는 존재로 보인다는 점이다. 이 천사를 만난 뒤로 크리스는 이른바 '사랑의 화신'이 되었을 뿐만 아니라 자신도 모르게 영적인 치유(healer)가 되어 의사들이 포기한 환자들을 고치게 된다. 그뿐만 아니라 큼지막한 사건을 예언하는 등 많은 이적을 보이는데 자세한 것은 나중에 소개할 것이다.

그런데 UFO 체험자로서 크리스가 다른 체험자들과 유력하게 다른 점이 또 하나 있다. 다른 UFO 체험자들은 그들을 조사한 정부 관계자들과 틀어지는 경우가 많은데 그것은 정부에서 나온 인사들이 체험자들을 매우 위압적으로 대하기 때문이다. 특히 그들은 체험자들에게 UFO에 관한 모든 것을 함구할 것을 강압적으로 요구하기 때문에 양자 간의 사이가 좋지 않게 전개된다. 이에 비해 크리스는 정부나 정부 관계자들로부터 배척받은 것이 아니라 오히려 칭송을 받았고 매우 좋은 관계를 유지했다. 그 가운데 가장 대표적인 사례는 대령으로 예편한 존 알렉산더(John Alexander)라는 사람을 들 수 있다. 알렉산더는 한국에는 알려진 인물이 아니지만 미국에서는 정부나 군 그리고 CIA 등에서 초자연적인 현상을 주도적으로 연구한 저명한 오피니언리더라고 할 수 있다. 그는 UFO나 원격 투시(remote viewing) 등과 같은 초자연적 현상이나 초능력을 국가 안보와 관계해서 연구하는 수많은 프로그램을 진행한 장본인으로 그 세계에서는 대단히 큰 인물로 평가된다. 크리스는 이런 사람과 평생 좋은 관계를 유지했는데 그들의 관계를 보면 그저 좋은 정도에 그치는 게 아니라 거의 가족과 같은 관계를 가진 것을 알 수 있다.

나는 크리스를 미쉬로브가 유튜브로 진행하는 프로그램인 'New Thinking Allowed'에서 처음으로 접했는데 미쉬로브에게 크리스를 소개한 사람이 바로 이 알렉산더였다. 알렉산더는 미쉬로브와 매우 친밀한 사이라 이 프로그램에도 종종 출연해 미쉬로브와 대담을 나누었다. 나는 이런 영상을 보면서 미국에는 이 주제와 관련해서 수많은 연구자가 있고 그들 사이에 심도 있는 교류가 있는 것을 발견할 수 있었는데 솔직히 그들의 환경이 부러웠다. 한국에서는 이런 환경을 고대할 수 없기 때문인데 앞으로 이 나라에 언제 이런 분위기의 연구 환경이 만들어질지는 기약할 수 없다.

내가 크리스의 책을 읽으면서 신기하게 생각한 것은 그가 극소수

크리스의 저서 『UFO of God』

의 사람만이 초청받는 NASA에도 갔고 그곳에서 진귀한 경험을 한 것이다. 그리고 그는 NASA 관계자들과도 평생 좋은 관계를 유지하며 서로 정보를 교환했다. UFO 체험자가 NASA에 초청되어 그곳에서 다양한 체험을 하는 것은 매우 이례적인 일인데 이것은 그만큼 크리스의 체험이 미국의 주류 사회에서 인정받았다는 것을 뜻한다고 할 수 있다. 우리는 NASA라고 하면 하도 들어서 친숙한 기관으로 알기 쉬운데 그의 책을 읽어 보면 그곳이 그렇게 만만한 곳이 아니었다. 특히 신원조회가 매우 꼼꼼하게 이루어지고 있었는데 이 기관이 국가 안보와 직결되는 곳이라 그럴 수밖에 없을 것이다. 나는 크리스의 체험을 통해 NASA의 속 모습을 접할 수 있었는데 이 또한 그의 책을 읽은 성과라 하겠다.

크리스는 자신이 겪은 UFO 경험과 그간의 일들을 모두 종합해서 2023년에 『UFO of God(신적인 UFO)』이라는 책을 출간한다. 이 책은 출간 즉시 독자들의 큰 반향을 일으켰는데 이것은 아마존 회사의 사이트에 올라온 독자평을 보면 알 수 있다고 했다. 서문에서 밝힌 것처럼 이 글을 쓰는 2024년 11월 현재, 3천 개 이상의 독자평이 올라왔는데 이 책은 UFO 관련 서적 가운데 가장 많은 독자평이 달린 책 중의 하나라고 할 수 있다. UFO 관련 서책 중 뉴욕타임스의 베스트셀러로 되어 있는 책은 별로 없는데 그 별로 없는 것 중의 하나가 내가 전 권에서 다룬 레슬리 킨의 『UFOs』라는 책이다. 이 책은 가장 좋은 UFO 개론서로 정평이 나 있다. 그런데 아마존 사이트에 나오는 이 책의 독자평의 개수를 보면 크리스 책보다 조금 못 미치는 것을 알 수 있다. 이것은 인기도 면에서 크리스 책이 UFO의 대표적인 입문서인 킨의 책을 능가한다는 것을 뜻한다. 이렇게 보면 크리스 책이 UFO 분야에서 얼마나 많은 인기를 얻고 있는지 알 수 있는데 크리스의 책은 이 분야에서 독자적인 위치를 차지하고 있는 것으로 보인다. 나도 이 책이 없었다면 그의 이야기를 쓸 엄두를 내지 못했을 터인데 마침 그의 책을 구입할 수 있었고 읽어 보니 소개할 내용이 매우 많았다. 이제 다소 긴 서론을 마치고 이 책을 중심으로 크리스의 체험을 깊이 있게 살펴보자.

UFO를 만나기 이전의 크리스

미쉬로브와 인터넷으로 대화하는 크리스

　　1960년대 초반에 태어난 크리스는 2000년대 초반에 UFO를 만나기 전까지 미국 동부의 노스캐롤라이나주에 살던 평범한 사업가였다. 영상을 통해 그의 용모를 보면 그저 시골에 사는 마음씨 좋은 아저씨 같은 인상을 받는다. 말하는 것도 그다지 명료하지 않아 나는 그의 영어 발음을 알아듣는 데 꽤 애를 먹었다. 따라서 미쉬로브 같은 학자처럼 언어를 현란하게 구사하는 능력도 없다. 그런데 이 같은 그의 특징이 그를 더 신임이 가는 인물로 만든다. 미쉬로브처럼 많이 배운 사람은 아니지만 그의 언행에는 진솔하고 겸손한 모습이 보이기 때문이다. 아마도 이런 모습 때문에 앞에서 말한 것처럼 그가 미국 사회의 주요 인사들과 좋은 관계를 유지한 것 아닌가 한다. 한마디로 말해 크리스는 같이 있으면 편안한 사람이라고 할 수 있다. 그런데 그는 거기서 한 걸음 더 나아가 매우 깊은 영적인 지혜와 통찰력, 그리고 신유의 치유력까지 갖추고 있었으니, 사람들이 좋아하지 않을 수 없었을 것이다.

크리스 같은 종교적인 인물의 생애를 살펴볼 때 가장 중요한 것은 종교 체험을 한 이후의 삶, 즉 그가 UFO와 조우한 체험 이후의 삶이다. 우리는 이것을 중점적으로 보면 된다. 그 이전의 삶은 평범한 한 남자의 삶이기 때문에 우리의 관심사가 아니다. 이것은 기존의 성인들도 마찬가지다. 특히 예수의 경우가 그러한데, 그는 30세에 요한에게 세례받고 성령 체험을 한 후에야 세상에 나와 가르침을 펴기 시작했고 많은 족적을 남긴다. 기독교의 성서인 신약에 기록되어 있는 그의 언행은 거의 모두가 이 이후에 이루어진 것들이고 그 전의 생애에 대해서는 언급이 거의 없다. 사정이 이렇게 된 것은 당연한 것 아닌가 싶다. 예수 같은 종교적인 인물은 성령 체험 같은 강한 종교 체험을 한 뒤에 그의 진짜 생애가 펼쳐지기 때문이다.

크리스의 경우도 마찬가지여서 나는 앞에서 그의 전반부 생애에 관해서는 설명하지 않겠다고 했다. 그의 책을 보면 앞부분에 그의 출신 배경이나 살아온 이력이 서술되어 있는데 이에 대해서는 다루지 않겠다는 것이다. 그런데 이 전반부의 생애에도 관심 있게 보아야 할 부분이 있는데 그것은 크리스가 잘 나가는 것 같이 보여도 많은 고난을 겪었고 마지막에는 완전히 파산했다는 것이다. 역사상 탁월한 종교인들을 보면 크리스와 비슷한 경우를 겪는 사람이 적지 않다. 그들은 통상 궁극적인 종교 체험을 하기 전에 남들보다 더 큰 환란을 겪고 그 결과 삶이 더 이상 물러설 데가 없는, 다시 말해 갈 데까지 다 간 상태에 이르게 된다. 이것을 두고 어떤 이는 하늘에서 그에게 엄청난 선물을 주기 전에 그것을 감당할 수 있게 큰 고통을 주어 연단하는 것이라는 견해를 피력하기도 했다. 이런 예는 유신론교를 신봉하는 사람들에게서 종종 발견된다. 기독교에서 이런 예를 꼽으라면 우선 구약의 '욥'을 들지 않을 수 없을 것이다. 그가 받은 고난은 보통의 인간으로서 상상하기 어려운 것이었다. 기독교나 유대교에서 욥은 고난의 대명사로 불릴 정도로 그의 모든 것이 괴멸되는 엄청난 환란을 겪었다. 그러나 그는 신에 대해 조금도 원망하는 마음을 갖지 않고 끝까지 복종해 신으로부터 큰 찬사를 받는다.

크리스가 겪은 환란은 욥에 비할 바는 아니지만 사람들이 일반적으로 겪는 환란보다는 훨씬 심각했던 것 같다. 그가 겪은 역경을 정리해 보면 다음과 같다. 일단 그는 대단히 고치기 힘든 병에 걸려 일생을 시달린다. 젊은 시절에는 크론병 혹은 IBS(과민성 대장 증후군)라 불리는 병을 앓았고 인생 후반기에는 류머티즘을 앓았는데 이 두 가지 병으로 그는 매우 고생한다. 전반부에 앓은 크론병 때문에 크리스는 대장에 문제가 많았던 모양인데 특히 변소에 가서 너무 많은 시간을 보내야 하는 등 설명하기에 창피한 일을 많이 겪었다고 한다. 그런데 영영 고쳐지지 않을 것 같았던 이 고약한 크론병은 앞에서 말한 천사를 만나면서 아주 호전된다. 크론병은 의학적으로 고치기 힘든 병으로 꼽히는데 천사의 도움으로 크리스가 이 병으로부터 해방된 것이다. 그렇다고 그가 모든 질병에서 해방된 것은 아니다. 인생의 후반기에는 류머티즘 때문에 큰 고생을 하는데 이 병의 증상도 굉장히 심각했던 모양이다. 걷기가 불편해 지팡이를 사용해야 했고 어떤 때는 휠체어를 타고 다녀야 할 정도로 다리가 아팠다고 하니 말이다. 이 병은 앓아보지 않은 사람은 그 고통을 알지 못한다고 하는데 크리스는 계속해서 이 병을 치유해달라고 천사에게 기도했건만 이상하게도 이 병은 금방 고쳐지지 않았다. 그러다가 2019년 부활절이 되어서야 간신히 천사의 도움을 받아 이 병이 많은 호전을 보인다. 그때 지팡이를 버렸다고 하니 병세가 좋아진 것이다.

그런데 여기서 드는 의문은, 크론병은 크리스가 천사를 처음 만났을 때 고쳐주었는데 왜 류머티즘은 금방 고쳐주지 않고 몇 년이나 지연시켰는가 하는 것이다. 크리스는 다른 사람의 불치병을 천사의 도움으로 고친 적이 꽤 있다. 이 사례는 나중에 소개할 텐데 죽음을 목전에 둔 아이를 천사로부터 오는 에너지로 고치는 등 다른 사람들의 병은 많이 고쳤다. 그런데 정작 자신의 병은 고치지 못했으니 이상한 것이다. 여기에는 천사의 의도가 있을 것 같은데 그게 어떤 것인지는 짐작이 가지 않는다. 이 류머티즘이 하도 낮지 않으니까 크리스의 어떤 지인은 그를 구약성서에 나오는 욥에 비유하면서 이는 아마 천사가 크리스를 고통 속에 있게 해서 언제나 겸손한 자세를 유지하게 하려는 것 아니냐는 주장을 하기도 했다. 우리가 아픔과 고통 속에서 성장하듯이 크리스 역시 자신의 영적인 고양을 위해 육신의 고통을 유지했던 것 아니냐는 것이다. 제삼자는 이렇게 해석할 수 있지만 크리스 본인은 이 병 때문에 매우 힘들어했다. 그의 책을 보면 그는 이 류머티즘 때문에 너무 아파서 오열하는가 하면 잠을 자지 못해 일상생활을 제대로 이행하지 못하는 등 눈물겹게 고생하는 모습이 선연하게 묘사되어 있다.

지금까지 본 병은 크리스를 수십 년 동안 괴롭혔지만, 그가 겪은 환란은 이것만이 아니었다. 그는 이상하게도 큰 사고를 당해 죽을 뻔한 일을 자주 겪었다. 남들은 이런 사고를 일생에 한 번 겪을까 말까 한데 크리스는 인생의 전반기에 이런 일을 여러 번 겪어 자신조차도 기이하게 생각했다. 아무 이유도 없는 것 같은데 목숨을 위태롭게 만드는 위중한 사고가 끊임없이 일어나니 그 자신도 이상한 것이다. 예를 들어 세 살 때는 불에 타서 거의 죽을 뻔했고 여섯 살 때는 치아의 반이 뽑힐 뻔한 적도 있었다. 그런가 하면 열 살 때는 어른들이 사냥 가는 데에 동행했다가 산탄총에 맞아서 죽느냐 사느냐의 기로에 선 적도 있었다. 300발 이상 되는 산탄이 그의 몸에 박혀 그것을 빼내느라 수술을 여러 차례 받았다고 한다. 그렇게 했음에도 십여 발의 산탄이 여전히 그의 몸에 남아 있다고 하니 당시 그가 어떤 사고를 당했는지 알 수 있겠다. 그러다가 17세 때에는 가장 강한 화상이라 할 수 있는 3도 화상을 당했으며 19세 때는 공사장에서 일하다가 4층 높이에서 떨어져 죽을 뻔한 일도 있었다.

그렇게 살다가 20대에 결혼했는데 이 첫 번째 부인이 사고로 불행한 죽음을 당한다. 크리스가 마침 어떤 자동차가 전복되면서 사고가 난 현장을 지나치게 되었는데 그 차는 놀랍게도 아내의 차였다. 그리로 가보니 차 안에서 아내가 중상을 입고 신음하고 있었다. 그는 피투성이가 된 아내를 꺼내서 자신이 품은 상태에서 그녀가 죽는 모습을 두 눈으로 목도하게 된다. 배우자와 이렇게 비극적으로 이별하는 것은 아주 드문 체험이라 하겠다. 첫째 부인과는 그렇게 이별하고 두 번째 결혼했는데 그때부터는 일이 조금 풀려나가는 듯했다.

그는 건축업에 종사했는데 집을 지어 파는 것이 그의 주된 사업이었다. 그가 20~30대였던 1980년대와 1990년대에는 한 해에 100채 이상의 집을 지어 팔았다고 한다. 그래서 그는 20대 중반에 벌써 잘 나가는 건설업자로 명망이 있었다고 한다. 그러나 앞으로 엄청난 종교 체험을 할 사람의 사업이 이렇게 잘 나갈 리가 만무하였다. 그는 2001년쯤부터 사업의 운세가 기울어 가는 것을 느낄 수 있었다. 그 해에 약 70채의 집을 지었는데 이 집을 사기로 약속한 육군 당국이 이 약속을 이행할 수 없다고 통보했다. 집같이 대단히 큰 물건을 70개나 만들었는데 그게 하나도 안 팔리면 그 물건을 만든 사람은 낭패를 보지 않을 수 없을 것이다. 그 많은 집을 지으면서 빚을 많이 지었을 텐데 그 빚 갚는 것부터 난감한 일이었을 게다. 크리스는 육군 당국이 집 사기를 거부한 이유가 9.11 사건의 여파 때문인 것 같다고 했는데 이 사건은 미국 사회를 송두리째 바꾸었으니 그럴 수 있겠다는 생각이 든다. 집이 안 팔리는 것도 문제지만 그가 갚아야 할 돈의 이자가 자꾸 올라가는 것도 엄청난 부담이었다. 그 상태로 약 5년이 지나갔는데 당시를 회상하던 그는 그 기간에 과거 20여 년 동안 상당히 성공했던 건축사업가가 서서히 망해가는 꼴을 목격했다고 자조하듯이 말했다.

그러는 사이 또 있을 수 없는 사건이 생겼다. 그는 크론병과 사업 때문에 정신과 치료를 받았는데 이때 만난 정신과 의사가 가관이었다. 이 의사는 크리스에게 정신 안정을 위해 리듐을 처방했는데 이 약을 너무 많이 써서 그가 중독될 정도가 되었다. 그러다가 상태가 아주 악화되어 그는 병원에 입원하게 된다. 그때 그는 병원의 여러 의사들로부터 같은 증세로 입원한 환자가 110명도 더 된다는 이야기를 듣는다. 이 환자들은 모두 크리스의 정신과 의사가 처방한 약을 먹고 중독되어 입원한 것이다. 그런데 다행스럽게도 크리스가 입원한 지 1주 만에 이 의사가 죽는다. 이 덕에 그는 더 이상 리듐 처방을 받지 않게 되는데 그를 치료한 의사에 따르면 그런 식으로 리듐을 먹은 사람은 중독되어 결국에는 죽게 된다고 한다. 크리스는 이 같은 이상한 일도 겪었는데 얼마나 겪을 일이 없으면 돌팔이 의사를 만나서 죽기 직전까지 갔는지 기이하기만 하다. 이런 일을 겪은 크리스는 더 이상 회사를 운영할 만한 여력이 없어 회사마저 팔게 되어 2005년이 되니 그의 수중에는 돈이 한 푼도 남지 않게 되었다. 완전히 파산한 것이다. 그는 그런 상태로 있으면서 주위 사람들이 부탁하는 잔일을 하면서 일 년여를 더 버틴다. 그렇다고 그의 몸 상태가 괜찮은 것은 전혀 아니었다. 크론병은 그를 지속적으로 괴롭혔다. 그때 그는 낮은 수준에서 근근이 연명한 것인데 밤이 어두우면 새벽이 가까워지는 법, 그에게도 서서히 결정적인 순간이 찾아오고 있었다.

▌ 드디어 UFO를 만나는 크리스

크리스 인생의 전반부는 이렇게 흘러갔다. 그러다 그는 2007년 1월 8일에 그의 생애에서 결정적인 사건을 만난다. 이날 저녁 UFO로 간주되는 비행체를 만난 것이다. 필자가 여기서 'UFO로 간주되는'이라는 표현을 쓴 것은 그가 목격한 비행체는 다른 사람들이 목격한 것과 조금 다르기 때문이다. 그의 UFO 체험이 독특한 것은, 그가 목격한 비행체가 흔히 나타나는 원반형이나 달걀형 혹은 삼각형의 비행체가 아니라 빛나는 구체였기 때문이다. 그가 이날 이후 만났던 물체는 이 구체형의 비행체였지 우리에게 익숙한 기존의 UFO가 아니었다. 그리고 결정적인 때가 왔을 때 앞에서 말한 대로 천사 같은 존재를 만나게 되는데 이것도 다른 UFO 체험자들에게서는 발견되지 않는 특이한 체험이라고 했다.

이 구체를 만나는 크리스의 첫 UFO 체험은 이렇게 진행되었다. 당일 그는 17살짜리 큰아들과 친구 세 명과 함께 페이예트빌 (Fayetteville)시 옆에 있는 케이프 피어 강(Cape Fear River)으로 낚시를 갔다. 이 도시나 이 강에 대한 설명은 그다지 중요한 것이 아니니 생략한다(참고로 이 도시가 있는 노스캐롤라이나주에 관해 간략하게 설명하면, 이 주는 대서양에 연해 있고 위에는 버지니아주가 있고 밑에는 사우스캐롤라이나주가 있다). 그들이 강에 도착했을 때 해가 막 지고 있어서 그들은 재빨리 강가에 모닥불을 피우고 낚싯대를 설치하는 등 낚시할 준비를 마쳤다. 그런데 크리스는 앞에서 본 것처럼 자신의 처지가 나락에 빠져 있어 낚시하고 싶은 마음이 별로 없었다. 그런 끝에 그는 무리에서

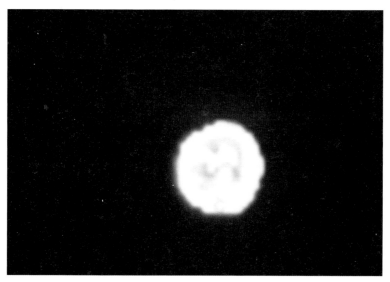

크리스에게 나타난 구체형 UFO
(유튜브 캡처)

조용히 빠져나와 혼자 숲속으로 들어갔다. 홀로 있고 싶었던 것이리라.

그가 숲길을 따라 걸어가니 길 앞쪽으로 작은 언덕이 나왔다. 그런데 그 언덕 위에 마치 지는 해처럼 빨갛고 주황색을 띤 은색 구체가 발광하고 있었다. 그때 그는 그게 UFO일 거라는 생각은 하지 않았던 것 같다. UFO에 대한 선지식도 없었고 UFO가 이런 시골에 나타날 리가 없다고 여겨 별생각이 없었을 것이다. 그 구체를 쳐다보면서 그는 언덕으로 더 올라갔는데 거기에는 이것과 똑같이 생긴 구체가 하나 더 있었다. 이 구체들은 아무 소리 없이 조용하게 떠 있었는데 지름이 약 12m 정도였다고 한다. 그가 보기에 이것들은 결코 인간이 만든 비행체가 아니었다. 크리스는 잘 나갈 때는 비행기를 많이

크리스의 집 앞에 나타난 구체형 UFO (나무 사이로 보인다)(유튜브 캡처)

조종해 보았기 때문에 나름대로 비행기에 대해 식견이 있었다. 그런 그가 보니 이것들은 인간이 제조한 것이 아닌 게 틀림없었다. 심상치 않은 분위기를 감지한 그는 몸을 갈대 사이로 숨겼는데 그때 이 비행체로부터 위해를 당하지 않을까 하는 두려움이 밀려왔고 동시에 호기심도 생겨났다고 한다. 한 번도 보지 못했던 미지의 물체를 보았으니 두렵고 궁금하고 걱정이 드는 등 여러 감정이 교차했을 것이다. 그런 생각을 하다가 그는 강가에 두고 온 아들과 친구들의 안위가 궁금해졌다. 특히 그는 아버지였던 만큼 아들의 안전이 걱정되었다.

　그런 고려 끝에 그는 아들과 친구에게 돌아가기로 결정하고 갈대 사이를 빠져나왔다. 그들에게까지의 거리는 400m 정도였다고 하니 그리 먼 거리는 아니었다. 크리스는 돌아가면서 뒤를 돌아보니 세 번째 구체가 갑자기 높은 데에서 나타나서 다른 두 구체 옆으로 내려오는 것이 보였다. 그가 느끼기에 이 세 번째 구체는 다른 두 구체를 지휘하는 것 같았다. 그렇게 경황이 없는 와중에도 그런 걸 어떻게 느꼈는지 신기한데 그에 따르면 이 구체들은 이번 경우처럼 항상 3개가 같이 나타난다고 한다. 왜 그렇게 나타나는지는 크리스가 밝히지 않아 잘 알 수 없는데 일종의 편대 개념이 아닌가 한다.

그런데 신기한 것은, 크리스가 정신없이 뛰어가는 와중에도 그 구체들과 자신 사이에 강한 유대감을 느꼈다고 고백한 것이다. 그가 그렇게 느낀 데에는 나름의 이유가 있었다. 그들은 크리스가 그들을 보고 있다는 것을 다 알고 있었다는 것이 그 이유였다. 크리스는 이처럼 자신이 관찰되고 있었다는 사실을 깨닫고 머리털이 있는 대로 서는 느낌이 들었다고 전했다. 이 상황을 크리스는 이렇게 간단하게 이야기하고 지나갔는데 내가 보기에는 신기한 점이 많다. 크리스는 이 구체를 이때 처음으로 보았는데 어떻게 그것과 모종의 연관, 혹은 친밀감을 느낄 수 있었을까? 그뿐만 아니라 당시는 공포에 질려 정신이 없었을 텐데 그런 상황에서 어떻게 그런 생각을 할 수 있었을까? 이런 질문은 세세한 것이라 그의 책에도 답이 쓰여 있지 않았다. 따라서 직접 그를 만나서 물어봐야 할 텐데 그런 일이 언제 생길지 모를 일이다.

이런 생각을 하면서 그는 일행들에게 뛰어서 돌아왔다. 그런데 이때부터 또 경천동지할 일이 벌어진다. 허겁지겁 돌아온 크리스를 본 동료들은 '도대체 어딜 갔다 온 거야?'라고 물었다. 그 질문에 크리스는 '무슨 소리야? 나는 저 들에 있는 도로에 잠깐 다녀온 것뿐인데'라고 항변하듯이 대꾸했다. 그러자 동료는 '무슨 소리 하는지 모르겠네. 우리는 자네를 찾으려고 온 밤을 헤매고 다녔어. 자네 트럭이 왔다 갔다 하는 거 못 봤어? 우리가 그 트럭을 타고 저 들판을 샅샅이 뒤졌는데'라고 말했다.

크리스는 도대체 무슨 소리인지 몰라 다시 '내가 숲에 갔다 온 시간은 몇 분밖에 안 되는데 무슨 소리야? 그런데 우리 아들은 어딨나?'라고 되물었다. 동료들은 크리스의 답변에 수긍할 수 없었지만 거기서 논쟁할 처지는 아니었다. 우선 크리스의 아들이 어디로 갔는지를 알려주어야 했다. 그들은 그의 아들이 그가 갔던 길로 따라갔다고만 알려주었다. 크리스는 패닉에 휩싸였다. 아버지로서 아들을 보호해야 한다는 생각이 들었기 때문이다. 황급하게 크리스는 아들 이름을 부르면서 숲속으로 들어갔다. 그렇게 숲속을 헤매고 있었는데 그의 옆에서 '아…. 아빠' 하면서 아들이 크리스의 팔을 잡았다. 드디어 그를 찾은 것이다. 그때 그의 아들은 '아빠, 나를 버리고 도대체 어딜 간 거예요? 나는 세 괴물(외계인으로 추정되는 알 수 없는 존재로 뒤에 나옴—저자 주)을 만나서 온몸이 마비되는 바람에 꼼짝도 못 하고 있었어요'라고 하면서 마구 소리쳤다. '뭐라고? 나는 그저 20분쯤 있다가 돌아온 건데?'라고 하자 아들은 '아녜요. 아빠는 밤 내내 자리를 비웠어요'라고 항변했다. 이 같은 아들의 주장은 크리스의 친구들이 말한 것과 같은 것이었다.

크리스는 아들을 친구들 곁으로 데리고 와서 그간의 정황을 들었다. 그들은 입을 모아 크리스가 몇 분이 아니라 4시간이나 자리를 비웠다고 말했다. 이것이 앞에서 누누이 말한 '사라진 시간(missing time)'으로 UFO에 납치됐다고 주장하는 사람들에게 공통으로 나타나는 현상이다. 피랍자들은 이때 이렇게 시간이 많이 흘러간 줄도 모를 뿐만 아니라 그 시간에 어디서 무엇을 했는지 전혀 기억하지 못한다. 그런데 크리스의 경우는 앞에서 말한 대로 끝내 이 사라진 시간에 대해 명확하게 기억하지 못했다. 보통의 경우는 최면 같은 요법으로 사라진 시간에 대한 기억을 되찾을 수 있는데 크리스는 그렇게 하지 못한 것이다.

그런데 크리스의 아들은 크리스만큼 기이한 경험을 해서 우리의 주목을 끈다. 다음은 크리스의 아들이 전한 당일 경험담이다. 아버지를 찾아 나선 그는 숲속 깊은 곳에서 빨갛게 빛나고 있는 구체 두 개를 발견했다. 멀리서 보니 그 구체는 볼링공만 한 크기로 보였다고 한다. 그가 아빠 친구들에게 돌아가 이 사실을 알리니 그들은 농담조로 자기들을 무섭게 하지 말라면서 별 반응을 보이지 않았다. 이것은 UFO 이야기를 듣는 사람들이 보이는 전형적인 태도이다. 그들의 반응에 실망한 아들은 다시 아버지를 찾아 나섰는데 이번에는 아까 보았던 구체가 빠르게 그에게 접근해서 모닥불 쪽으로 돌아갈 수가 없었다. 놀란 아들은 할 수 없이 그냥 숲속에 숨어 있었는데 그 구체들은 아주 가깝게 약 4.5m 이내로 와서 떠 있었다. 그가 자세히 보니 빛나는 구체에는 빨갛게 빛나는 눈 같은 것이 있었는데 그 지름은 4cm가 조금 안 되었고 셔터처럼 껌뻑거렸다고 한다. 그런데 이때 매우 이상한 존재가 나타난다. 작고 투명한 존재들이 나타나 걸어 다니면서 나뭇가지를 들고 신기하게 쳐다보기도 하고 땅에 던지기도 했다고 한다. 그런데 그 존재 중의 하나는 아들을 계속해서 쳐다보고 있었다. 이런 상황에 있었던 그는 너무 겁에 질린 나머지 아무 소리도 내지 못하고 있었다. 그는 그 상태로 2시간을 있었다고 한다. 그때 크리스가 나타나 그를 찾은 것이다. 여기에 외계인으로 추정되는 존재가 등장하는데 이들의 정체는 크리스와 아들이 밝히지 않아 잘 알 수 없다. 이들은 외모로 보건대 우리가 통상적으로 알고 있는 스몰 그레이는 아닌 것 같은데 나는 이런 외계인은 이 아들의 증언에서 처음으로 접했다.

여기서 중요한 것은 크리스의 아들이 이 사건 때문에 큰 트라우마를 겪는다는 사실이다. 두 시간 이상을 공포에 떨면서 숨어 있었으니 이게 그의 마음에 얼마나 큰 상처를 남겼겠는가? 그때까지 살면서 한 번도 보지 못한 미지의 존재가 자기 앞에서 2시간 동안이나 어슬렁거리고 있었으니 말이다. 또 그 존재 중의 하나는 계속해서 그를 주시하고 있었다고 하지 않았는가? 이럴 때 느끼는 두려움은 직접 당해보지 않은 사람은 알 수 없다. 뒤에서 다시 보겠지만 크리스 자식 중에 이 큰아들만 심적으로 매우 큰 고통을 겪는다. 그는 이 고통을 이기지 못해 가출을 단행하기도 하고 큰 병을 앓는 등 그 후과(後果)가 혹독했다.

다시 크리스로 돌아가서, 이들은 모닥불 주위에 모여서 대책을 논의했는데 큰아들은 너무 놀란 나머지 그냥 빨리 집으로 가자고 재촉했다. 일행이 짐을 정리하고 있을 때 한 사람이 하늘을 가리키며 '세상에'라고 하면서 탄성을 발했다. 그 소리에 일행 모두가 하늘을 쳐다보니 대단한 일이 벌어지고 있었다. 하늘에는 금성과 그 크기와 색깔이 비슷한 9개의 발광체가 떠 있었다. 그러더니 그 구체들은 그들의 머리 위로 날아와 원을 만들면서 돌기 시작했다. 조금 후에 이 구체는 소금처럼 흩어졌는데 그중 3개는 강 건너에 있는 숲속으로 착륙하는 것이 보였다. 그런데 일은 여기서 끝나지 않았다.

이러한 모습에 너무나 당황한 일행은 짐 싸는 것도 포기하고 트럭에 올라탔다. 그들은 그저 현장을 벗어나고 싶었을 것이다. 크리스가 차를 언덕 쪽으로 몰자 언덕 위에는 그가 처음에 보았던 구체 중 두 개가 떠 있었다. 그런데 문제는 세 번째 구체였다. 이 물체는 바로 그들 앞에서 빛나고 있었는데 기이하게도 모습이 변해갔다. 원래는 빨간 불빛이 나는, 약 12m 지름의 공처럼 보였는데 모습이 서서히 달걀형으로 바뀌었다. 그러더니 스스로 회전하면서 엄청나게 밝게 빛나는 수정 같은 발광체가 되었는데 이 구체는 크리스가 모는 차 앞에서 길을 막고 있었다. 크리스는 겁에 질려 경적을 마구 울려댔는데 조금 시간이 지나자 이 구체는 트럭 위를 지나 사라졌다. 그 틈을 타 크리스는 차를 몰고 질주할 수 있었고 무사히 친구들을 집에 내려주고 그도 귀가할 수 있었다.

집안에 들어와 보니 이번에는 키우는 개가 집 뒤의 숲을 향해 마구 짖어댔다. 궁금해진 크리스는 아들과 함께 집 밖으로 나와 숲으로 다가갔는데 놀랍게도 그의 1.2m쯤 앞에 키가 약 1m쯤 되는 존재가 달빛 같은 은은한 빛을 발하며 서 있었다. 눈은 붉은 색깔을 띠었고 가슴에는 투명하지만 밝게 빛나는 삼각형 무늬가 있었다. 생전 처음 보는 기이한 존재 앞에 선 크리스는 완전히 겁에 질렸다. 그 상태

크리스가 직접 그린 외계 존재(2009년)

외계 존재의 가슴에 있었다고 하는 삼각형 문양 이미지

에서 그는 그 존재에게 '나는 당신에게 잡혔소. 내가 졌소'라고 외쳤다. 이것은 너무도 강력한 존재 앞에서 무력해진 자신을 표현한 것이리라. 일종의 항복 선언을 한 것이다. 그런데 그 존재의 반응은 뜻밖이었다. 그 존재는 '당신은 이해하지 못하고 있소. 우리는 당신을 해치려고 온 게 아니라 도우러 왔소'라고 답했다. 그 존재는 말이 잘 안 통할 거라고 직감했는지 이 말만 하고 사라졌다. 그들을 보내고 크리스는 집으로 돌아와 이리저리 부산을 떨다 다시 창문 너머로 뒷마당을 보았다. 그랬더니 아까 보았던 존재보다 훨씬 큰 존재가 천천히 집으로 다가오고 있었다. 이에 크게 놀란 크리스는 아들과 함께 트럭을 타고 9km나 떨어져 있는 벌판으로 도 망가서 그곳에서 노숙하게 된다. 너무 무서운 나머지 집으로 가지 못 했던 것이다.

이것으로 미지의 존재가 완전히 사라진 것은 아니었다. 그 일이 있은 지 이틀이 지나고 밤에 크리스가 아들과 함께 TV를 보고 있었 는데 개가 또 짖었다. 그들은 곧 이틀 전에 만났던 미지의 존재가 다 시 왔다는 것을 직감하고 또 공포에 빠졌다. 이때 크리스는 '집에는 들어오지 말아라. 내 아들을 무섭게 하지 마라' 하고 속으로 외쳤다 고 한다. 그런데 이번에는 공포에 머물지 않고 장총을 들고 집 밖으 로 나섰다. 그 존재들이 자신과 가족들을 괴롭힌다는 생각에 화가 치 밀어 오른 것이다. 그가 숲으로 가까이 가자 이틀 전에 보았던 달처 럼 빛나는 존재 두 명이 서 있는 것이 보였다. 그들과 대면하자 이번 에는 완전히 다른 일이 벌어졌다. 크리스의 증언에 따르면 이때 그 에게 엄청난 감정적인 깨달음(emotional understanding)이 몰아쳤다 고 한다. 그들에게서 이 같은 상위 지식이 텔레파시로 크리스에게 전 달된 것이다. 이어서 그들은 그에게 '모든 존재는 그 자체가 소중하 며 궁극적으로 중요하다'라는 절정의 계시 같은 것을 마음속에 심어 주었다. 이때 크리스는 전형적인 종교 체험을 한 것으로 보인다. 세 상에 있는 모든 것이 궁극적으로 중요하다는 것은 세상의 모든 것을 긍정적으로 바라보는 것으로 불교식으로 말하면 보살이 가질 만한 세계관 혹은 인생관이라고 하겠다. 이런 생각을 하게 되면 우리는 큰 자비심을 갖게 된다.

크리스는 계속해서 말하길, 이때 그가 갖고 있었던 모든 기억과 생각, 감정이 바뀌었다고 한다. 그는 또 살아 있는 존재들은 서로에 대해 최고의 돌봄과 존경, 그리고 무엇보다도 사랑을 공유해야 한다는 것을 절감했다. 이런 생각이 들자 그는 그동안 사냥하면서 그 순박한 동물들에게 한 짓이 얼마나 잘못된 것인가를 명확하게 깨달았다. 그리곤 곧 그에게 큰 슬픔이 몰려왔고 후회의 감정이 들었다. 그가 이 같은 감정에 휩싸여 있는 동안 이 존재들은 망연히 그를 쳐다보고 있었다. 이렇게 해서 이틀 동안 겪었던 공포와 트라우마는 서서히 박애 같은 것으로 바뀌어 갔다. 그 뒤로 크리스는 벌레 한 마리도 죽일 수 없었고 낚시나 사냥도 완전히 끊었다.

여기에서 우리는 이 외계 존재가 어떤 존재이길래 그들과 만나는 것만으로도 이런 엄청난 종교적인 체험을 하게 되는지 의문을 가지지 않을 수 없다. 우선 이 외계 존재의 정체에 대한 것인데 우리는 이들이 어떤 존재인지 알 수 있는 단서가 없다. 이에 대해서는 크리스도 아무 언급을 하고 있지 않아 짐작조차 할 수 없다. 추정할 수 있는 것이라고는 이 존재들이 발광하는 구체와 모종의 연관이 있으리라는 것뿐이다. 한 번 더 생각해 본다면, 이들은 그 구체를 타고 온 외계 존재일 수 있다. 이들은 나중에는 천사와 더불어 나타나기도 하는데 그때에는 흡사 천사의 부하 같은 역할을 한다. 우리가 알 수 있는 것은 이 정도에 그치고 더는 알 수 없으니 이들은 U. B.(Unidentified Being), 즉 미확인 존재라고 해야 할 것이다.

이 사건에서 중요한 것은 외계 존재의 정체보다 앞에서 말한 것처럼 크리스가 이들을 만나고 종교적으로 환골탈태하는 체험을 했다는 것이다. 그런데 이러한 체험은 크리스에게만 한정된 것은 아니다. 이와 비슷한 일을 겪은 사람이 꽤 있다. 특히 외계 존재에 의해 납치됐다고 주장하는 사람들이 그렇다. 이것은 존 맥의 책, 『Abduction』에 많이 소개되어 있는데 피랍된 사람들은 처음에는 공포와 불안에 떨지만, 나중에 그것이 대단한 종교적인 체험이었다는 것을 알게 되었다고 실토한다. 그들은 이 외계 존재를 만났을 때 그들의 눈을 보고 엄청난 것을 느끼게 된다고 하는데 특히 이들이 인간들보다 훨씬 신에게 가까이 가 있는 존재라는 사실을 체감한다고 한다. 쉽게 말해서 외계 존재들이 영적으로 인간보다 훨씬 발달한 존재라는 것이다. 이 점은 매우 중요한 사안이라 더 많은 연구가 필요한데 이것은 인간의 존재론, 즉 온톨로지(ontology)와 관계된다. 인간이 이 우주 안에 있는 모든 존재 가운데 어떤 위치에 있는지를 밝히는 게 존재론인데 이 외계 존재들의 정체가 밝혀져야 그들과의 관계 속에서 인간의 위치가 재정립될 수 있을 것이다. 이 주제는 대단히 흥미롭고 중요한 것이라 또 다른 단행본이 필요할 것 같은데 맥의 책에 훌륭한 사례들이 많아 나중에 그의 책을 중심으로 이 주제를 풀어볼까 한다.

여기까지는 좋은데 문제는 이제부터다. 이런 체험을 한 크리스, 그리고 그의 가족들은 이때부터 환란의 세월에 돌입했기 때문이다. UFO를 만나는 성스러운(?) 혹은 기이한 체험을 했으면 삶의 양태가 달라져서 고귀한 삶을 살 수 있을 것 같았는데 현실은 전혀 반대였다. 그런데 한 가지 다행한 일이 있었다면 그것은 크리스의 고질병인 크론병이 치유된 것이다. 2007년 1월 8일 UFO 체험을 하고 크리스는 자신의 크론병 증세가 사라진 것을 발견했다. 그래서 그는 약 먹는 것을 그만두었을 뿐만 아니라 일을 할 때도 굳이 화장실 근처에 있을 필요가 없어졌다. 이전에는 자주 용변을 보아야 하기 때문에 화장실 근처에서 일을 해야 했는데 이제는 그렇게 하지 않아도 된 것이다. 그런데 좋은 것은 그것뿐이고 그의 UFO 체험에 대한 소문이 서서히 동네와 학교에 퍼지기 시작하자 그와 그의 가족은 온갖 조롱에 시달려야 했다. 게다가 그가 살던 지역의 교회는 기독교만이 진리라고 굳게 믿는 근본주의적인 신앙이 강해 이 교회 신자들은 크리스의 체험을 악마와 내통한 것이라고 마구 몰아세웠다.

그 같은 절박한 상황에서 그는 인터넷을 검색하게 되었고 무폰(MUFON, Mutual UFO Network)이라는 UFO의 민간 연구 단체를 알게된다. 그는 이 단체가 자신의 체험을 이해할 수 있으리라는 기대감이 생겨 처음으로 안도의 감정을 갖게 된다. 그는 자신이 체험했던 것을 이들과 공유하면 좋겠다고 생각한 끝에 사건의 전모를 기록으로 남겼다. 그러나 그것을 곧장 무폰에 보내지는 않았다. 왜냐하면 이 기록을 보내면 그의 체험이 처음으로 공적으로 알려지는 것이라 그 뒤에 어떤 후폭풍이 불지 모르기 때문이다. 사람들의 이목이 쏠리면 크리스와 그의 가족들에게 좋을 게 하나도 없을 것이라는 생각은 지당한 것이다. 온갖 사람들과 언론, 정부 관료 등이 그의 가족에게 와서 못살게 굴 텐데 그것을 견뎌낼 수 있을까 하는 데에 생각이 미친 것이다. 그때 그는 심지어 자신이 UFO 체험을 한 숲이 또 하나의 로즈웰이 되면 어쩌나 하는 생각마저 들었다고 한다. 그가 UFO를 만난 숲이 로즈웰처럼 유명해져 미국뿐만 아니라 전 세계로부터 사람들

크리스의 딸인 에밀리(10세경)의 방에 나타난 외계 존재
(출처: Chris(2023), p. 106)

이 몰려오는 일이 발생하면 자신이 얼마나 번거롭고 마음고생을 많이 할까를 걱정한 것이다.

이렇게 약 2주간을 고뇌하던 크리스는 드디어 그가 만든 자료를 무폰에 전송한다. 그의 표현대로 하면 판도라의 상자가 열린 것이다. 이때 또 다른 환란이 그들을 기다리고 있었는데 이에 대해서는 곧 보게 될 것이다. 이 일이 있고 며칠 뒤에는 크리스의 처와 아이들이 UFO를 목격하는 사건이 벌어진다. 이들은 집으로 오는 길에 자동차 위에 떠 있는 UFO를 목격한다. 이 비행체는 아이스크림콘처럼 생겼는데 온갖 종류의 색깔을 발산하면서 떠 있었다고 한다. 이 이야기를 듣고 크리스는 이 UFO가 자신이 숲속에서 본 외계 존재들의 가슴에 있던 삼각형 도형과 같은 모습을 하고 있다는 것을 깨달았다. 이 같은 아내의 체험은 크리스에게 많은 도움이 되었다. 왜냐하면 그의 아내도 이제 UFO의 체험자로서 크리스의 심정을 이해할 수 있게 되었기 때문이다. 그전에는 그의 아내가 그를 잘 이해하지 못했는데 이제는 동감하는 형세로 바뀐 것이다.

그러나 그렇다고 해서 가족들의 마음이 편해진 것은 아니다. 이런 외계 존재들의 출몰이 더 자주 일어났기 때문이다. 크리스의 큰아들은 그렇지 않아도 숲속에서 겪은 사건 때문에 계속해서 악몽에 시달렸다. 그뿐만 아니라 그는 자신의 방에서 그림자 같은 존재를 보았다고 실토했다. 그 때문에 그는 자신의 방에서 자지 못하고 크리스의 서재에 있는 소파에서 웅크리고 잠을 잤다. 이것은 크리스의 딸도 마찬가지였다. 그의 책을 보면 딸이 이 그림자 같은 존재를 그린 그림이 있다. 그녀의 침대 옆에 서 있는 모습을 그린 것이다. 크리스 가족의 외계 존재 목격담은 계속해서 이어진다. 이 대열에 크리스의 아내도 빠질 수 없었다. 한번은 그녀가 거실에 앉아 있는데 갑자기 환한 빛이 비치더니 그 빛 사이로 두 명의 투명한 존재가 거실로 들어오는 것이 보였단다. 그녀가 그들을 쫓아가니 그들은 부엌으로 갔고 거기서 벽을 통과해서 사라져 버렸다. 그것을 본 그녀는 바깥으로 뛰어나가 보았는데 거기에는 아무도 없었다. 이 정도면 크리스의 식구들은 아예 외계 존재들과 동거하고 있다고 말해도 될지 모르겠다. 이 존재들이 크리스의 가족에게 때와 장소를 가리지 않고 나타나니 말이다.

이 같은 일련의 현실에 당황한 크리스는 다시 무폰에 연락할 수밖에 없었다. 그의 가족에게 일어나는 일이 어떤 것인지 너무도 궁금했기 때문이다. 자신의 지식으로는 도무지 이 현상을 요해할 수 없으니 전문가 집단에게 도움을 청한 것이다. 그런데 크리스의 일이 무폰하고만 관련됐으면 좋으련만 다큐멘터리나 논픽션을 다루는 저명한 케이블 채널인 '디스커버리'가 크리스의 체험담을 알아챘다. 그들은 곧 크리스의 이야기가 훌륭한 방송 거리가 된다고 판단하고 그에게 영상을 찍자고 달려들었다. 크리스는 미국에서 명망 있는 TV 방송사가 자신이 겪은 사건에 대해 다큐멘터리 필름을 찍자고 하니 별생각 없이 응했다. 그런데 디스커버리 채널은 태생이 방송국인지라 크리스의 입장은 그다지 생각하지 않았던 것 같다. 크리스가 이 방송국으로부터 당한 일을 보면 그런 생각이 든다.

우리가 방송국을 상대하다 보면, 그들은 자신들이 대단한 권력을 가진 것으로 생각해 출연자들을 자기들 멋대로 대하는 경우가 많다.

이것은 나도 방송에 나갔다가 여러 번 겪은 것이라 잘 안다. 크리스도 이런 일을 겪은 모양이다. 예를 들면 이런 것이었다. 영상을 찍기로 한 날인데 방송국 팀이 약속 시간에 크리스의 집에 나타나지 않았다. 그러더니 크리스에게 전화해 갑자기 시내에 있는 호텔로 나오라고 했다. 영문을 몰랐지만, 크리스는 순순히 그 호텔로 갔다. 거기서 그가 만난 것은 거짓말 탐지기를 작동하는 팀이었다. 방송국 측은 사전에 아무 고지도 않고 갑자기 크리스를 불러내 거짓말 탐지기 앞에 그를 앉힌 것이다. 그래 놓고 그를 수 시간 동안 탐문했다고 한다. 방송국 측은 크리스가 하는 말이 거짓말이 아니라는 것을 과학적으로 보여주려고 이 일을 획책한 것이리라. 그런데 당사자에게 사전에 알리지도 않고 갑자기 그를 불러내어 이 같은 조사를 오랫동안 하는 것은 실례가 돼도 너무 실례인 것 아니겠는가? 그들의 무례는 여기서 끝나지 않았다. 영상을 찍을 때도 이 같은 전횡은 계속되었다. 크리스가 이때의 상황을 자세하게 이야기하지 않아 잘 알 수 없지만 녹화 중에 진행자가 그에게 질문할 때 마치 종교 재판 하듯이 그를 마구 몰아세웠다고 한다. 방송사는 그런 식으로 자기들이 원하는 대로 찍은 다음 편집할 때는 또 자기들 입맛대로 임의로 편집해서 영상을 만드는 경우가 많다. 그래서 나중에 완성된 영상을 보면 주인공이 원하는 것과 매우 다른 영상이 나오게 되는데 크리스의 경우도 여기서 크게 벗어나지 않았다.

이 방송국 관계자들의 만행은 이것만이 아니었다. 그들이 얼마나 비인간적이고 저질인가는 다음의 사건을 보면 알 수 있다. 촬영은 크리스의 집에서 진행되었는데 하루 종일 찍었던 모양이다. 그런데 점심시간이 되자 이들은 자기들이 먹을 음식만을 사 와서 먹더란다. 그러면서 하는 말이, 회사에서 주는 예산이 딱 자기들 점심 식사에만 맞게 배정되기 때문에 크리스 가족의 식사는 살 수 없었다는 것이다. 이것은 참으로 어이없는 짓일 뿐만 아니라 도무지 사람이 할 짓이 아니다. 크리스의 집에 와서 그렇게 폐를 끼치면서 이 가족들의 끼니조차 해결해 줄 생각을 하지 않았으니 말이다. 방송국 관계자들의 거만함과 무례함이 하늘을 찌르는 것 같다. 이런 자들이 어떻게 크리스 편에 서서 좋은 영상을 만들겠는가? 그저 선정적인 것을 골라 시청자들의 호기심을 자아낼 만한 영상을 만들어 시청률 올릴 생각만 할 것이 분명하다.

나는 크리스가 나온 이 다큐멘터리 필름을 보지 못해 정확하게 판단할 수 없지만 크리스는 이 영상이 나간 다음에 더욱더 곤혹에 빠진다. 주위의 반응이 더 냉소적으로 바뀌었기 때문이다. 크리스에 따르면 이 영상에는 그와 그의 가족들을 폄하하거나 희화하는 영상이 꽤 있었다고 한다. 그래서 그런 일이 벌어진 모양이다. 게다가 이 영상은 주기적으로 몇 달 동안 방영됐기 때문에 그것을 본 사람이 많았다. 그러니 주위로부터 가해지는 조롱이 이전보다 더 심해질 수밖에 없었다. 크리스는 자기 부부보다 아이들이 더 걱정되었다고 하는데 그럴 수밖에 없는 것이 세 아이가 노상 학교에서 놀림을 받고 울면서 하교하기가 일쑤였다고 하니 말이다.

이보다 더 심한 일이 있었다. 그것은 당시 18살이었던 큰아들이 이 같은 주위의 조롱을 견디지 못하고 가출해 버린 사건이었다. 그는 마음고생을 너무 심하게 한 나머지 부모에게도 알리지 않고 집을 나가서 연락을 아예 끊어 버렸다. 아들이 걱정됐지만 크리스 부부는 아들의 행방을 알 길이 없어 그저 아들이 무사하기만 바라면서 속수무책으로 지내고 있었다. 그렇게 몇 개월이 지났는데 어느 날 큰아들로부터 전화가 왔다. 자신은 지금 캘리포니아의 어떤 거리에서 한 푼 없이 쫄딱 굶고 있으니 데리러 오라고 말이다. 크리스 부부는 이 같은 아들의 소식을 듣고 마음이 찢어지는 듯이 아팠다. 아들이 자기들 품을 떠나 타지에서 노숙자 같은 생활을 하고 있었으니 그럴 수밖에 없었을 것이다. 그러면서도 아들의 소재와 안위를 알게 되어 적잖이 안심되었다. 크리스는 부랴부랴 비행기표를 사서 캘리포니아로 가서 아들을 데려왔다. 아들을 데리러 가기 위해 비행기를 타야 할 정도니까 그가 꽤 멀리 도망갔던 모양이다. 환란은 그 뒤에도 이어졌다. 집에 불이 나서 3만 5천 불 정도의 손해를 보았다든가, 또 집에 도둑이 들어 크리스의 컴퓨터를 훔쳐 가는 바람에 거기에 있던 자료들이 모두 증발되는 등 악재가 계속됐다. 이 이외에도 비슷한 일이 계속해서 이어졌는데 이 정도만 보아도 크리스와 그의 가족에게 어떤 어려움이 있었는지 알 수 있겠다.

이 해(2009년)에 있던 일 가운데 꼭 소개할 것이 있어 그것을 보아야겠다. 크리스는 이때 무폰의 노스캐롤라이나 지국에 소속되어 있던 오코넬이라는 사람을 알게 되었다. 그는 디스커버리 채널 같은 방송국이 크리스의 인격을 무시하는 데에 분개하는 등 크리스의 입장을 많이 이해했다. 그래서 두 사람 사이에는 어느 정도 신뢰 관계가 형성되었는데 이때 오코넬은 크리스에게 최면 받아볼 것을 권했다. 2007년에 UFO를 만났을 때 사라진 4시간 동안 무슨 일이 있었는지 알아보자는 것이었다. 크리스 자신도 궁금한 터라 최면을 시도했는데 이상한 일이 일어났다. 보통 이렇게 최면하면 피체험자들은 당시 일어났던 일을 상세하게 기억하는데 크리스에게는 이런 일이 일어나지 않았다. 그는 그날의 일을 잘 기억하지 못했던 것이다. 이에 대해 오코넬은 크리스의 뇌가 스스로 그날 있었던 일을 한 번에 기억하는 것을 허락하지 않는 것 같다고 말했다. 오코넬의 추측으로는 외계 존재들이 크리스에게 그날의 일을 조금씩만 기억하도록 프로그램한 것 같다는 것이었다. 그 이유에 대해 오코넬은, 만일 크리스가 이 사건을 한 번에 기억해 내면 미쳐버릴 수도 있다고 주장했다.

크리스도 이에 동의했는데 사실 그는 이전부터 꿈을 통해 이 사건에 대한 기억을 부분적으로 되살리고 있었다. 그가 이 사건과 관련된 꿈을 꾸면 진땀을 흘리고 소리를 지르면서 우는 바람에 매우 힘들어했다고 하는데 그 꿈은 대체로 두 종류로 나눌 수 있다고 한다. 이 둘 중에 그가 가장 많이 접한 것은 세상의 종말에 대한 영상으로 그는 지구에 기아나 역병, 파괴, 고통 등이 만연한 것을 목격했다고 한다. 이것은 아마 인류가 직면하게 될, 혹은 직면하고 있는 환란에 대한 것이리라. 이와 더불어 꿈에 나타났던 이미지는 이집트의 피라미드였다고 하는데 크리스는 왜 이 이미지가 나타나는지 모른다고 실토했다. 굳이 추정해 본다면 그가 지닌 힘은 전생이든 현생이든 피라미드로 상징되는 이집트 문화와 관계되는 것 아닐까 한다. 이런 생각이 드는 것은 에드거 케이시의 사례가 떠올랐기 때문이다. 앞에서 이미 한 차례 언급했지만, 케이시가 이번 생에 엄청난 영적인 힘을 갖게 된 것은 그가 수천 년 전에 이집트에 살았을 때 겪었던 종교 체험 덕이라고 했다. 이와 같이 크리스도 어떤 전생인지는 모르지만 이집트에서 살 때 모종의 종교적 체험과 능력을 얻게 되었는데 그게 이번 생에 UFO를 통해 다시 나타난 것 아닌가 하는 추정이 가능하겠다. 그러나 크리스는 이에 대해 더 이상 언급하지 않으니 구체적인 것은 알 수 없다.

두 번째 꿈은 그다지 자주 꾼 것은 아닌데 이것은 그가 사라진 시간 동안 겪은 일에 관한 것이라 우리의 시선을 끈다. 꿈에서 그는 이 구체 중 하나의 내부로 인도되었다. 처음에 이 구체는 빙빙 도는 불과 같은 모습이었는데 그에게 가까이 오자 직사각형의 틱택형으로 바뀌었다고 한다. 이 비행체의 안은 칠흑 같은 암흑 상태였는데 그는 거기서 네 시간 동안 있었다. 얼마나 조용한지 자신의 숨소리도 들을 수 있었다고 하는데 그 소리가 둥근 방의 벽에서 울리는 것 같았다. 크리스는 몸을 움직여보려고 했는데 어쩐 일인지 손가락 하나 움직일 수 없었다고 실토했다. 크리스가 사라진 네 시간 동안 무엇을 했는지는 지금 여기서 말한 것 이상으로 나온 것이 없다. 이것도 꿈에서 본 것이니 실제로 일어난 일인지 아닌지는 명확하지 않다. 그러나 어떻든 그는 다른 피랍자처럼 생체 실험을 당한다거나 성적교배를 당하는 따위의 일은 겪지 않았다. 비록 꿈이었지만 말이다. 그래서 그의 사례가 독특한데 그가 정말로 이런 일을 당하지 않은 것인지 아니면 그도 이와 비슷한 일을 당했는데 본인이 기억하지 못하는 것인지는 알 수 없다.

이러는 와중에 큰아들은 잠자다 악몽에 시달려 소리를 지르는 일이 다반사였다고 한다. 반면 크리스는 악몽은 아니지만 조금 별난 꿈을 꾸었다고 적고 있다. 꿈에서 그는 다락방의 서까래를 통해 집 밖으로 나가 집과 그 부근 위를 날아다녔다고 한다. 이 꿈에 대해 크리스는 구체의 시각에서 보라고 하는 의도가 담긴 것이라고 해석했다. 구체가 날아다니는 궤적을 따라 날아다니면서 구체의 관점을 몸소 체험해 보라는 것이리라. 그는 계속해서 이런 상태에 있었는데 달라진 것은 구체가 나타나는 일이 조금 잦아졌다는 것이었다. 한편 무폰에서는 계속해서 크리스에게 자기들 회합에 나와 강연해달라고 부탁했는데 그는 전혀 그럴 마음이 들지 않아 거절로 일관했다. 이유는 앞에서 말한 대로이다. 섣불리 나가서 강연했다가 또 어떤 조롱이나 모함을 받을지 모르기 때문이다.

크리스, 드디어 천사를 만나다!!

크리스에게는 앞에서 본 것처럼 환란이 끊이지 않았는데 그러는 와중에도 디스커버리 채널에서는 2주에 한 번씩 그와 그의 가족에 대한 영상을 계속해서 틀어주었다고 한다. 그 때문에 그에게는 주위로부터 받는 조롱이 사그라질 기미가 보이지 않았다. 사람들이 크리스와 그의 가족에 대한 이야기를 잊을 만하면 이 채널에서 또 영상을 틀어주니 끊임없이 조롱의 대상이 되었던 것이다. 크리스가 제일 싫었던 것은 자기 때문에 자식들과 처가 주위로부터 비웃음과 무시를 당하는 것이었다. 이 때문에 크리스는 앞으로 자기 체험에 대해 절대로 언급하지 않을 뿐만 아니라 어떤 회합에도 나가지 않을 것이고 어떤 손님도 받지 않겠다고 다짐했다. 그러나 그렇다고 해서 그의 주위에있는 사람들의 시선이 변한 것은 아니었다. 크리스는 이런 현실에 너무도 절망한 나머지 기회가 있을 때마다 '신은 도대체 왜 내게 이런 시련을 주느냐'라고 절규하면서 눈물 가득한 기도를 올렸다. 무슨 짓을 해도 그의 주위 환경이 바뀌지 않으니 속이 터질 지경이었을 것이다.

이런 절망 속에 헤매던 중 2012년 부활절 날 새벽 세 시경 자고 있는 크리스에게 경천동지할 일이 일어났다. 갑자기 누군가가 그에게 '일어나라!'라고 하면서 벼락 치는 것 같은 소리를 지른 것이다. 그 소리에 화들짝 놀라 그는 잠에서 깨어났다. 이때부터 크리스의 기이한 체험이 시작되었는데 나는 이런 초자연적인 현상은 일찍이 본 적이 없다. 이것은 일종의 신적인 존재와 만나는 체험인데 기존에 내

크리스 앞에 나타난 황소 이미지(유튜브 캡처)

가 알았던 것들과 너무 달라 설명할 방법을 찾지 못했다. 크리스의 체험은 너무나 독특했다.

이때 크리스가 눈을 떠 보니 윤곽선만 보이는 그림자 같은 존재가 그의 앞에 있었다. 처음에는 몇 명이 있었는지 알 수 없었단다. 이 존재들은 앞에서도 잠깐 언급했지만, 당최 정체를 알 수 없는 존재라고 했다. 통상적인 외계인 목격담에 많이 나오는 스몰 그레이와는 다르다. 스몰 그레이는 명확하게 몸체를 가지고 있기 때문에 여기에 나온 존재처럼 몸이 윤곽선만 보이고 투명한 그런 존재가 아니다. 이 존재들은 크리스를 이끌고 뒷문으로 나와 숲 쪽으로 갔다. 거기서 크리스가 보니 그들이 세 명인 것을 알 수 있었는데 한 명이 크리스에게 무엇인가 주었다. 크리스가 받아보니 치와와처럼 생긴 작은 생물이었는데 기이하게도 꼬리와 머리가 없었다. 그 대신 피부에 가시가 있는 것 같아 크리스의 손이 따끔따끔했다고 한다. 그런데 그것은 살아있는 것처럼 꿈틀거렸다. 크리스가 놀라서 그것을 떨어뜨리자, 그 존재는 크리스에게 주우라고 말했다. 크리스가 그 말에 따라 이 생물을 주운 다음에 둘러보니 그 존재들은 사라져 버리고 없었다. 여기서 크리스가 이 이상한 생물을 받은 것은 정말로 특이한 체험인데 뒤에 이 체험에 대한 해석이 나오니 그때까지 기다려 보자.

그때였다. 엄청나게 강한 바람이 불어 놀란 그는 뒷걸음치며 뒤뚱거렸다. 정신을 차리고 나무 위를 보니 큰 구멍이 생긴 것을 발견할 수 있었는데 그 안은 완전한 암흑이었다. 다시 한번 광풍이 불었는데 이때 우리가 전혀 이해할 수 없는 상황이 벌어졌다. 이 암흑에서 뿔 달린 황소가 나왔다고 하니 말이다. 크리스는 이 황소의 무게가 650kg 이상 될 것 같다고 전했다. 물론 진짜 황소가 나왔다는 것은 아니고 아까 본 투명한 세 존재처럼 이 소도 투명하게 나타났다(투명한 존재라는데 그 무게는 어찌 알았는지 모르겠다). 이 소가 그에게 달려들더니 곧 그의 위를 스쳐 지나갔는데 이때 크리스는 소의 머리와 둔중한 어깨, 엉덩이 등을 보았다고 한다. 그렇지만 투명한 존재라 그 소를 투과해서 밤하늘의 별도 볼 수 있었다고 한다. 나는 이 이야기를 읽고 어안이 벙벙했다. 여기에 갑자기 왜 황소가 등장하는지 그 이유를 도무지 알 수 없었기 때문이다. 이에 대해서는 크리스도 더는 설명하지 않아 정확한 것은 알 수 없다. 성스러워야 할 종교 체험의

크리스 앞에 나타난 천사 이미지(유튜브 캡처)

현장에 난데없이 황소가 등장하니 헛갈리는 것이다.

　바로 그때 크리스 앞에 원형의 빛 안에 떠 있는 어떤 여성이 나타났다. 그녀는 서서 조용히 크리스를 쳐다보았다. 그녀의 아름다움은 그를 평온하게 만들었고 그 덕분에 그의 공포는 완전히 사라졌다. 물론 황소의 일은 더 이상 생각나지 않았다. 그는 그 원형의 빛 앞에서 무릎을 꿇었다. 그의 뺨 높이에 그녀의 발이 있었는데 그녀는 아무것도 신지 않고 있었다. 그녀의 옷은 발목까지 내려와 있었는데 단순한 디자인으로 되어 있었다고 한다. 크리스는 이 여성의 옷이 고대 로마의 조각에 나오는 여신의 옷처럼 보였다고 회상했다. 그녀는 금발이었는데 그가 본 사람 중에 가장 빛나는 파란 눈을 가졌고 키는 1.5m

정도였다고 한다.

이윽고 그녀가 '당신은 내가 왜 여기 있는 줄 알고 있을 것이다' 라고 말했는데 신기하게도 그녀의 입술은 움직이지 않았다고 한다. 아마 예의 텔레파시로 말씀이 전달된 모양이다. 크리스는 그녀가 말한 뜻을 알아차렸다. 그런데 그때 돌연 그에게 부끄럼이나 회한, 슬픔 등이 밀려왔다. 바로 몇 시간 전에 자신은 UFO와 관계된 일은 아무것도 하지 않겠다고 맹세했는데 그녀를 이렇게 만나자, 그 맹세가 후회스럽게 느껴진 것이다. 그녀는 그에게 그의 고난은 헛된 것이 아니라고 하면서 '당신은 이제 당신의 일을 져버릴 수 없다. 당신은 (이전에) 지켜야만 할 약속을 했다'라고 말했다. 그는 그녀의 말을 들으면서 경악에 빠졌다. 지금까지 일어난 모든 일이 그녀의 인도 아래 행해진 것이라는 것을 확실하게 깨달았기 때문이다. 그는 그녀를 만나 가르침을 듣는 순간 이 새삼스러운 진리를 깨달았다. 그녀는 그를 향해 지금까지 나타난 구체나 투명한 존재들, 그리고 사라진 시간 등은 모두 자신이 사용한 도구에 불과하다고 말했다. 그리고 앞으로는 자신이 크리스의 가족을 보호해 줄 것이고 구체도 촬영하게 해주겠다고 전했다. 사실 이 구체는 그 이전까지는 촬영하는 것이 불가능했다. 촬영할 틈을 주지 않았기 때문이다. 그런데 이제부터 촬영을 허락하겠다는 것은 천사가 자신과 관계된 모든 현상을 세상에 알리라는 것으로 해석될 수 있다. 크리스에게 더 이상 집에만 있지 말고 적극적으로 주위에 알리라는 것이다. 뒤에서 다시 보겠지만 이 일은 며칠 뒤에 구체화 되어 나타난다.

그런데 그녀는 크리스에게 무엇을 알리라는 것일까? 그녀는 이에 대해 확실히 말하지 않았지만, 다음의 대화를 통해 짐작할 수 있다. 크리스는 천사에게 아까 투명한 존재로부터 받은 치와와 같은 존재가 무엇이냐고 물었다. 이때 그녀가 한 대답이 아주 재밌다. 그녀에 따르면 그것은 인류를 상징한단다. 이게 어떤 의미일까? 머리가 없고 꼬리가 없다는 것은 방향을 잃고 감각을 잃은 모습을 나타내는 것으로 그 때문에 그 생물은 보호와 인도가 절실하게 필요하다고 한다. 이 동물의 모습이 인류가 현재 처한 상황을 나타내는 것이라는 것인데 이는 적절한 분석으로 보인다. 두말할 것도 없이 현재 인류는 자멸을 향해 계속해서 치닫고 있지 않은가? 인류가 지금 기후 위기 등으로 어떤 위험에 처해 있는가는 다시 거론할 필요 없이 자명한 일이다. 그런데 그것을 알려주려고 머리와 꼬리가 없는 동물의 몸통을 크리스에게 준 것은 매우 격외의 일이라 할 수 있다. 말로만 해도 되는데 굳이 현물로 보여준 게 재미있다. 더 재미있는 것은 그 생물은 겉면에 가시 같은 것이 있어 위험하다고 한 것이다. 이러한 모습은 인류가 갖고 있는 서로에 대한 공격성이나 잔인함 같은 것을 나타내는 것 같다. 머리가 없으니 방향 감각이 없을 터인데 몸에는 가시 같은 것이 있으니 생각 없이 되는 대로 서로 부대면 모두 다치지 않겠는가? 천사는 이런 비유를 통해 현재의 인류가 얼마나 위험한 상태에 있는지 알리려고 했던 것 같다.

그러면서 그녀는 크리스에게 '새로운 지혜가 도래해야 한다. 인류는 그 지혜에 대해 각성해야 한다'라고 힘주어 말했다. 크리스는 이런 이야기를 들으면서 20분에서 30분 정도 있었는데 이때 그는 에너지가 고갈되는 느낌을 받았다고 한다. 엄청나게 '파워풀'한 존재를 적지 않은 시간 동안 대면하고 있었기 때문에 힘이 빠진 모양이었다. 그녀는 이렇게 말한 후에 그를 둘러싼 빛이 그에게로 수렴되더니 조용히 사라져 버렸다. 현장을 끝까지 목도한 크리스는 곧 집으로 돌아와 잠이 들었지만, 그녀가 한 말은 그의 뇌리에서 사라지지 않았다. '이것은 당신의 책무(burden)이다. 당신은 그것을 견뎌야 한다'라는 말인데 이를 통해 우리는 크리스가 이번 생에 이루어야 할 소명이 있다는 것을 알 수 있다. 그 소명은 큰 환란에 빠진 인류에게 새로운 지혜를 전달하는 매개 역할을 하는 것이다.

세상으로 나서는 크리스

이 같은 엄청난 UFO 체험 혹은 종교 체험을 한 크리스는 더 이상 집에만 머무를 수 없었다. 그는 하루빨리 인류가 처한 파국을 확실하게 알려야 했다. 그리고 이 문제를 해결하기 위해 신적인 도움을 받아 인류의 생활 태도를 고치지 않으면 안 된다는 것을 사람들에게 고지해야 했다. 그때 무폰에서 다시 연락이 왔다. 에쉬빌에서 하는 자기네 모임에서 강연해달라는 것이었다. 이전 같으면 당연히 가지 않았을 텐데 천사가 자신의 일을 세상에 알리라고 했으니 크리스는 그 제의를 승낙하지 않을 수 없었다.

크리스가 강연장에 가보니 약 60명 정도가 모여 있었다. 그는 그들에게 자신이 만난 천사에 대해 이야기하고 싶었다. 그런데 그들은 천사 이야기에는 관심이 없고 '당신은 강가에 낚시하러 갔다가 사라진 시간 동안 무엇을 했는가'라고 물으면서 크리스가 겪은 UFO 체험에 대해서만 궁금해했다. 그때 크리스는 자기도 모르게 '2012년 9월 23일에 캘리포니아의 바하(Baja)라는 지역에 강도가 6.8도나 되는 지진이 난다'라고 말하고 말았다(이 이외에 다른 예언도 있었는데 번거로워 생략한다). 이 발언은 청중의 주목을 이끌 요량으로 천사가 크리스의 입을 빌려서 행한 것 같다. 이쪽 세계에서는 이런 일이 종종 일어나니 이상한 일은 아니다.

이 예언은 나중에 정확한 것으로 밝혀졌지만 그 자리에서는 검증할 수 없었다. 그것은 당연한 것이 지진이 일어난다는 날짜가 아직 멀었기 때문이다(크리스가 이 강연을 한 것은 같은 해 부활절 이후이니 3월 말

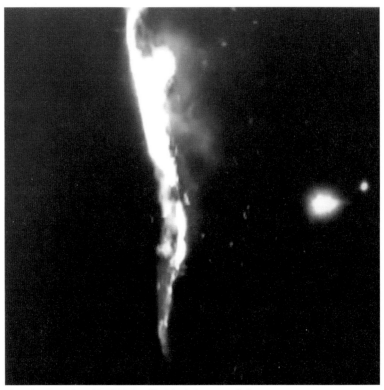

타는 나무를 크리스 가족이 실제로 촬영한 사진(유튜브 캡처)

직후일 것이다). 그렇지만 이 예언 덕분에 청중들은 천사라는 존재에 대해 관심을 갖기 시작했다. 그 기회를 살려서 크리스는 청중들에게 천사에 대해 말해주었고 그다음에는 그들이 원하는 대로 그가 강가에서 겪었던 UFO 체험, 즉 구체나 투명한 존재, 그리고 사라진 시간에 대해 충분히 이야기하고 강연을 잘 마쳤다. 이때 크리스는 강연을 하면서 울었다고 하는데 그 뒤로 그는 걸핏하면 울기를 잘해 '울보 크리스'라는 별명을 얻었다고 한다. 천사를 생각하면 사랑의 감정이 북받쳐서 울음이 나오는 것이리라.

이 해에 있었던 일 가운데 가장 기이한 것은 10월 13일에 있었던 나무 화재 사건이다. 이날 종일 비가 오다가 밤 9시경에 그쳤다. 그런데 그때 갑자기 뒷마당에 있는 나무가 화염에 휩싸였다. 그것은 개오동나무였는데 6m가 되는 윗부분이 지난 해에 꺾이는 바람에 7.5m 정도만 남아 있었다. 크리스가 아이들과 함께 나무에 가까이 가보니 나무 전체가 불길에 싸여 있었다. 그들은 놀랐고 매우 혼란스러웠다. 왜냐하면 나무에 불이 붙을 만큼 천둥이나 벼락이 친 것도 아니었을 뿐만 아니라 잔디는 비가 와서 다 젖어 있는 상태였으니 불이 날 리가 없었기 때문이다. 크리스는 이 사건에 대해 아마 천사가 그에게 그녀의 일을 세상에 더 알리라는 신호일 것이라고 해석했다. 이 상황을 더 구체적으로 보면, 당시 크리스의 경험을 책으로 엮고 또 그것을 영화로 만들자는 이야기가 있었는데 그 기획을 더 추진하라는 명령 같다고 생각한 것 같다. 크리스의 책에는 이 나무 사진이 있는데 겉으로 보면 그냥 평범한 나무로만 보일 뿐이다. 불에 탄 흔적도 잘 보이지 않는데 어떻게 그런 기이한 일이 일어났는지 알 수 없다(마침 이 타는 나무를 크리스 가족이 직접 촬영한 영상이 있어 캡처해 싣는다).

이렇게 멀쩡한 나무가 불에 휩싸이는 사례는 이전에도 있었다. 그 가장 전형적인 예가 앞장에서 본 모세의 사례가 아닐까 한다. 호렙산에서 모세가 신과 마주할 때 멀쩡한 (떨기) 나무에 불이 붙은 것이 그것이다. 당시 사람들은 신이 나타날 때 초자연적인 현상이 일어나야 한다고 믿어서 그랬는지 나무에 불이 났고 이어서 그들의 신인 야훼가 나타나 모세와 대화했다. 이 사건은 유대-기독교(그리고 이슬람) 전통에서 하나의 전형이 되어 후대로 이어졌던 것 같다. 그러니 난데없이 크리스의 집 뒤뜰에 있는 나무에 불이 붙은 사건이 발생한 것이리라.

이 현상은 두 가지로 해석할 수 있을 것 같다. 먼저 크리스가 사는 사회는 유대-기독교 전통에 속해 있는지라 천사들이 나타날 때도 이 전통의 모티프를 사용했다고 볼 수 있다. 그러니까 천사는 어떤 전통에도 속해 있지 않지만 그들의 교화 대상은 일정한 종교에 속해 있으니 그 전통에 맞는 모습을 취했을 것이라는 것이다. 그에 비해 두 번째 입장은 조금 다르다. 방금 말한 것 같은 그런 중립적인 천사는 없고 그들 역시 일정한 전통에 속해 있을 것이라고 보는 것이 두 번째 입장이다. 따라서 크리스 앞에 나타난 천사는 유대-기독교 계통에 속한 존재라 자신의 모습을 드러낼 때 그 전통적인 것을 취할 수밖에 없다는 것이다. 다시 말해 아무리 천사일지라도 문화적인 것을 떠나서 독립적으로 존재하지 않는다는 것이다. 천사 같은 영적인 현상도 인간들의 문화 안에서만 해석될 수 있다는 것인데 나는 이 입장에 한 표 던진다. 이유는 간단하다. 인간은 생각하는 동물인지라 그들이 생각하는 한 그 생각이 만들어낸 문화를 벗어날 수 없기 때문이다.

크리스가 이 집회에 참석하고 돌아온 뒤 그의 주변에는 괄목할 만한 변화가 있었다. 그것은 앞에서 말한 것처럼 이 구체를 마음대로 촬영할 수 있게 된 것이었다. 앞에서는 천사가 예언만 했지만, 이제부터는 실제로 그렇게 할 수 있게 된 것이다. 이전에는 구체를 촬영하려고 하면 절대로 허용되지 않았다. 그런데 이때부터는 전화기를 갖다 대든 카메라를 갖다 대든 구체가 사라지지 않았다. 사라지지 않은 정도가 아니라 구체들이 오히려 촬영되기를 바라는 모습이었다고 크리스는 전한다. 이것은 크리스에게만 해당되는 것이 아니라 그와 동행했던 사람들에게도 똑같이 적용되었다. 비록 서너 명에 불과한 사람들에게만 허용되었지만, 크리스와 같이 있던 사람들은 모두 이 구체를 촬영할 수 있었다. 그런데 이 동행자들 가운데 만일 구체나 이 같은 초자연적 현상에 의심을 품은 사람이 있으면 구체가 나타나지 않았다고 한다.

새로운 시대의 도래를 알리는 천사

2012년은 그렇게 지나고 2013년이 되었다. 이 해 부활절에 또 특이한 일이 일어났다. 천사가 다시 나타났는데 이 천사는 부활절을 아주 좋아하는 것 같다. 크리스에게 중요한 메시지를 전할 게 있으면 주로 부활절에 나타나니 말이다. 그런 의미에서 앞에서 본 것처럼 이 천사는 유대-기독교 전통에 속한 천사라고 보아도 무리가 없을 것 같다. 여기서 한 번 짓궂은 상상을 해보자면, 만일 이슬람 전통에 속해 있는 천사가 있다면 그는 결코 기독교의 부활절에 지상에 현현하는 일은 하지 않을 것이다. 그보다는 이슬람의 축일 가운데 가장 중요한 라마단 기간에 나타날 확률이 높다. 천사도 종교별로 나뉘어서 활동하는 것처럼 보이는데 인간과 천사의 관계에 대해서는 재미있는 이야깃거리가 많지만 여기는 그것을 논하는 자리가 아니니 천사 이야기는 예서 그치기로 한다.

어떻든 2013년 부활절에 크리스는 천사로부터 아주 독특한 체험을 한다. 크리스가 부활절 날인 3월 31일에 아침 일찍 잠이 깨어 눈을 떠보니 자신이 집의 지붕을 통해 떠올랐다고 한다. 그런데 UFO 피랍 사건 때처럼 강력한 광선이 있었던 것도 아니고 낚아채이는 그런 느낌도 없었다. 대신 어떤 거인이 손으로 그를 들어 올리는 것처럼 몸이 부드럽게 들려서 움직였다고 한다. 그때 그는 집에서 30m 정도 높이의 공중에 떠 있는, 푸른 기운이 있는 밝은 흰 빛 안으로 인도되었다. 그 안에서 그는 그 빛에 휩싸이게 되는데 그러다가 곧 어두운 방으로 인도되었다. 그런데 자세히 보니 그곳은 그가 사라진 시간 동안 있었던 그 방이었다. 이것은 그가 당시 방문했던 그 UFO로 다시 인도된 것으로 보인다. 그런데 재미있는 것은 그 벽이 투명해서 밖을 보면 끝없는 별들의 나열이 보였다는 것이다. 그래서 크리스는 지구를 많이 벗어나서 굉장히 먼 거리를 온 것 같은 느낌을 받았는데 그때 우주선이 하강하기 시작했다. 우주선 밑을 보니 끝없는 사막이 펼쳐져 있었는데 크리스가 느끼기에 그 사막은 미국의 유타주에 있는 사막 같았다고 한다. 저 우주 속으로 날아갔다고 하더니 갑자기 유타주의 사막에 착륙했다고 하니 생뚱맞기 짝이 없는데 이 의문은 나중에 다루기로 하고 그의 설명을 더 들어보자. 이 우주선이 착륙한 곳은 끝없는 계곡이 펼쳐진 곳이었다고 한다. 착륙해서 구체의 문이 열려 나가보니 이전에 만났던 세 명의 투명한 존재가 기다리고 있었다. 그들은 크리스를 천사에게로 인도하기 위해 나타난 것이다. 크리스는 그들과 같이 걸어가면서 이 계곡이 얼마나 장엄한지 설명했는데 그것은 우리의 주제와 직결된 것이 아니니 생략하겠다.

크리스는 계곡을 한참 걸어간 끝에 드디어 천사를 만난다. 이때 그는 이 천사가 빛이고 동시에 빛의 근원이라는 것을 깨달았다고 한다. 천사가 발하는 빛이 너무 밝아 계곡도 어슴푸레하게 빛났다. 계곡의 벽에는 움푹 파인 곳이 있었는데 천사는 그곳에 있는 거대한 석조 보좌에 앉아 있었다. 그 모습은 말할 수 없이 장엄하고 아름다웠다. 크리스 일행이 가까이 가자 세 존재는 천사에게 머리를 가볍게 숙인 다음 물러갔다. 크리스가 천사와 독대할 수 있게 '퇴청'한 것이리라. 크리스만 남자 천사는 보좌에서 일어났는데 그녀는 떠 있는 상태라서 발이 땅에 닿지 않았다고 한다. 그녀는 크리스와 12m 정도 떨어져 있었고 약 6m 정도 공중에 떠 있었다고 한다. 나는 이렇게 크리스의 말을 그대로 옮기지만 이 설명을 책에서 읽을 때 '이게 무슨 귀신 씻나락 까먹는 소리인가'라는 말이 절로 나왔다. 형체도 없는 존재가 크리스를 안내해서 어디론가 갔더니 그곳에는 공중에 떠 있는 천사가 있었다고 하니 말이다. 이런 이야기는 전승되어 내려오는 설화나 민담에나 나올 법한 이야기인데 이렇게 실화로 소개되니 실감이 나지 않았다.

그러나 그렇다고 해서 이 만남이 의미가 없다는 것은 아니다. 이때 천사는 크리스에게 다음과 같은 의미심장한 말을 남긴다. 천사는 크리스에게 "붉은 레굴루스(사자자리에서 가장 밝은 별)가 동이 트기 직전에 스핑크스의 시선과 일직선이 되면 새로운 지혜가 세계에 나타날 것이다"라는 말을 했다. 말이 어렵게 들리는데 이것은 쉽게 말해

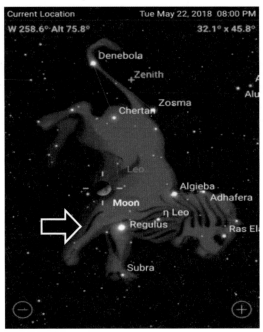

사자 자리 성좌
레굴루스는 사자 자리에서 가장 밝은 별이다

스핑크스가 동쪽에서 뜨는 별을 볼 때 새로운 지혜의 세계가 나타난
다는 뜻으로 해석될 수 있다. 크리스는 처음에는 이게 무슨 의미인지
알지 못했는데 나중에 풀어내기를, '2026년 부활절에 구시대가 끝나
고 새로운 시대가 시작된다'라는 의미로 해석했다. 그의 책에는 이렇
게만 쓰여 있고 더 이상 설명이 없어 나는 그 구체적인 뜻을 알 수 없
었다. 여기서 말하는 새로운 시대가 어떤 것인지 알 수 없었던 것이
다. 그래서 그를 면담한 유튜브 영상을 샅샅이 뒤져보니 한 영상에서
그는 이 주제에 대해 이렇게 설명했다. 새로운 시대라는 것은 물병

자리 시대에 들어선 것을 의미하는데 이때 과거 시대를 지배했던 남성 에너지가 여성 에너지로 바뀌어 지구를 지배하는 원리가 달라진다는 것이다. 그렇게 되면 평화의 시대가 도래하는데 그 직전에 짧은 혼란의 기간이 있다고 한다. 이 혼란이 극복되면서 인류에게 평화가 온다는 것인데 이런 이야기는 많이 듣던 것이라 식상한 느낌이 드는데 이 문제도 나중에 다시 검토해 보기로 한다.

이런 일을 겪고 크리스는 침대에서 눈을 뜨게 된다. 크리스는 이 사건을 통해 자신이 다른 사람의 고통을 느낄 수 있는 능력과 그들을 도우려는 강한 소망을 가졌다는 것을 알게 되었다고 토로했다. 이것은 한 마디로 말해 그는 다른 사람을 위해서 사는 존재가 되었다는 것을 의미할 것이다. 기독교에서 말하는 것처럼 무조건적인 사랑을 주는 이상적인 존재가 된 것이다. 그뿐만 아니라 그는 다른 사람(혹은 동물)의 질병을 치료할 수 있는 특별한 능력도 갖게 되었다는 것도 잊어서는 안 된다. 이에 대해서는 뒤에서 실례를 들어 설명할 것이다.

이상이 크리스가 2013년 부활절에 겪은 사건의 전모인데 이 이야기는 딴 세상 이야기 같아 이해하는 것 자체가 힘들다. 기이해도 너무 기이하다. 가장 이해하기 힘든 것은 크리스가 이 체험을 꿈에서 한 것인지 아니면 육신의 상태에서 물리적으로 경험한 것인지 알 수 없다는 것이다. 그의 말을 들어보면 그는 여느 UFO 피랍 사건처럼 육신으로 들려져 UFO 내로 들어간 것으로 보인다. 그런데 사실 이것부터가 믿기 힘들다. 다른 몇몇 UFO 피랍 사건을 보면 광선이 우주선으로부터 드리워져 피랍자가 그것을 타고 우주선 안으로 들어가는 것으로 되어 있다. 그에 비해 크리스는 아무 매체의 도움도 없이 그냥 맨몸이 들려져 공중으로 올려졌다고 하니 그게 이상한 것이다. 더 믿기 힘든 것은 지붕을 뚫고 지나갔다는 것인데 이게 어떻게 가능한 일인지 요해가 안 된다. 크리스가 체외이탈해 영혼의 상태로 들려졌다면 지붕을 통과할 수 있겠지만 몸이 지붕을 통과했다는 것은 믿을 만한 일이 아니다.

그다음도 그렇다. 그가 외계 존재의 우주선을 타고 말할 수 없이 먼 우주 공간으로 갔다는 것은 여느 UFO 피랍자들에게서도 들을 수 있는 이야기니 그렇다 치자. 그런데 다시 하강하더니 착륙한 곳이 미국 유타주의 어느 곳 같다는 것은 이해하기가 힘들다. 나는 이런 식의 이야기를 다른 피랍자들로부터 들어본 적이 없다. 말할 수 없이 먼 우주로 날아갔다고 하더니 착륙한 곳이 기껏 미국의 유타라는 게 영 설정이 이상하다. 그렇게 우주 먼 곳까지 갔으면 천사가 사는 신비로운 곳에 착륙해서 천사를 만나는 게 더 합당하지 않겠는가? 다시 말해 천사가 살 법한 천국 같은 행성(?)에 가고 거기서 화려한 궁궐 같은 곳에서 천사를 만나는 게 더 그럴듯할 것 같은데 크리스의 경우는 전혀 그렇지 않았다. 그리고 크리스 일행이 다시 지구로 내려오려고 했다면 그 먼 우주까지는 왜 간 것일까? 그러니까 크리스가 사는 곳에서 바로 유타주에 있는 사막으로 가지 왜 우주로 올라갔다가 다시 지구로 내려왔느냐는 것이다.

이런 의문들이 우후죽순처럼 생겨나는데 아무리 머리를 짜내도 답은 나오지 않는다. 너무도 격외적인 사건이라 우리의 이해력으로는 해독할 수 없는 것이다. 하기야 크리스가 간 곳이 지구가 아니라 그 천사가 사는 곳일 수도 있겠다는 생각이 든다. 그렇다고는 하더라도 그래도 작은 의문은 남는다. 예를 들어 천사는 왜 그런 협곡 같은 데에서 나타났는지와 같은 작은 의문 말이다. 천사들은 화려하고 찬란한 곳에 거처가 있을 것 같은데 왜 그런 골짜기에서 크리스를 만났는지 의문이 드는 것이다. 이런 생각을 다 제치고 그가 겪은 일이 모두 꿈속에서 일어난 것이라고 상정한다면 이렇게 장소 문제를 가지고 왈가왈부할 필요 없을 것이다. 그런데 어느 것 하나 확실히 알 수 없으니 이렇게 의문만 남발하는 것이다.

그런가 하면 이 같은 크리스의 체험을 이해하는 데에 또 다른 방법이 있기는 하다. 그의 체험을 그저 하나의 종교 체험으로 보자는 것이다. 예를 들어 프랑스의 루르드나 포르투갈의 파티마에 성모 마리아로 간주되는 존재가 나타난 것과 같은 맥락에서 이해해 보자는 것이다. 그런데 크리스가 만난 이 천사는 부활절에만 나타나는 것 같으니 기독교에 경도된 천사일 것이라는 이야기는 앞에서 이미 했다. 크리스의 천사 체험을 종교 체험으로 받아들인다면 그다음에 중요한 것은 이 체험이 전달하고자 하는 메시지이다. 크리스의 경우에는 천사가 말한 예언이 중요한 메시지가 되겠다. 그런데 이 예언은 예언이라고 하기에는 너무도 뻔하다. 인류에게는 앞으로 물병자리 시대가 도래하고 지금까지 인류 사회를 지배했던 그 말 많고 문제 많은 남성적 에너지가 여성적 에너지로 바뀐다는 이야기는 소위 뉴에이지 사상가들이 항상 해오던 주장이었다. 앞으로는 여성이 사회 전면에 나서서 인류 사회를 이끌고 나갈 것이고 그에 힘입어 지구에 평화의 시대가 도래한다는 것은 뉴에이지 사상가가 주장하는 주된 메시지이다. 크리스가 만난 천사도 이와 같은 것을 주장하고 있는 것으로 보이는데 이런 주장에 대해서는 진즉에 많은 비판이 있어 왔다.

이 같은 예언에 대해 제일 먼저 가해지는 비판은, 인류 사회는 천천히 변화하지 이 천사가 말하는 것처럼 어느 특정한 해에 갑자기 변하는 것이 아니라는 것이다. 그러니까 남성 에너지가 여성 에너지로 바뀐다는 것을 인정한다고 하더라도 그 변화가 수년, 혹은 수십년에 걸쳐 천천히 생기는 것이지 2026년이라는 특정한 시기에 갑자기 생기는 게 아니라는 것이다. 이에 대해 천사의 주장을 옹호하는 사람들은 이렇게 반박할지 모른다. "천사가 말하는 것은 2026년 전까지는 남성 에너지가 인류 사회를 지배하다가 2026년 부활절에 갑자기 그 에너지가 여성 에너지로 바뀐다는 것이 아니다. 여성 에너지는 이미 인류 사회에 많이 침투되어 있고 많은 분야에서 남성 에너지를 대체하고 있다. 그러다가 2026년이 되면 임계점에 다다르게 되어 여성 에너지가 대세가 되는 세상이 된다는 것이다. 그러니까 2026년은 획기적인 '터닝포인트'가 되어 인류 사회의 전반적인 대세가 바뀐다는 것이다"라고 말이다. 어떤 의견이 더 진실에 가까운지는 독자들의 판단에 맡기겠다.

의문은 계속된다. 그다음에 천사는 2026년 이후가 되면 평화가 도래할 것이라고 했는데 과연 인류 사회에 이런 적이 있었는지 되묻고 싶다. 그러니까 인류 사회에 온갖 전쟁과 다툼이 창일(漲溢)하다가 어떤 특정한 해에 이것이 모두 정지되고 갑자기 평화가 넘치는 시대가 된 적이 있었냐는 것이다. 이런 일은 가능한(possible) 일이기는 하지만 있음직한(probable) 일은 아니라고 해야 할 것이다. 다시 말해 이런 일은 생각으로는 가능한 일이지만 실제로는 일어날 수 있는 일이 아니라는 것이다. 이것은 인류 역사를 보면 너무도 쉽게 알 수 있다. 그렇지 않은가? 제2차 세계 대전이 끝나고 전쟁이라면 치가 떨려 인류가 더 이상 전쟁을 안 할 줄 알았는데 곧 한국전쟁이 터졌고 이어서 월남전쟁이 벌어졌으며 그 뒤에도 아프가니스탄이나 중동에서 전쟁이 일어나서 아랍 세력과 백인 세력이 충돌하더니 2024년 현재는 우크라이나나 이스라엘에서 전쟁이 진행 중이지 않은가? 이처럼 인류 역사는 전쟁으로 점철됐지 한 번도 평화가 정착된 적이 있었느냐는 것이다. 따라서 이런 추세는 앞으로도 계속될 것이라고 보는 게 상식적이지 이런 세태가 어느 특정한 해에 갑자기 끊기고 지구 전역에 평화가 넘치게 된다고 생각하는 것은 비상식적인 견해도 보인다.

그러나 아직 2026년이 되지 않았으니 이 천사의 견해가 틀렸다고는 할 수 없겠다. 이 원고를 쓰는 시점은 2024년 말인데 아직 천사가 말한 변화의 조짐은 보이지 않는다. 그래서 더 기다려 보아야겠다는 생각이 든다. 그런데 다음과 같이 생각해 보는 것도 가능하겠다. 천사가 굳이 크리스에게 나타나 이런 예언을 했다는 것은 거기에는 어떤 부분적인 진실이 있지 않겠느냐고 말이다. 천사가 나타나지 않아도 되는데 굳이 나타나서 이 같은 예언을 한 것은 2026년에 인류 사회가 갑자기 확 바뀌지는 않지만 괄목할 만한 모종의 변화가 있을 것이기 때문 아닐까 한다. 그 같은 막연한 기대를 갖고 2026년까지 기다려 보면 재미있겠다는 생각이다.

신적인 치유자가 된 크리스

이렇게 천사를 만난 크리스는 놀랍게도 신적인 치유자(divine healer)로 거듭나게 된다. 치유가 가능한 것은 물론 크리스의 능력이 아니라 천사의 힘이 그를 통해 전달되기 때문이다. 크리스가 치유의 행위를 할 때 전형적으로 하는 행동이 있다. 그 숭배 대상이 천사가 되든 신이 되든 크리스는 우선 기도를 한다. 그런데 기도를 해도 대충 하는 게 아니라, 온 힘을 다해 아주 열렬하게 한다. 그러면 상식적으로는 설명할 수 없는 신유(神癒), 즉 신적인 치유가 일어난다.

다음과 같은 사건에서 우리는 크리스의 치유 능력을 엿볼 수 있는데 일상적인 사고로는 도저히 이해할 수 없는 일이 벌어졌다. 크리스가 두 번째로 천사를 만난 직후(2013년)에 다음과 같은 희한한 사건이 터진다. 어느 날 갑자기 크리스가 키우던 개가 목에서 피를 흘리며 쓰러졌다. 놀란 크리스가 개의 상처 부위를 보니 깊이가 약 3cm 정도가 되었다고 하니 꽤 큰 상처인 것을 알 수 있다. 지혈을 하려고 손을 대보니 손가락 3개가 들어갈 정도로 상처가 깊었다고 한다. 그렇게 임시로 막았지만 손가락 사이로 피가 새어 나와 이 지혈법이 아무런 도움이 되지 못했다. 당황한 크리스는 아들에게 수건을 가져오라고 황급하게 소리쳤다. 가져온 수건으로 상처를 막아보았지만 피는 그치지 않았다. 수건을 통과해서 피가 계속 흘렀다. 응급차를 부를까도 생각했지만, 개에게는 응급차 서비스가 제공되지 않는다고 해서 부를 수도 없었다. 게다가 상황이 너무 심각해서 응급차가 온 들 병원에 도착하기 전에 개가 죽을 판이었다.

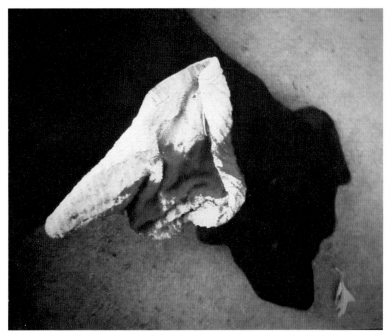

목에 상처 난 크리스의 개(유튜브 캡처)

이때 크리스는 절망에 빠져 눈을 감고 '신이시여 나는 어떻게 해야 합니까?'라고 되뇌면서 사력을 다해 기도했다. 그때 그는 내면에서 무엇인가 풀리는 것 같은 느낌을 받았다고 한다. 그러자 개가 조금씩 천천히 헐떡이기 시작했고 곧 안정을 되찾았다. 크리스가 수건을 들어보니 놀랍게도 피가 더 이상 흐르지 않았다. 그뿐만이 아니었다. 상처 자체가 아예 없어졌단다. 깊게 파인 상처가 감쪽같이 사라졌다는 것이다. 그리곤 개는 아무 일도 없었다는 듯이 바로 꼬리를 흔들며 놀기 시작했다.

이것이 사건의 전모인데 이 사건을 대하는 크리스의 심경은 남달랐다. 당시 크리스는 이 사건에서 천사의 임재를 느꼈다고 한다. 자신이 기도하자 곧 반응이 왔으니 말이다. 이 개를 고친 것은 천사의 힘이라는 것을 직감적으로 느낀 것이다. 그래서 그때 크리스는 앞으로 천사가 자신을 통해 사람들의 병을 고치게 할 것이라는 것을 알았다고 실토했다. 당시 크리스의 집에는 친구 한 사람이 놀러 와서 묵고 있었는데 그는 이 사건을 옆에서 생생하게 목격했다. 크리스에게는 이 친구가 와 있는 것이 나름의 의미가 있었다. 그에 따르면 천사가 이 친구에게 자신의 치유 현장을 보여준 것은 그가 앞으로 이 힘을 다른 사람(존재)을 위해 쓸 것이라는 사실을 세상에 알리라고 한 것 같았다고 한다. 크리스가 개를 고친 것을 크리스 자신이 말하면 사람들이 믿지 않을 것 같으니까 일종의 증인으로 그의 친구를 선택했다는 것이다.

이 이야기는 그저 크리스가 신적인 힘을 이용해 개를 고쳤다고 생각하면 간단한 이야기로 보일 수 있다. 그런 초자연적인 힘을 인정하고 이 사건이 일어났다고 생각하면 그만이지만 그렇다고 의문이 없어지는 것은 아니다. 이 사건에도 이해되지 않는 점이 적잖게 있다. 먼저 드는 의문은 이 개가 어쩌다 이런 상처를 얻게 되었냐는 것이다. 이에 관해서는 크리스의 책에 설명이 제대로 되어 있지 않았다. 그저 갑자기 개가 피를 흘렸다고만 적혀 있는데 멀쩡한 개가 왜 앞에서 본 것과 같은 큰 상처를 입었는지 알 수 없는 일이다.

그다음 의문은 깊게 파인 상처가 순식간에 없어졌다는 것에 대한 것인데 이것도 도저히 이해되지 않는다. 만일 이 사건이 앞에서 말한 대로가 아니라 상식적으로 진행되었다면 훨씬 믿기가 쉬웠을 것이다. 예를 들어 크리스가 기도했더니 일단 지혈이 빨리 되었고 그곳에 약을 바르고 붕대를 매었더니 예상보다 빠르게 완쾌되었다고 했다면 그런 것은 얼마든지 믿을 만하다. 그런데 그게 아니라 그냥 상처가 불과 몇 초 사이에 없어졌다고 하니 영 신임이 가지 않는 것이다. 흡사 영화에 나오는 CG를 보는 느낌이다. 크리스도 일이 이렇게 진행된 데에 대해 구체적인 설명을 덧붙이지 않아 그 속사정은 잘 모르겠다. 이렇게 설명이 부실하면 이 사건의 진실성에 대한 믿음이 떨어지는데 크리스가 이 사실을 아는지 모르겠다.

외계에서 왔다는 물질을 감정하는 크리스

다음에 소개하는 이야기는 아주 특이하고 재미있다. 크리스의 사회 친구인 팀과 관계된 것인데 팀은 당시 나사에서 일하고 있었다. 크리스에게는 이처럼 나사 같은 정부 기관에서 일하는 사람이 친구가 된 경우가 꽤 있다고 했다. 크리스가 겪은 체험이 순전한 UFO 체험이 아니라 기독교적인 것과 섞여 있으니 공무원들도 크리스의 체험을 받아들이는 데에 부담이 적었던 모양이다. 부담된 것이 아니라 외려 크리스의 신적인 능력에 호기심을 갖고 접근한 것이 아닌가 한다.

어떻든 이 팀이 크리스 집에 온 적이 있었다. 그때 팀은 크리스에게 은색과 회색 색깔을 띤 작은 쇠 하나를 보여주었다. 우표 만한 크기였는데 크리스가 그것을 들어보니 알루미늄 조각을 든 것처럼 아

로즈웰 UFO 추락 현장을 거닐고 있는 노년의 마르셀(유튜브 캡처)

주 가벼웠단다. 그러자 팀은 배낭에서 상자 하나를 꺼내 그곳에 있던 쇠 한 조각을 크리스에게 주었다. 이 쇠는 그 크기는 조금 전 것과 비슷했는데 색깔이 조금 어두운 회색을 띠었다. 팀에 따르면 이 쇳조각은 특별한 성질이 있는데 그것은 탄성이 매우 좋다는 것이었다. 이 쇳조각은 알루미늄 포일처럼 구부릴 수 있는데 구부렸다가 놓으면 곧 다시 펴진다고 하니 말이다. 반면 알루미늄 포일은 구기면 절대로 원래 모습으로 돌아오지 않는다. 그런데 이 쇳조각은 바로 본래의 모습으로 돌아올 뿐만 아니라 쇠처럼 강한 성질은 그대로 유지한다고 하니 그 탄성이 대단한 것이다. 팀에 따르면 이런 물질은 인간이 만들 수 없는 것으로 그 출처가 외계에서 온 우주선이라고 했다. 외계에서 온 우주선이면서 지구에 추락한 것이라면 로즈웰 등에 떨어진 UFO일 터인데 팀은 정확한 출처에 대해서는 밝히지 않았다. 그런데 더 궁금한 것은, 팀과 같은 일개 나사 직원이 이 같은 외계 물질을 지니고 다닐 수 있느냐는 것이다. 이런 물질은 매우 희귀한 것일 텐데 이렇게 외부에 유출되어도 되는 건지 모르겠다.

그런데 이런 이야기는 여기에만 나오는 것이 아니라 다른 사례에서도 발견된다. 이전 책(『Beyond UFOs』)에서 언급한 것처럼 트리니티 UFO 추락 사건의 주인공인 호세에게는 사브리나라는 조카가 있었다. 그녀의 회고에 따르면 그녀가 사는 집에는 호세가 추락한 UFO에서 가져온 쇳조각 같은 게 있었다고 한다. 그런데 이 조각의 성질이 팀이 크리스에게 보여준 조각의 성질과 같았다. 사브리나가 증언하기를 그 금속 조각은 아무리 접어도 바로 원래의 모습으로 돌아간다고 했으니 말이다. 이 같은 이야기는 로즈웰 사건을 직접 목도한 마르셀 소령의 증언에서도 발견된다. 그는 육군 장교로서 현장에서 외계 비행체의 잔해를 수거했는데 그 역시 똑같은 증언을 하고 있다. 나는 그가 말년에 로즈웰 현장을 거닐면서 당시를 회고하는 영상을 시청했는데 바로 그 영상에서 이와 같은 증언을 하고 있었다.

크리스의 이야기는 아직 끝나지 않았다. 팀이 크리스의 왼쪽 손에는 첫 번째 쇳조각을 올려놓고 오른손에는 두 번째 쇳조각을 올려놓았다. 그러자 갑자기 크리스의 몸에 강한 에너지가 흘렀다. 그리곤 전투기가 빨리 움직일 때 발생하는, 눈앞이 캄캄해지는 '블랙아웃' 현상이 일어났다. 눈앞에는 터널 같은 것이 보였다. 크리스의 심장이 마구 뛰었는데 그는 그 진동을 참으면서 '이게 대관절 뭐야'라고 크게 외쳤다. 그러자 그의 팔뚝도 뛰었다. 크리스는 너무 놀라 그 쇳조각을 원래 있던 데에 갖다 놓고 방바닥을 응시하면서 시력이 되돌아올 때까지 기다렸다. 이윽고 크리스가 고개를 드니 팀이 '왜 당신입니까?'라고 물었다. 이것은 왜 크리스만 그런 반응을 보이냐고 묻는 것이다. 크리스가 '그게 무슨 말이요? 그런데 도대체 나한테 무슨 일이 일어난 거요?'라고 되물으니 팀은 믿을 수 없는 이야기를 전했다.

'이 쇳조각은 5천만 광년 정도 떨어진 외계에서 온 동위원소를 갖고 있어요. 이 물질의 구성 원리는 아직 우리가 파악하지 못했는데, 인간이 만든 금속이 아니라는 것은 확실합니다'라고 말하면서 팀은 말문을 열었다. 이어서 말하길 자신은 이 두 금속을 가지고 많은 사람을 대상으로 실험해 보았는데 크리스처럼 반응한 사람은 그를 포함해서 딱 두 사람밖에 없었다고 한다. 그런데 그 두 사람 중에도 크리스의 반응이 더 강했다고 한다. 이것은 크리스가 그만큼 기감(氣感)이 강하다는 것을 의미하는 것인데, 그 강한 정도가 일반적인 지구인이 갖는 기감을 훨씬 뛰어넘는, 즉 지구의 수준을 뛰어넘는 기감을 가진 것으로 해석될 수 있을지 모르겠다. 나는 이를 두고 크리스의 몸이 지구 체질에서 우주 체질로 바뀌었다고 풀었는데 이것은 매우 특이한 일임이 틀림없다.

앞에서 팀이 크리스를 포함해서 두 사람을 거론했는데 또 한 사람은 유리 겔러가 아닌지 모르겠다. 이전 책에서 언급한 것이지만 겔러도 미국 아폴로 로켓 프로젝트의 주역이었던 폰 브라운 박사의 안내로 외계로부터 온 것으로 추정되는 물체를 만져본 적이 있기 때문이다. 그때 겔러도 그 물체가 외계에서 기원한 것 같다고 했는데 그와 더불어 그 물체가 살아 있는 것 같다는 평을 남겼다. 지구의 물질에서는 약동하는 기운의 흐름을 감지할 수 없는데 이 물체에서는 무언가 살아 있는 듯한 기운이 있다고 한 것인데 그가 더 이상 이야기하지 않아 구체적인 것은 잘 모른다. 개인적인 생각에 이런 능력은 크리스나 겔러처럼 외계 존재들과 깊은 차원에서 조우해서 체질이 바뀐 사람들이나 가질 수 있는 능력인 것 같다.

마지막으로 던지고 싶은 질문은 팀이 '이 물질은 5천만 광년 떨어진 행성에서 온 원소로 이루어졌다'라고 한 것에 대한 것이다. 팀은 왜 5천만 광년이라고 특정했을까? 그 물질이 5천만 광년이나 떨어진 곳에서 온 것인지를 어떻게 알았느냐는 것이다. 또 그는 어떻게 계산해서 5천만 광년이라는 숫자가 나왔는지 궁금한데 크리스나 팀이 이에 대해서 더 이상 설명하지 않아 답은 알 수 없다.

가족에게도 나타나는 천사

앞에서 크리스의 천사는 부활절에 나타나는 것을 좋아하는 것 같다고 했는데 1년이 지나고 2014년 부활절 날에 천사가 다시 나타났다. 그런데 이번에는 내용이 달랐다. 아마 촌음을 다투는 위중한 일이 있다는 것을 알리려고 나타난 것 같은데 이번에는 천사가 크리스가 아니라 그의 조카와 그녀(조카)의 딸에게 나타났다. 이 두 여성이 새벽 1시 반쯤 할머니(크리스의 모친) 집으로 들어가려 하니까 천사가 환하게 빛나는 드레스를 입고 현관 앞에 나타났다고 한다. 몸 주위에는 매우 밝게 빛나는 광배가 있었는데 떠 있는 상태로 천천히 밖으로 나 있는 길을 따라 움직였다고 한다. 그렇게 움직이다가 천사는 이들 앞으로 와서 이들과 눈을 맞춘 다음 집들 사이로 사라졌다. 그들은 처음 보는 천사의 등장에 압도되어 거의 무아지경이 되어 바로 크리스에게 문자를 보냈다. 그때 크리스는 자고 있어 아침에 되어서야 문자를 확인했다고 한다.

왜 천사가 또 나타났을까? 그것도 주인공인 크리스가 아니라 주변 가족에게 말이다. 이것은 아침, 즉 부활절 날 아침이 되자 그 이유가 밝혀진다. 아침에 크리스의 큰아들이 일어나자마자 등의 밑부분이 너무 아프다고 하면서 제 엄마에게 호소했다. 셔츠를 들어 등의 밑동을 보니 소프트볼 만한 크기로 부어오른 것이 보였다. 적이 놀란 크리스 부부는 즉시 아들을 차에 태우고 시내에 있는 병원으로 내달았다. 그런데 병세가 생각보다 훨씬 심각한 것으로 판명되어 크리스는 아들을 차로 한 시간 반 떨어진 종합 병원으로 데려가야만 했다. 시내에 있는 작은 병원에서 다룰 병이 아니었던 것이다. 종합 병원의 의사들은 크리스의 아들에게 여러 가지 전문적인 검사를 시행한 끝에 이 아이의 증세가 심각하다고 파악하고 곧 중환자실로 입원시켰다. 그만큼 그의 증세가 위중했던 것인데 병명은 신장 감염이었다. 그런데 놀라운 것은 아들이 하루라도 병원에 늦게 왔으면 살기 어려웠을 것이라는 의사들의 진단이었다. 상황이 이렇게 된 것은 크리스의 아들이 지난 몇 주 동안 자기가 아프다는 사실을 감추고 병을 키워 왔기 때문이었다. 이 아이의 병세가 장난이 아닌 게 중환자실에 두 달이나 있으면서 강한 항생제를 처방받았다고 하니 그 사정을 알 수 있겠다. 중환자실에 두 달 동안 있는 것은 웬만한 중증의 환자가 아니면 겪지 않는 일이다. 그런데 이 강한 치료 때문에 이 아이의 심장에 염증이 생기는 등 심각한 부작용이 있었지만 그래도 항생제 덕분에 천천히 나아져서 완치되었다고 한다.

크리스는 이 일을 겪고 마음 깊은 곳으로부터 천사에게 감사를 전했다. 왜냐하면 아들의 병세가 너무나 위중해지자 천사가 나타나 이 위난을 극복할 수 있게 해주었기 때문이다. 크리스는 이처럼 천사를 향한 감사의 마음이 벅차올랐지만 동시에 좌절감도 들었다. 왜냐하면 그동안 살아오면서 자신만 여러 차례 죽을 뻔한 일을 겪었으면 됐지 왜 아들까지 이런 고난을 겪느냐는 생각이 들었기 때문이다. 이런 의문이 들었지만, 그는 곧 마음을 고쳐먹고 자신이 해야 할 바를 다시 챙겨보았다. 그는 일전에 천사를 만나서 모든 생명에게 자비심을 전하고 자신이 체험한 것을 이웃과 나누겠다고 다짐한 것을 다시 한번 확인해 보았다. 그리고 이 일을 절대로 포기하지 않겠다고 마음을 다잡았다.

그런데 이 사건에도 어김없이 의문이 생긴다. 이번 일은 크리스의 아들과 관계된 것인데 천사가 왜 크리스의 조카(그리고 그 딸)에게 나타났느냐는 것이다. 이것은 아들의 문제이니 천사가 아들이나 크리스에게 직접 나타나면 되는데 왜 다른 사람에게 나타났는지 잘 모르겠다. 더 구체적으로 말하면 천사가 크리스의 조카에게 나타난 것과 크리스의 아들이 아침에 고통을 호소한 것 사이에는 아무런 연관이 없는 것 아니냐는 것이다. 만일 천사가 이 여자들에게 나타나 크리스의 아들을 더 보살피라고 했으면 말이 되지만 아무 이야기도 하지 않고 그냥 나타났다가 사라졌으니 그게 무슨 사인(sign)인지 어떻게 아느냐는 것이다. 여기에는 분명 천사의 깊은 뜻이 있을 텐데 천사 본인에게 물어볼 수는 없으니 어디서 확실한 답을 얻어야 할지 모르겠다.

크리스가 천사의 힘을 빌려 환자를 고치는 구체적인 모습

다음 이야기도 크리스의 신유(神癒) 사건에 관한 것이다. 2015년의 일이었다. 크리스는 래리라는 지인을 통해 워싱턴에 살고 있는 브랜던이라는 12살짜리 아이가 그의 도움을 필요로 한다는 것을 알았다. 그 아이는 유전으로 미토콘드리아 병에 걸렸는데 악화되는 속도가 빨라 의사들은 13살을 넘기기 힘들다고 진단했다. 이 아이는 음식을 소화하지 못해 천천히 죽어가고 있었는데 의학은 이 아이의 병을 고칠 수 없었다고 한다. 래리가 목요일에 크리스에게 전화해 바로 워싱턴으로 가자고 하니 크리스는 주말을 보내고 월요일에 가면 안 되겠냐고 되물었다. 그러자 래리는 시간이 별로 없다고 하면서 다음날 바로 가자고 재촉했다. 그만큼 아이의 병이 위중했던 것인데 크리스는 자신도 대장 질환인 크론병을 앓아보았기 때문에 그 아이의 상황에 대해 동정을 느꼈다. 다음날 크리스는 워싱턴으로 향했지만 어떤 기대도 할 수 없었다. 그가 할 수 있었던 것은 그 아이를 진정으로 돌보아주겠다는 마음을 갖고 이 아이의 가족이 느끼는 슬픔을 공감하고 그 슬픔을 천사가 제공하는 빛에 노출하는 것이었다.

크리스는 다음날 바로 워싱턴으로 향했는데 이 아이의 집안은 미국에서도 알아주는 집안이었던 모양이다. 미국에서 최고의 상류층에 속했다고 하는데 크리스가 그 내막을 자세히 이야기하지 않아 구체적인 정황은 알 수 없다. 그런데 크리스의 책을 보면 브랜던이 오바마가 대통령 재위 시 그의 백악관 집무실에서 같이 찍은 사진이 나온다. 그것을 보면 브랜던 집안이 미국 사회에서 차지하는 지위를 어느 정도 알 수 있지 않을까 싶다. 어쨌든 크리스는 브랜던의 집에 갔고 그곳에서 그 아이를 처음 만났다. 그와 몇 마디 말을 나눈 다음 크리스는 자기가 그때까지 본 아이 가운데 브랜던처럼 공손하고 품위 있는 아이를 본 적이 없다고 극찬했다. 아마도 브랜던은 가정에서 최상의 교육을 받았던 모양이다.

크리스가 브랜던의 집에서 그의 가족들과 이야기를 나누다 보니 저녁이 되었다. 크리스는 가족들과 대화하면서도 계속해서 마음속으로 성령 혹은 천사에게 자신이 무엇을 어떻게 해야 하는지 가르쳐 달라고 기도했다. 천사는 이런 경우 어떻게 하라고 가이드라인을 준 적이 없기 때문에 그는 마음속으로 천사의 이미지만 생각했다. 그러자 그의 내면에 관대함이나 자비, 지혜의 기운 같은 것이 무한정으로 흐르는 것 같은 느낌을 받았다. 이에 기도를 더 강하게 하자 크리스는 자신의 내면에 전기 에너지 같은 것이 형성되는 것을 느끼기 시작했다. 그러자 크리스는 지금 자신이 브랜던을 두 팔로 안으면 그가 필요한 에너지를 얻을 수 있을 것이라는 생각이 들었다. 그런 생각을 하고 있었는데 그날 긴 여행을 했기 때문에 크리스는 몹시 피곤했다. 그런데 피로감을 느낄수록 윙윙거리는 전기 에너지의 느낌이 더 강해졌다고 한다. 그 순간 그는 작별 인사를 할 때 자연스럽게 브랜던을 안아주면 되겠다는 생각이 섬광처럼 스쳤다. 밤이 늦어져 크리스는 호텔로 가야 했는데 그 전에 브랜던을 안으면서 그는 다음과 같이 기도했다.

> 하늘의 영이시여, 이 아이는 정말로 특별합니다.
> 이 아이는 제가 만난 아이 중에 가장 겸손한 아이입니다.
> 분명히 그는 두 번째 기회를 얻을 자격이 있습니다.
> 이 아이의 생애 내내 그를 굽어보시고 도와주시고 인도해 주십시오.
> 이번에 그에게 기회를 주십시오. 그를 고쳐주십시오.

　이렇게 간단한 기도를 끝낸 다음 크리스는 호텔로 돌아왔다. 그런데 새벽 1시경 브랜던의 엄마로부터 전화가 왔다. 그가 떠나고 브랜던이 음식을 두 접시나 먹었다는 것이었다. 그녀는 이런 브랜던의 모습을 보고 소스라치게 놀라고 너무 좋아서 전화한 것이다(이렇게 한밤중에 전화해도 되는지 모르겠는데 아이가 치유되자 그의 엄마가 염치 불고하고 크리스에게 전화한 것 같다). 그러면서 이전에는 브랜던이 이 정도로 기운을 차리고 식욕을 되찾은 것을 본 적이 없다고 전했다. 이에 대해 크리스는 그저 담담하게 브랜던은 아주 특별한 아이이고 앞으로 더 좋아질 것이라고만 응대했다. 그리고 항상 그를 염두에 두고 지켜볼 것이라고 답했다.
　이렇게 해서 브랜던은 치유된 것이다. 음식을 소화할 수 없는 병에 걸려 거의 먹지 못하던 아이가 크리스가 신유의 포옹을 한 번 해주었더니 그 즉시로 음식을 두 접시나 먹었다고 하니 말이다. 이 사건을 두고 사람마다 다른 평가를 내릴 수 있지만 나는 일단 이 사건이 사실이라고 생각한다. 왜냐하면 치유 과정을 설명할 수 있기 때문이다. 특히 동북아시아의 전통 의학적인 관점에서 설명이 가능하다. 이른바 한의학이라고 불리는 의료 체계에서는 인간의 병이 생기는 유력한 원인 가운데 하나로 경락(기의 길)을 따라 흐르는 기가 막히는 것을 든다. 이 이야기를 이해하기 힘들면 피와 혈관의 관계를 살펴보면 된다. 우리는 혈관에 이물질이 끼어 피가 잘 흐르지 못하면 동맥경화증과 같은 병에 걸린다. 기도 마찬가지다. 기가 경락을 흐를 때 어떤 이유에서든 원활하게 흐르지 못하면 병에 걸린다. 한국어의 표현 가운데 '기가 막히다' 같은 표현은 바로 기가 제대로 흐르지 못하는 상태를 말하는 것이다. 따라서 한의학에서는 이 기가 원활하게 흐르게 기가 모이는 혈 자리에 침이나 뜸을 놓는 것이다.

이 기라는 것은 일종의 전기 같은 것으로 나름의 에너지를 갖고 있다. 이 에너지를 가지고 막힌 곳을 뚫는 것이다. 앞에서 본 것처럼 크리스는 천사에게 기도한 뒤에 몸에 전기가 충만해지는 것을 느꼈다고 했다. 이것은 그의 기감(氣感)이 매우 높아지고 에너지가 굉장히 강해졌다는 것을 뜻한다. 이때 크리스는 자신이 따로 치유의 행위를 하지 않고 그저 브랜던을 한 번 안아주기만 하면 될 거라는 감이 왔고 그는 그렇게 했다. 추정컨대 크리스가 브랜던을 안았을 때 브랜던은 출처를 알지 못하는 전기 에너지 같은 것이 자기 몸으로 들어오는 느낌을 받았을 것이다. 브랜던이 그 기운을 받고 짐짓 놀랐을 것 같은데 크리스는 이에 대해 별다른 언급을 하지 않았다. 어떻든 이때 강한 전기 기운이 브랜던을 덮쳤을 것이고 그 순간 막혀 있던 기혈이 뚫렸을 것이다. 이렇게 되면 병은 그 즉시로 치유된다.

이와 비슷한 이야기는 예수의 사례에서도 보인다. 앞 장에서 오웬스를 설명할 때 잠깐 예를 든 것으로 예수가 혈루병으로 10년 넘게 고생하던 여인을 고친 예가 그것이다. 당시 상황을 간단히 재연해 보면, 예수가 그녀의 마을에 온다는 소식을 듣고 이 병에 걸린 여인은 마지막 희망을 품고 예수에게로 다가갔다. 당시에 많은 사람들이 몰려와 예수에게 가까이 가는 일이 힘들었지만 그녀는 가까스로 예수 근처에 가서 그의 옷을 잡을 수 있었다. 직접 대면하지는 못하고 옷만 간신히 잡은 것이다. 그런데 그때 예수가 한 말이 인상적인데 이에 대해서는 경전의 버전에 따라 표현이 조금씩 다르다. 내가 접했던 버전에서는 예수가 '누가 내 옷을 만졌소? 내 몸의 기운이 빠져나가는 것을 느꼈소'라고 말한 것으로 나온다. 이 표현이 맞는 것이라면 예수가 이 여인을 고친 방식이 크리스가 브랜던을 고친 것과 유사한 것처럼 보인다. 예수 같은 성자들은 몸에 엄청난 기운을 갖고 있는데 그게 어떤 상대와 합이 맞으면, 혹은 같은 진동수가 되면 그 에너지가 상대방으로 흘러 들어가 소위 기적이라는 것을 만들어 낸다. 그게 병이 낫는 것이 될 수도 있고 높은 지혜를 얻는 것이 될 수도 있는데 중요한 것은 당사자가 이때 일상적인 것을 넘어선 것을 경험하게 된다는 것이다.

정부 요원들과 좋은 관계를 유지하는 크리스

어떻든 이 일로 크리스는 브랜던의 부모와 평생 '절친'이 된다. 이것은 당연한 일 아니겠는가? 곧 죽게 될 아들을 살려 주었으니 이보다 더 고마운 사람이 어디 있겠는가? 그런 끝에 브랜던의 부모는 아들의 성인식에 크리스의 가족을 뉴욕으로 초청했다. '바 미쯔바'라고 불리는 이 성인식은 유대교에서 행하는 것이니 브랜던은 유대 혈통이었던 모양이다. 이때 크리스는 짐 세미반(J. Semivan)이라는 전직 CIA 요원을 만나게 되는데 그는 CIA 내부에서 '제임스 본드'로 불릴 정도로 매우 유능한 사람이었다고 한다. 짐도 크리스 가족과 아주 친한 관계를 갖는데 나중에 크리스의 집에 와서 크리스 자식들의 친구를 모아놓고 CIA 이야기도 해주는 등 크리스 가족에게 선한 영향력을 미쳤다. 짐이 그 세계에서는 상당히 알려진 인물이라 그랬는지 크리스의 책에는 그의 이름이 가장 먼저 등장한다. 그가 크리스 책의 추천문 같은 서문을 써주었기 때문이다. 이 책에 그의 이름이 가장 먼저 나오는 것은 그가 그만큼 명망 있는 인사라는 사실을 말해준다고 하겠다.

크리스는 이처럼 정부 관계자들과 아주 좋은 관계를 유지했다. 이것은 매우 특이한 일로 보통 UFO 체험자들은 정부 관계자들과 좋은 관계를 갖지 못하는데 크리스는 그렇지 않았으니 말이다. UFO 체험자들이 관료들과 사이가 나쁠 수밖에 없는 것은 관료들이 체험자의 입을 막으려고 무자비하게 위협하기 때문이다. 우리는 이런 사례를 숱하게 보았다. 특히 미국 정부는 지난 수십 년 동안 UFO의 실재를 부정해 왔기 때문에 체험자들에게 아주 강한 함구령을 내릴 수밖에 없었다. 그러는 과정에서 체험자와 정부 관계자 사이에는 험한 관계가 형성되었던 것이리라.

그런데 크리스의 경우는 그렇지 않으니 신기하다는 것인데 나는 그 이유를 이렇게 추정했다. 내가 아는 바로 크리스의 체험을 굳이 분류하자면 UFO 체험보다 순전한 종교 체험에 더 가까운 것으로 보인다. 그의 체험은 비록 처음에는 정체를 알 수 없는 빛나는 구체를 만나는 것으로 시작해서 UFO를 만나는 체험처럼 보였지만 종국에는 천사를 만나는 것으로 끝났기 때문이다. 크리스의 삶이 원천적으로 바뀌는 것은 그가 천사를 만난 다음이었지 구체를 만난 다음이 아니었다. 따라서 그의 체험의 중심은 '천사와의 조우'라고 할 수 있다. 그런데 이 천사는 부활절에 자주 나타나는 등 매우 강한 기독교적인 성향을 보였다. 사정이 이러하니 그의 체험을 접한 미국인들이 거부감을 가질 이유가 없었을 것이다. 아니 거부감이 아니라 외려 친밀감이 들었을 것이다. 경전이나 책에서만 접했던 천사를 직접 만난 사람을 현실에서 보게 되니 호감을 느끼지 않을 수 없었을 것이다.

이처럼 크리스는 정부의 고위 인사를 많이 만나고 그들과 좋은 관계를 유지했는데 그런 사람 가운데 가장 유명한 사람은 존 알렉산더 박사일 것이다. 군인 출신인 알렉산더는 대령으로 예편했는데 미국 육군에서 이루어지는 거의 모든 초현상적인(paranormal) 프로젝트에 관여한 인물이라고 한다. 그래서 이 주제와 관련해 가장 많은 최고의 기밀(top secret)을 알고 있는 사람으로 소문이 나 있었다. 이 미군의 '초현상 비밀 프로젝트'라는 것은 일반은 물론이고 군인들도

존 알렉산더 박사

잘 모르는 것인데 간단하게 설명하면, 원격 투시나 텔레파시, 염력 등과 같은 초능력을 군사 작전에 활용하는 프로젝트라고 할 수 있다.

이 가운데 대표적인 것이 원격 투시이다. 미국 정부는 정찰기나 정찰 위성이 아직 발달하기 전인 과거 시절에 적국의 미사일 기지 같은 주요 군사 기지를 염탐하기 위해, 이 같은 초능력을 활용했다. 이것을 아주 간단하게 보면 이와 같이 진행된다. 우선 원격 투시를 잘할 것 같은 군인을 선별해서 그들을 훈련시킨다. 이들이 받는 훈련이라는 게 조금 생뚱맞지만, 그들의 의식을 적국의 군사 기지로 보내 거기서 본 것을 그림으로 그리게 하는 것이다. 예를 들어 소련의 미사일 기지를 염탐하는 것이라면 이 병사는 몸은 미국의 군 기지에 있지만 의식은 소련의 그 기지로 보내야 한다. 그의 의식이 소련의 그 기지로 갔다고 간주하고 그때 그의 마음에 이미지로 떠오르는 것을 그림으로 그리게 하는 것이다. 이것은 과학적인 입장에서 보면 황

미쉬로브의 프로그램에 출연해 대담하고 있는 비글로우(왼쪽)(유튜브 캡처)

당무계한 이야기이지만 소련에서 먼저 이 같은 일을 기획하고 시작했기 때문에 미국도 마지못해 이 프로젝트를 가동했다. 알렉산더는 이 일을 하면서 1987년에는 유리 겔러와도 비밀 회동을 갖는다. 겔러는 세계적으로 초능력을 가진 사람으로 잘 알려진 인물이기 때문에 알렉산더가 그를 만났을 것 같은데 그때 미국 정부에서는 겔러를 두고 여러 가지 초능력을 테스트했다고 전해진다.

그런데 재미있는 것은 이 알렉산더를 주인공으로 만든 영화가 있다는 것이다. 'The Men Who Stare at Goat(염소를 응시하는 사람들)'라는 영화(2009)로 그 유명한 조지 클루니가 주인공으로 나왔다. 그가 알렉산더 역할을 한 것인데 영화를 보면 클루니가 염소를 죽이겠다고 뚫어지게 쳐다보는 장면이 나온다. 이것은 염력으로 동물에게 위해를 가할 수 있다는 것을 보여주려고 하는 일일 것이다. 따라서 이 힘을 적군에게 쓰면 그들에게 심대한 피해를 줄 수 있다고 믿고 이런 훈련을 했던 것 같다. 또 클루니가 자신은 벽을 투과할 수 있다고 하면서 실제로 벽으로 치닫다가 뜻을 이루지 못하고 벽에 부딪혀 쓰러지는 장면이 나온다. 이 장면은 이 영화의 대표적인 장면인데 이처럼 이 영화에는 코미디적인 요소가 많았다. 그 때문인지 흥행에는 참패했는데 흥행이야 우리의 관심사가 아니지만 그만큼 알렉산더와 그가 하는 일이 대중에게 알려져 있어 영화까지 만들어진 것 아닌가 한다.

알렉산더는 UFO에도 많은 관심을 갖고 있었고 상당히 정통한 지식도 있었다. 그리고 그는 항공 사업으로 억만장자가 된 비글로우(Robert Bigelow)와도 친분이 두터웠다. 비글로우는 국내에는 많이 알려지지 않았지만, 미국에서는 일론 머스크와 더불어 항공 사업의 일인자로 꼽힌다. 그는 특히 UFO에 관심이 많아 자기 회사 내에 UFO 연구소를 만들어 연구를 한 것으로도 유명하다. 그는 또 미쉬로브와도 친분이 두터워 미쉬로브가 진행하는 유튜브 방송에도 여러 차례 나와 면담을 했다. 이렇게 보면 이 사람들은 UFO 연구계에서는 모두 내부 사람(inner circle)이라고 할 수 있다. 내가 크리스를 알게 된 것도 이들의 인적 관계에서 비롯된 것이다. 알렉산더가 크리스를 먼저 알았고 미쉬로브에게 그를 소개했는데 미쉬로브는 크리스의 체험이 남다르다는 것을 알아채고 자신의 프로그램에 출연시켰다. 그리고 나는 이 프로그램을 접했고 크리스의 이야기를 들어보니 그가 범상치 않은 체험을 했다는 것을 알 수 있었다. 그러는 중에 마침 크리스가 책을 써서 출간했고 나는 그 책을 구입해서 읽고 이 글을 쓰는 것이다. 내가 지금 이 글을 쓰게 된 배경은 이렇게 진행되었다.

알렉산더가 크리스를 만나게 되는 배경에는 다음과 같은 재미있는 사건이 있었다. 2015년에 교황은 미국의 필라델피아를 방문하게 되는데 크리스는 자신의 예지력으로 교황이 암살 위기에 있다는 것을 알아낸다. 그런데 그는 교황의 암살이 어디서 어떻게 이루어지는지에 대해서 그 정확한 장소나 시간은 알지 못했던 모양이다(하기야 이런 예언은 대체로 두루뭉술하게 이루어지는 게 태반이다!). 그래서 그는 직접 필라델피아에 가게 되는데 이 일을 획책한 사람이 앞에서 언급한 래리였다. 래리가 왜 교황의 암살 소식에 관심을 갖고 뛰어들었는지 모르지만, 그는 이 방면에서 꽤 저명한 인물이었던 것 같다. 내가 이렇게 추측하는 것은 래리가 알렉산더와도 아주 가까운 사이였다고 하기 때문이다.

이 교황 암살 시도 사건에 비상한 관심을 가진 래리는 알렉산더를 이 작전(?)에 합류시킨다. 알렉산더는 앞에서 말한 것처럼 이 분야에서는 최고의 거장이었기에 일을 같이하는 것이 좋다고 생각한 것이리라. 크리스는 이때 처음으로 알렉산더를 만난다. 알렉산더는 거장답게 크리스의 능력을 알아보곤 그가 원격 투시를 하게끔 유도했다. 여기에는 아마 독특한 '스킬'이 있는 모양인데 크리스가 밝히지 않아 그것이 무엇인지는 확실히 알 수 없다. 어떻든 그렇게 시도한 끝에 그들은 교황에 대한 암살 시도가 언제 어디서 일어나는지를 알아내게 된다. 그런데 알렉산더는 노련한 사람이었다. 그는 이런 일을 할 때 이렇게 한 사람에게만 의존하는 것은 바람직하지 않다는 것을 알고 있었다. 이 같은 일을 할 때는 한 사람 이상을 불러다 조사하는 '교차 검증(double crosscheck)' 방법을 사용해야 한다는 것을 알고 있었던 것이다. 그래서 알렉산더는 미군에서 최고의 원격 투시자로 간주되던 조셉이라는 사람을 불러 같은 일을 시켰다. 조셉은 물론 전역한 사람인데 알렉산더가 육군에서 일할 때 오랫동안 같이 일하던 사이였다. 그랬더니 조셉도 크리스가 찾아낸 것과 비슷한 결과를 얻어냈다.

알렉산더는 두 사람, 즉 크리스와 조셉이 발설한 내용을 종합하여 교황이 암살당할 수 있는 가장 유력한 후보지로 벤저민 프랭클린 다리를 꼽았다(이 다리는 내가 필라델피아에 있는 템플대학 유학 시 자주 왕래하던 다리라 반가웠다). 이 이야기를 접한 래리는 이 정보를 CIA에 전달했고 CIA는 그 정보에 따라 이 다리를 비롯해 다른 다리 부근의 경호도 강화했다고 한다. 그런데 나중에 들어보니 연방 검찰이 밝혀내길 어떤 남자가 실제로 이 다리 부근에서 교황을 암살하려고 했다고 하는데 이게 크리스가 예측한 그것인지는 확실히 알 수 없다. 이 사건에 관한 서술은 크리스 책의 맨 앞부분에 나오는데 제1장이 이 이야기로 시작하고 있다. 내가 이 책을 읽기 시작했을 때 처음에 갑자기 이런 이야기가 나와 나는 '뭐 이런 동네가 다 있어?'하고 의아해했던 기억이 난다. 초능력자들이 세계적인 인물의 미래를 원격 투시로 알아내고 그것을 정보기관에 알리고 하는 등등이 모두 신기하기만 했다(그러나 이 사건을 어디까지 믿어야 하는지는 잘 모르겠다).

이런 사건을 거친 끝에 알렉산더는 크리스와 친해져 그의 집에까지 가서 머문 적이 있었다. 이런 일은 보통 친하지 않으면 발생하지 않는 일로 이것으로 우리는 이 두 가족이 얼마나 친한지 알 수 있다.

다른 가족이 방문하게 되면 보통 그들은 호텔에 머물기 마련인데 알렉산더 가족은 아예 처음부터 크리스의 집에 머물렀으니 양 가족이 얼마나 친한 관계인지 알 수 있겠다. 크리스의 아이들도 알렉산더 부부가 오는 것을 퍽 반겼다고 한다. 나는 알렉산더를 미쉬로브가 진행하는 유튜브 프로그램에서 보았는데 아주 푸근한 인상이었다. 그냥 마음씨 좋은 미국 할아버지 같았다. 아마 그런 성격이었기에 크리스의 아이들도 그를 좋아한 것 아닌가 한다.

알렉산더는 이처럼 크리스와 가까운 사이가 되었기 때문에 이 두 사람은 특별한 경험을 한다. 이때 두 사람은 알렉산더의 요청에 따라 크리스가 처음으로 구체를 목격한 케이프 피어 강가로 갔다. 아마 알렉산더는 자신이 이 구체를 직접 목격했으면 하는 바람이 있었던 것 같다. 그런데 다행히 그의 뜻이 이루어져 그는 그 강가에서 크리스가 목격한 것과 똑같은 구체를 만나게 된다. 그 역시 UFO를 지근(至近)거리에서 보게 된 것이다. 이 뒤에는 다른 사람들도 이 구체를 많이 목격하지만, 알렉산더처럼 이 구체가 최초로 나타난 지점에서 목격한 경우는 없었던 것 같다. 그 점에서 알렉산더는 크리스에게 매우 특별한 존재라고 할 수 있다. 그런 점이 작용했는지 알렉산더는 크리스 책에 두 번째 추천문을 쓴다. 첫 번째 서문은 앞에서 본 것처럼 짐 세미반이 쓴 것이고 두 번째 것을 알렉산더가 쓴 것이다. 나는 이런 것을 볼 때마다 미국에서는 비슷한 사람들끼리 잘 '논다'라고 생각하면서 부러운 심정마저 들었다. 한국에서는 이런 일이 발생할 확률이 현저하게 낮기 때문이다. 미국에는 수많은 UFO 연구가들이 있어 그들 나름대로 공동체를 형성해 코드가 맞는 사람끼리 긴밀하게 연락하는데 한국에는 그런 일이 발생할 것 같지 않으니 아쉽다는 것이다.

록스타와도 협업하는 크리스

다음 이야기는 미국의 유명한 록스타인 탐 들론지(Tom Delonge)와 관계된 이야기로 이 장면에는 요즘(2020년대) UFO 동네에서 가장 '핫'한 인물로 손꼽히는 루이스 엘리존도도 등장한다. 그뿐만 아니라 항간을 뜨겁게 달구었던, 미국 해군의 항공모함인 니미츠함이나 그에 부속된 비행기들이 찍은 UFO 사진이 연관되어 있어 우리의 흥미를 자아낸다. 이야기가 돌고 돌아서 이렇게 연결되는 것이 신기하기만 하다. 나는 크리스와 엘리존도는 별 인연이 없을 것이라고 생각했는데 이들이 만나게 되니 특이한 것이다. 이것은 모두 짐 세미반이 거간꾼이 되어 이루어진 일이니 짐의 오지랖이 얼마나 넓은지 알 수 있다.

짐과 친분을 쌓던 크리스는 그를 집으로 초청했는데 이때 짐은 "블린크(Blink)-182"라는 록 밴드를 만든 탐을 만나보라고 권한다. 왜냐하면 탐은 가수였지만 UFO에 대한 관심이 남달라서 자신이 직접 UFO에 대한 정보를 찾고 그것을 공개하는 회사를 만들었기 때문이다. 2015년에 만든 'To The Stars Academy(TTSA)'라는 회사가 그것인데 가수가 이런 회사까지 만드는 것을 보면 미국은 대단한 나라라는 생각이 든다. 그러다 이 회사는 2017년에 'To The Stars Academy of Arts and Sciences'라는 더 큰 회사에 합병된다(2022

회사 "To The Stars"의 이사진
(맨 왼쪽이 탐 들론지이고 세 번째가 짐 세미반이다)

년에 회사명이 'To The Stars'로 변경됨). 내가 이런 일개 회사를 여기서 거론하는 것은 나름의 이유가 있어서인데 곧 그것에 대해 볼 것이다.

이 이야기를 듣고 크리스는 흥분을 감출 수 없었다. 왜냐하면 탐은 미국에서 아주 잘 나가는 스타라 그를 만나는 것은 대단히 어려운 일이기 때문이다. 탐은 한국으로 치면 부활의 김태원이나 YB의 윤도현 정도가 될지 모르겠는데 나는 탐 들론지라는 이름이나 블린크-182라는 밴드는 크리스의 책을 보고 처음 알았다. 하기야 나는 1970년대 이후의 미국 대중음악계에 대해서는 잘 모르니 1970년대 중반에 태어난 탐에 대해서는 알 길이 없다. 록 밴드는 C.C.R.이나 비틀스, 롤링 스톤즈 정도나 알지 한참 뒤에 나온 탐이나 그의 밴드는 너무 최신이라 알 수가 없는 것이다. 그래도 어떤 가수이고 어떤 밴드인가 궁금해서 검색해 보니 전 세계적으로 음반을 1,500만 장을 파는 등 대단한 인기를 누린 가수인 것을 알 수 있었다. 그러나 나는 이런 것보다 탐이 이런 기이한 회사를 차렸다는 데에 관심이 쏠려 탐이라는 인물이 궁금해졌다. 그래서 검색해 보니 그는 어려서부터 외계인이나 UFO, 그리고 초자연적 현상에 대해 지대한 관심이 있었다고 한다. 그래서 이 회사를 만든 것인데 그전에는 같은 주제를 다루는 웹 사이트도 만들었다고 하니 얼마나 이런 주제에 관심이 많으면 자신의 돈을 투자해서 웹사이트나 회사를 만들었을까 하는 생각이 든다.

내가 여기서 별것 아닌 것 같은 이 회사를 언급하는 것은 이 회사가 UFO 연구사에서 매우 중요한 일을 했기 때문이다. UFO 역사를 보면 2017년에 공개된 세 건의 UFO 영상은 대단히 중요한 의미를 갖는다. 이 영상은 2004년에 찍힌 한 건(일명 틱택 UFO)과 2015년에 찍힌 두 건(일명 김벌과 고패스트 UFO)을 말하는데 이 세 영상은 모두 항공모함에서 발진한 전투기들이 UFO에 접근해서 촬영한 것이다. 이 영상에 대해서는 전 권에서 상세히 언급했으니 여기서는 더 설명하지 않아도 되겠다. 이 영상이 전체 UFO 연구사에서 중요한 것은 미국 해군의 전투기가 직접 촬영했기 때문에 이 사진에 나타난 UFO의 실재를 누구도 의심할 수 없다는 데에 있다. UFO의 실재가 확증된 것이다. 사정이 이렇게 되니 미국 국방부도 어쩔 수 없이 UFO가 존재한다는 것을 인정하게 된다. 미국 정부는 지난 수십 년 동안 UFO의 실재를 부정했는데 이 영상이 공개되면서 더 이상 부정 일관의 태도로 나가기가 힘들게 된 것이다.

그런 의미에서 이 영상이 중요한 것인데 이 영상이 가장 먼저 등장한 매체가 바로 탐이 세운 이 회사의 홈페이지였다. 그런데 이 영

루이스 엘리존도

상을 가져온 것은 탐이 아니라 앞에서 언급한 루이스 엘리존도였다. 루이스는 원래 에이팁(AATIP, Advanced Aerospace Threat Identification Program, 고등 항공우주 위협 구별프로그램)이라는 프로젝트를 수행하는 방첩부대의 특수요원으로 이 프로그램의 운영을 담당하고 있었다. 그런데 루이스는 국방부와 지속적으로 마찰을 일으켜서 2017년에 이 부대를 나와서 민간인이 된다. 그런 다음 그가 들어간 회사가 바로 탐이 세운 이 회사였다. 자유롭게 된 루이스는 마침 이 세 영상이 미국 해군에 의해 공개된 것을 알고 이 영상을 가져다 이 회사의 홈페이지에 올린다. 여기서 끝났으면 후폭풍이 크지 않았을 텐데 마침 뉴욕타임스가 이 영상을 자기 회사 홈페이지에 올리게 되면서 전 세계적으로 이 영상은 대단한 반향을 일으키게 된다. 이 영상은 뉴욕타임스가 웹 사이트에 올린 기사 가운데 가장 많은 조회 수를 기록했다고 하니 그 인기를 알만 하겠다. 사정이 이렇게 되니 미국 정부도 하는 수 없이 2021년에 UFO(혹은 UAP)의 실재를 처음으로 인정하게 된다(루이스는 2024년에 『Imminent: Inside the Pentagon's Hunt for UFOs』라는 책을 내는데 이 책은 출간 즉시 큰 반향을 일으킨다. 이 책에 대해서는 언급할 거리가 많지만 여기서는 다루지 못하고 다음 기회를 기약해야겠다). 사정이 이렇게 전개됐기 때문에 이 사건이 매우 중요한 것인데 이 사건의 시작이 탐이 세운 회사에서 비롯되었으니, 그의 회사가 UFO 동네에서 어떤 역할을 했는지 알 수 있을 것이다.

이런 배경을 알았으니 다시 처음으로 돌아가자. 짐이 크리스에게 탐을 만나보라고 한 몇 주 뒤에 탐은 크리스를 LA로 초대한다. 크리스는 그곳에서 탐과 더불어 영화 관계자들을 만나는데 이들은 크리스에게 그의 체험을 영화로 만들어보자고 제안한다. 여기에는 재미있는 이야기가 있는데 이에 대해서는 조금 뒤에 보기로 한다. 그다음날 크리스는 탐의 일행을 만나 자신의 체험에 대해 광범위하게 이야기를 나누었다. 그런데 특이한 것은 이때 이들이 이야기를 나누다가 밤에 하늘을 보면서 구체를 만나는 체험까지 했다는 것이다. 그 보기 힘든 구체를 목격한 것이다. 크리스의 이야기를 따라가다 보면 뒤로 갈수록 구체가 사람을 가리지 않고 자주 나타나는 것을 알 수 있다. 크리스가 지인들과 함께 있을 때 그들이 진정으로 구체를 원하면 이 물체가 웬만하면 나타난다. 이전에는 이 구체가 잘 나타나지도 않았고 촬영하는 것도 엄격하게 금했는데 시간이 가면서 점점 느슨해져 크리스와 가까운 사람에게는 나타날 뿐만 아니라 촬영하는 것도 허락하게 된다. 이것은 아마도 천사가 자신이 하는 일을 세상에 더 많이 알려야겠다는 심산이 작용한 것 같다.

그런데 그들이 나눈 대화 가운데 심상치 않은 내용이 있어 한 번 소개해 볼까 한다. 크리스의 이야기 중에 탐이 가장 관심을 보였던 것은 그가 구체로부터 받았다고 하는 물질에 관한 것이었다. 이 물질은 녹은 쇠처럼 보였다고 하는데 이런 물질이 구체로부터 떨어져서 크리스가 보관하고 있었던 것이다. 도대체 이건 또 무슨 소리일까? 우리는 이 구체의 정체도 알지 못하는데 거기서 무슨 물질 같은 게 흘러내렸다고 하니 도무지 헛갈린다. 구체는 왜 그런 물질을 크리스에게 흘렸을까? 이 일은 분명 천사가 행한 일일 터인데 어떤 생각으로 천사가 이런 일을 기획했는지 모르겠다. 게다가 이 물질은 나중에 속절없이 사라지고 만다. 그래서 이 물질은 크리스에게 어떤 중요성도 가지지 못한다. 이 물질이 사라지는 데에 루이스가 개입하는데 그가 이 물질을 가져간 것은 아니지만 루이스 때문에 이 물질은 영원히 사라지게 된다. 당시 탐은 루이스를 알고 있었던 모양인데 기회가 있어 루이스에게 이 물질에 관해 이야기했다. 그랬더니 루이스가 이 물질에 대해 비상한 관심을 나타내면서 크리스를 만났으면 좋겠다는 의사를 표명했다고 한다.

그래서 그들은 다 같이 회동하게 되는데 이때 루이스는 성분을 분석하겠다고 하면서 이 물질을 가지고 갔다. 루이스는 정부에서 일을 했기 때문에 이 물질을 분석할 만한 실험실을 알고 있었던 모양이다. 그런데 그만 이 물질이 그 분석 기관에서 기밀처럼 취급되어 다시는 크리스 손에 돌아오지 않았다. 루이스가 아마 정부 기관 같은 데에 부탁해서 성분을 분석한 것 같은데 이 물질이 지구에서 나온 것이 아니라는 것이 판명되면서 그냥 압수당한 것 같다. 그런데 이게 말이 되는가? 그 물질은 개인 것인데 국가가 어떻게 마음대로 가져간다는 말인가? 이에 대해서는 크리스가 더 이상 언급하지 않으니 나도 뭐라고 할 말이 없는데 루이스가 책임졌다는 이야기도 들리지 않는다.

지인과 UFO를 같이 체험하는 크리스

다음에 소개하는 사건도 매우 진귀한 것이다. 이번 사건에서는 크리스가 멀리 떨어져 있는 지인과 함께 같은 구체를 목격하기 때문에 진귀하다는 것이다. 나는 그동안 UFO를 공부하면서 이런 사건은 이번에 처음 접한 것이라 매우 흥미로웠다. 이 사건은 이렇게 진행되었다. 앞에서 거론했던 알렉산더가 크리스에게 데이비드 브로드웰이라는 사람을 소개했다. 데이비드의 UFO 조우 체험이 크리스 것과 비슷하니 두 사람이 대화를 해보면 좋겠다는 것이 알렉산더의 생각이었다. 먼저 크리스가 데이비드에게 전화했다. 그와 통화하면서 크리스는 데이비드가 비범한 사람이라는 것을 알았을 뿐만 아니라 자신과도 아주 잘 통한다는 사실을 깨달았다.

전화 통화로 전한 데이비드의 UFO 체험은 다음과 같았다. 2017년 어느 날 아침에 그가 북부 버지니아에 있는 고속도로를 운전하면서 가고 있는데 그의 앞에 약 10m 크기의 하얀 원반이 나타났다. 그 비행체는 약 600m 상공에 떠 있었는데 그의 관심을 끌려고 하는 것처럼 느껴졌다고 한다. 조금 있으니까 작은 구체 두 개가 원반의 양쪽에 나타났다. 그렇게 잠깐 있다가 이 비행체들은 사라졌다. 그러나 데이비드는 그때 이 비행체들이 반드시 돌아올 것이라는 직감이 들었다고 한다.

데이비드의 예상은 적중했다. 2주일 후에 데이비드가 같은 도로를 달리고 있었는데 갑자기 왼쪽 어깨 위를 보아야 하겠다는 생각이 들었다. 마음속으로 그런 감이 든 것이다. 그래서 그쪽을 바라보니 2주 전에 보았던 비행체가 떠 있었다. 이번에는 그냥 지나치지 않고 차를 세웠다. 데이비드가 문을 연 채로 그 물체에 가까이 가보니 그 비행체는 하늘에 조용하게 떠 있었다. 이를 직접 목격한 데이비드는 그 자리에서 얼어붙었다고 한다. 그런데 느껴지는 힘이 첫 번째 목격했던 때보다 강력했다. 이때 데이비드는 그 비행체가 그에게 무엇인가 전하려는 것 같다는 느낌이 들었다. 그런 느낌이 들자마자 그는 곧 이 물체가 자신이 여기에 있다는 것을 알아주기를 바라는 것 같은 인상을 받았다고 한다. 쉽게 말해 '내가 여기 있다'라고 말하는 것 같았다는 것이다. 그 비행체는 그렇게 잠시 있다가 순간적으로 사라졌는데 데이비드는 이 물체가 지성(intelligence)을 갖고 있는 것 같았고 그와 이 지성 사이에 모종의 연결이 시작되었다는 것을 감지했다고 한다. 데이비드가 이 체험을 알렉산더에게 말했더니 알렉산더가 그에게 크리스를 만나 볼 것을 권유해 전화 통화를 하게 된 것이다.

데이비드와 통화하는 중에 크리스는 구체들이 자신을 기다리고 있다는 사실을 직감했다. 그래서 그는 카메라를 들고 집 밖으로 나갔다. 그랬더니 정말로 아름다운 구체들이 여기저기에 떠 있었다. 이를 두고 크리스는 데이비드에게 '이것은 우리가 서로 소통하는 것을 보고 하늘이 흥분한 것'이라고 말했다. 이런 모습을 처음 보는 크리스는 온몸이 전기로 가득 찼다. 크리스의 말을 들은 데이비드 역시 집 밖으로 나가서 위를 보니 거기에도 구체가 나타나서 발광하고 있었다. 이것을 보고 크리스는 천사가 버지니아에 사는 데이비드와 노스캐롤라이나에 사는 자신에게 동시에 이 구체를 보낸 것이 틀림없다고 생각했다.

이 사건에 감명받은 두 사람은 곧 만날 약속을 했다. 1주일 후에 데이비드는 크리스의 집을 방문했다. 첫 만남을 가진 것이다. 같은 경험을 했으니 할 이야기가 많을 터, 그들은 하루 종일 이야기했고 그러다 보니 저녁이 되었다. 그런데 그때 갑자기 어떤 기운이 크리스 안으로 밀려 들어왔다. 그는 데이비드를 보고 '그들이 왔군요'라고 말하고 두 사람은 현관문을 열고 밖으로 튀어 나갔다. 그랬더니 바로 공중에 천천히 움직이는 구체가 나타났는데 그 고도는 12m 정도 되는 것 같았다. 그때 크리스가 '저들은 항상 3개가 같이 나타난다'라고 하자 곧 2개가 더 나타났다. 데이비드는 전화기를 꺼내 바삐 촬영하면서 크리스에게 이렇게 말했다. '아, 크리스, 알렉산더는 당신이 구체들과 연결되어 있다고 하던데 그 말이 정말이군요. 이건 정말 대단한 일입니다'라고 말이다.

이때 데이비드는 크리스에게 매우 재미있는 제안을 한다. 크리스를 먼로 연구소에 데려가겠다는 것이었는데 크리스에게는 생소한 연구소였다. 이 연구소를 세운 로버트 먼로는 초현상학에 관심 있는 사람들에게는 상당히 잘 알려진 사람인데 크리스가 모르고 있었

먼로 연구소 전경

다는 게 이상하다. 그러나 크리스는 원래 이런 데에 관심이 있는 사람이 아니었으니 모를 수도 있겠다는 생각이 든다. 로버트 먼로는 1971년에 『Journeys Out of Body(육체 밖으로의 여행)』라는 책을 내면서 일약 인간의 의식을 연구하는 동네에서 샛별처럼 떠올랐다. 그 덕분에 '체외이탈 체험(out of body experience)'이라는 용어가 생겨났고 이 용어는 사람들의 입에 자주 오르내리게 된다. 이 체험은 줄여서 'OBE'라고 하는데 먼로는 이 용어를 처음 만든 것으로 유명하다. 이 책을 내고 그는 '먼로 연구소'를 창립하게 되는데 이 연구소는 인간의 깊은 의식을 연구하는 기관으로 전 세계적인 명성을 얻게 된다. 이 기관은 인간을 무의식으로 보내 변이의식 상태를 유도하는 많은 방법을 고안했는데 그중에 가장 유명한 것은 특정한 소리를 통해 인간의 의식을 고양하는 기술을 개발한 것이다. 이런 의식 상태가 되면 원격 투시나 염력 등을 발휘할 수 있는 능력이 고양된다고 한다.

미국의 저명한 연구소에서 자신의 힘을 체험하는 크리스

2022년 5월 데이비드는 크리스와 함께 먼로 연구소에 가서 5일 동안 훈련하는 프로그램에 참여하게 된다. 이 프로그램에는 20명이 동참했다고 하는데 첫날 저녁 크리스는 자신의 내면에서 친숙한 에너지를 느끼게 된다. 이것은 구체가 가까이 있다는 것을 의미한다. 여러 사람이 있으면 구체가 잘 나타나지 않기 때문에 그는 이번 여행에 동행한 딸 에밀리만 데리고 호젓한 데로 갔다. 그러자 곧 그들은 먼 산 위에 떠 있는 거대한 하얀 발광체를 발견했다. 그렇게 시작해서 밤새 많은 발광체가 산 위에 나타났는데 크리스는 이것을 좋은 징조로 여겼다. 그는 이것을 그들이 좋은 곳에서 좋은 프로그램에 참여하고 있다는 것을 인정받았다는 사인으로 해석했다.

크리스는 이곳에서 직접 여러 종류의 실습을 경험했다. 예를 들면 염력을 활용하는 방법이나 숟가락 구부리기, 원격 투시, 미래 예측 능력 등을 수련했는데 이런 것을 실습할 때는 항상 명상 수련이 수반되었다. 이 연구소에서 하는 가장 독특한 수련은 특정한 방에서 이루어졌는데 이 방이 매우 특이하다. 이 방은 'Controlled Holistic Environmental Chambers(CHEC units)'라고 불리는데 이 이름은 번역하기가 매우 힘들다. 굳이 번역하면 '조절이 가능한 통전적인 환경을 가진 방'이라고 할 수 있는데 이 이름의 의미보다 이 방에서 무엇을 하는지를 보면 되겠다. 이 방은 작은 정육면체 형인데 모든 빛이 차단되어 있어 안에 있으면 어떤 빛도 볼 수 없게 된다. 이런 모습도 예사롭지 않지만, 더 특이한 것이 있다. 이 방에는 피실험자의 머리 양쪽에 고성능 스피커를 설치해 놓았는데 거기서는 두뇌의 전자기장적인 환경을 변화시키는 특별한 주파수의 소리가 나온다고 한다. 이 소리를 들으면 피실험자의 좌우뇌가 동시에 움직이게 (synchronize) 된다고 하는데 이것이 무엇을 의미하는지는 명확하게 알지 못하지만 재미있는 것은 이 방을 체험한 사람들이 방을 나올 때 모두 운다는 것이다. 이 점은 대단히 흥미로운데 크리스가 더 이상 설명하지 않아 나도 그들이 왜 그런 반응을 보이는지 알 수 없다. 그런데 정작 크리스는 자신은 어땠는지에 대해서 설명하지 않아 그가 울고 나왔는지 어땠는지는 알 수 없다.

4일째 되는 날 크리스는 데이비드의 권유에 따라 이 연구소에서 EEG, 즉 뇌파 검사를 받는다. 그런데 연구소 직원이 크리스의 머리에 복잡한 장치를 한 다음 뇌파를 재려고 하니 컴퓨터가 제대로 작동하지 않았다. 할 수 없이 직원들은 컴퓨터를 재부팅하고 전선을 점검하는 등 호들갑을 떨었지만 아무 변화가 없었다. 이때 크리스는 혼자 웃으면서 '내 주위에 있던 주방 기기나 전기 차단기들이 나 때문에 얼마나 많이 엉망이 됐는지 알았다면 저 직원들이 저렇게 당황하지 않을 텐데….'라고 되뇌었다. 이 컴퓨터는 크리스의 좌뇌의 뇌파만을 잡아낼 뿐 우뇌의 뇌파는 잡아내지 못했다고 한다.

직원은 이것을 보고 '당신이 우리의 기계를 물리쳤군요'라고 웃으며 말했다. 그 직원이 하는 수 없이 새 컴퓨터를 가져다 다시 크리스의 뇌에 연결하고 실험했지만, 결과는 똑같았다. 그 기계 역시 크리스의 좌뇌만 읽을 수 있었다. '믿을 수 없어요. 이 기계는 우리 연구소에서 가장 성능이 좋은 건데'라고 말하면서 직원은 푸념했다. 이렇게 해서 두 번째 시도도 좌절되었고 직원은 마지막으로 구닥다리 기계를 가져왔다. '당신이 이것마저 물리친다면 당신은 슈퍼맨이라고 할 수 있습니다'라고 담당자는 외쳤다. 다행히 이 기계는 정상적으로 작동되어 크리스의 양 뇌에서 나오는 뇌파를 잴 수 있었다.

영적인 것에 관심 있는 사람이라면 이런 이야기를 많이 들어보았을 것이다. 이른바 영적으로 높다는 사람들에게 많이 일어나는 현상 말이다. 이런 사람들은 영적으로 매우 각성되어 있어 몸의 에너지 레벨이 매우 높다. 그 때문에 그들 주위에 있는 전자 기기들이 영향을 받아 이상하게 작동한다. 적나라한 예가 이른바 근사체험을 한 사람들이다. 이들은 이 체험을 한 후 대단히 영적인 사람이 되는데 그 후과(後果, after-effect) 중의 하나가 주위에 있는 전자기기에 영향을 미치는 것이다. 예를 들어 늘 차고 다니던 시계가 고장난다든가 혹은 항상 사용하는 컴퓨터가 오작동을 한다든가 혹은 라디오나 TV가 갑자기 켜지거나 꺼지거나 하는 등과 같은 현상이 생기는 것이 그것이다. 이것은 앞에서 말한 대로 그들의 몸을 둘러싸고 있는 전자기력이 강해져 주위에 있는 기기에 영향을 미치기 때문에 발생하는 현상이다. 추정컨대 크리스는 이 근사체험자들보다도 더 강한 전자기력을 갖고 있을 것 같은데 이 추측이 옳다면 크리스가 주변 기기에 미치는 영향은 대단할 것이다.

이 기계들과의 씨름이 끝나자 이번에는 또 다른 특이한 실험을 했다. 이 실험은 이렇게 진행되었다. 연구소 측 사람들이 상자 두 개를 가져와서 크리스에게 그 안에 무엇이 들어있는지 알아맞혀 보라고 요청했다. 이것은 초능력의 일종인 '투시력'을 실험하는 것이리라. 사람들은 크리스가 으레 이런 능력을 갖추고 있을 것이라고 생각해 이런 실험을 한 것이다. 그런데 그는 실제로 이런 초능력을 갖고 있었던 것 같다. 크리스가 첫 번째 상자를 투시하자 그에게 떠오른 것은 우표와 닮은 어떤 것의 이미지이었다고 한다. 그는 이 이미지에서 아무 기운도 느끼지 못했다. 그러나 두 번째 상자 안에 들어 있는 것은 달랐다. 크리스가 느끼기에 그것은 살아 있었고 빛이 나는 곤충 같았다. 그 표면에는 밝고 푸른 기운이 돌았는데 색깔이 파랑에서 초록으로, 그리고 하얗게 단계별로 변하는 이미지가 크리스에게 떠올랐다. 담당자들은 크리스가 말한 것에 대해 만족해했다. 그런데 알고 보니 두 번째 상자 안에 들어 있는 물체가 심상치 않은 것이었다. 이것은 데이비드가 물리학자인 프토프 박사에게 받은 초물질(metamaterial)로 지구에서 만들어진 것이 아니었다고 한다. 프토프 박사에 대해서는 앞장에서 오웬스를 설명할 때 이미 언급했다. 그는 1970년대라는 매우 이른 시기에 이미 유리 겔러를 대상으로 초능력을 조사하는 많은 연구를 진행했다.

그런데 유리 겔러도 크리스와 비슷한 실험을 겪었기 때문에 우리의 비상한 관심을 자아낸다. 이것은 내가 전 권에서 소개한 것인데 당시 겔러는 폰 브라운 박사의 초청을 받고 워싱턴 근교에 있는 나사 연구소에서 이와 같은 물질을 대면하게 된다. 겔러에 따르면 이 물질은 길이가 30cm 정도 되는 얇은 것이었는데 그는 이 물질이 내는 색을 이전에 본 적이 없다고 실토했다. 이 물질은 진주와 비슷하게 초록빛이 나는 파란 색을 띠면서도 투명했다고 한다. 이 물질은 아마 로즈웰 같은 데에 추락한 UFO의 잔해일 것이다. 이런 잔해가 많은지라 이렇게 여러 사람이 소유하고 있는 모양이다. 그런데 이때 겔러가 이 물질을 만져보고 묘사한 것이 심상치 않다. 폰 브라운에게 '(이 물질은) 살아 있는 것 같다. 숨을 쉰다'라고 말했다고 하니 말이다. 이것은 앞에서 크리스가 말한 것과 일치한다. 크리스도 이 물질에서 곤충의 기운을 느꼈으니 이것을 살아 있는 것으로 파악한 것이다.

크리스나 겔러의 이 같은 평가를 어떻게 이해하면 좋을까? 일단 이 외계 물질은 지구상에 있는 것처럼 죽어 있는 것, 즉 무생물은 아닌 모양이다. 그보다는 생명의 기운 같은 것이 있는 것처럼 보인다. 만일 이 생각이 맞는다면 이것은 앞장에서 본 오웬스의 증언과 통하는 면이 있다. 오웬스는 말하길 외계 존재들이 비행체를 만들 때 볼트나 너트가 아니라 의식을 가지고 만든다고 하지 않았는가? 그러면서도 딱딱한 고체 성질을 가진 물질을 만들어낸다는 것인데 제작하는 구체적인 방법은 알 수 없지만 물질과 의식을 교묘히 배합해서 만들어내는 것 아닌가 한다. 이 방법은 짐작조차 하기 힘든, 대단히 수준 높은 것 같은데 인류가 이 비밀을 알기까지 얼마나 많은 세월이 걸릴지는 아무도 모른다.

현장에서 뇌파를 측정하는 크리스

뇌파를 측정하기 위해 머리에 특수 헬멧을 쓴 크리스(유튜브 캡처)

앞에서 먼로 연구소에서 크리스의 뇌파를 측정했던 일에 관해 설명했는데 이와 비슷한 일이 또 있어 소개해 보려고 한다. 이것은 크리스의 책에도 나오지 않는 일화로 나는 이 이야기를 유튜브에서 처음으로 접할 수 있었다(유튜브 영상의 제목은 "Beyond Skinwalker Ranch: 40-FOOT Balls of FIRE! Mysterious Orbs & Eerie Events"). 이 영상은 히스토리 채널에서 볼 수 있었는데 책에는 나오지 않는 것을 보니 아마 책이 출간된 뒤에 있었던 일을 찍은 모양이다. UFO 연구가 두 명이 크리스를 촬영했는데 그 목적은 크리스가 구체를 접할 때 그의 뇌가 어떻게 반응하는지를 알아보려는 것이었다. 즉 크리스의 뇌파를 촬영하자는 것이었는데 이를 위해 두 연구자가 그의 집으로 왔다. 구체가 크리스의 집에 잘 나타나니까 연구자들이 아예 그의 집으로 온 것이다. 때는 밤이었다. 그들은 크리스의 머리에 뇌파를 측정할 수 있는 헬멧을 씌웠다. 그런 다음 크리스는 앞마당으로 나가 구체와 접선을 시도했다. 이 과정이 다 영상에 담겨 있었는데 그가 마당에 나서고 조금 있으니까 진짜로 나무 사이로 구체가 나타났다. 나도 영상으로 그 상황을 확인할 수 있었는데 매우 신기했다. 이때 나타난 크리스의 뇌파를 보면 그 구체와 크리스는 감정적인 연결이 있다는 것을 알 수 있었다고 한다. 이 말은 크리스와 구체 사이에 있었던 일은 그가 지어낸 것이 아니라 감정적으로 연결된, 확실한 사실이라는 것을 뜻한다는 것이다.

그런데 특이한 것은, 크리스가 구체에게 나타나달라고 청하면 보통은 뇌의 커뮤니케이션 센터 부분이 활발해지는 게 정상인데 크리스의 경우에는 뇌의 상태가 외려 조용해지면서 명상 상태가 되었다고 한다. 이것은 당시 크리스에게 비일상적인 일이 벌어지고 있다는 것을 보여주는 증거라고 한다. 그러니까 쉽게 말해서 우리가 어떤 객체와 만나고 싶은 마음을 내면 뇌가 활발하게 움직이는 게 정상인데 크리스의 경우에는 외려 명상 상태가 되어 고요해지니 특이하다는 것이다. 이에 대한 이유를 생각해 보면, 우리가 진정으로 초자연적인 존재와 만나고자 한다면 산란한 일상 의식 상태가 아니라 고요한 무의식 안으로 침잠해야 가능하기 때문에 크리스의 상태가 이렇게 된 것이 아닐까 한다. 무의식으로 침잠하는 것은 바로 명상 상태가 되는 것과 일맥상통하니 크리스의 상태가 그렇게 바뀐 것 같다. 크리스라는 한 사람이 기이한 체험을 하니 이렇게 다방면의 사람들이 그를 대상으로 실험하는 것이 대단하게 느껴진다.

영화계도 진출하는(?) 크리스

이제 크리스에 대한 장이 끝나가는데 마지막으로 소개하고 싶은 기이한 이야기가 있다. 크리스의 기도 체험이 이전과 다르게 진행된 것이 있어 그것을 한번 보려는 것이다. 그에게는 진즉부터 그의 UFO 체험을 영화로 만들자는 요구가 있었다. 이에 대해서는 앞에서 이미 언급했지만, 이것은 충분히 가능한 이야기이다. 그의 체험은 UFO적으로나 종교적으로나 매우 독특할 뿐만 아니라 영상적으로도 좋은 그림이 나올 수 있기 때문에 영화계에서 탐낼 만한 주제이다. 그런데 그는 그 제의에 선뜻 응할 수 없었다. 이유는 뻔하다. 이런 일을 하려면 천사로부터 승낙을 받아야 하기 때문이다. 그렇게 얼마 간을 미루고 있었는데 2022년에 영화사 관계자가 영화 제작에 대한 계약서를 가져왔다. 그러나 이 문서에 사인하는 것은 자신이 혼자 결정할 수 있는 사안이 아니라고 생각해 크리스는 그것을 들고 밖으로 나왔다. 천사에게 기도할 심산으로 나온 것이다.

밖으로 나온 크리스는 계약서를 쳐들고 간절하게 하늘을 향해 기도했다. 이 영화를 만드는 것이 과연 당신의 뜻이냐고 물어본 것이다. 그랬더니 지금까지와는 다른 놀라운 광경이 펼쳐졌다. 항상 나타나는 구체가 나타나기는 했는데 그 구체에서 오렌지색을 띤 어떤 큰 물체가 나왔단다. 이 물체는 아래쪽으로 내려왔는데 더 놀라운 것은 그다음이다. 그 물체로부터 큰 날개가 나와 펄럭거렸다고 하니 말이다. 그 날개가 어떻게 생긴 것인지는 모르지만 아마 천사의 이미지에 나오는 그런 날개가 아닐까 한다. 그런데 곧 색깔이 하얗게 바뀌었다고 하는데 그 크기가 장난이 아니었다. 날개는 크리스의 머리 위에 있었는데 그 크기가 747 여객기만 했다고 하니 엄청나게 컸다는 것을 알 수 있다.

크리스의 말을 이렇게 전하기는 하지만 어떻게 그렇게 큰 물체가 갑자기 크리스의 머리 위에 있게 된 것인지 이해하기가 힘들다. 또 그 물체가 그렇게 있다가 어디로 갔는지를 언급하지 않아 어떻게 사라졌는지도 모른다. 크리스가 밝히지 않아 우리는 알 수 없는 것인데 그러나 확실한 것은 이것 역시 기독교적인 종교 체험이라는 것이다. 비록 처음에는 구체가 나오는 UFO 체험으로 시작했지만, 양 날개가 펼쳐졌다는 면에서 이 체험은 친 기독교적이라고 하지 않을 수 없다. 그 의미가 어떻든 이렇게 구체가 나타나고 천사에 준하는 (천사의) 날개가 나타났으니 이것은 영화를 만들어도 좋다는 '윤허'가 떨어진 것으로 보아야 할 것이다. 크리스가 계약서에 사인했는지 아닌지는 밝히지 않아 잘 모르겠지만 계약을 했다면 아마 지금쯤(2024년 11월)에는 어떤 단계에 있든지 영화를 만들고 있을 것이다. 이 영화가 언제 나올지 모르지만 여간 기대되는 게 아니다.

이제 이 장을 마치려 하는데 이 책의 마지막 페이지에 아주 귀한 이야기가 있다. 짤막한 것인데 구체를 보고 싶어 하는 사람들에게 전하는 크리스의 조언이다. 크리스에 따르면 구체를 포함해서 UFO를 경험하고 싶은 사람이 있다면 그런 사람은 아주 간단한 일만 하면 된다. '하늘 앞에 겸손하라(be humble before heavens)'라는 것이 그것이다. 이것을 좀 더 구체적으로 말하면, "밖으로 나가 위를 쳐다보라. 그리고 당신의 감정과 의식(heart & mind)을 하나로 만들고 '내가 여기 있다'라고 외치라. 이것은 복잡하지 않은 일이다. 왜냐하면 신이나 우주는 자신들이 인간과 연결되는 것을 어렵게 만들어 놓지 않았기 때문이다. 당신은 이 경험을 위해 어떤 공식적인 지침도 따를 필요 없고 번지르르한 단어나 주문 같은 것도 배울 필요 없다. 이것은 당신과 신 사이의 일이다. 그저 밤하늘에서 한 지점을 골라 자신을 그곳에 조복시키고 '내가 여기 있습니다(I AM HERE)'라고 외치면 된다."

이상이 크리스가 제시한 간단한 요령인데 일단 드는 의문은 과연 이런 게 실효가 있을까 하는 점이다. 지침이 너무 단순하기 때문이다. 그냥 밤에 밖에 나가서 하늘의 한 지점에 대고 '내가 여기 있다'라고만 하면 구체가 나타난다고 하니 믿기가 힘들다. 그래서 내 개인적인 생각으로 이 지침은 크리스 같은 사람에게나 해당되지 사전에 아무 체험도 하지 않은 우리에게는 통용되지 않을 것 같다. 다시 말해 크리스처럼 구체를 만나는 체험을 하기 전에 온갖 환란을 겪어 자신이 완전히 나락에 떨어지는 경험을 한 사람한테나 해당되는 조언이 아니냐는 것이다. 크리스처럼 인생의 모든 것이 그를 엄청난 시련 속에 처박으면 자신이 겸손하지 않으려고 해도 겸손할 수밖에 없을 터이니 하늘이나 신 앞에서 자신을 조복시킬 수 있다. 그에 비해 그런 체험이 없는 우리는 자신을 낮추는 일이 힘든 것 아니겠는가 하는 생각이 든다.

그러나 그렇다고 해서 그가 제시한 지침을 무시하자는 것은 아니다. 이 지침의 핵심은 절대 존재 앞에서 자신을 극도로 낮춰서 겸손한 태도를 취하라는 것이다. 우리는 이 점만 취하면 되겠다. 그런데 실제로 크리스의 주위에는 이 구체를 목격하는 사람들이 생겨났다고 전해진다. 크리스의 조언을 잘 따른 결과일 터인데 일단 크리스가 이 구체와의 접선의 길을 열어 놓았으니 그다음에 오는 사람들은 상대적으로 편하고 간단한 방법으로 구체를 만날 수 있는 것 아닌가 한다. 원래 선구자는 새 길을 열기 위해 여러 역경을 겪지만, 그 뒤를 따라가는 사람들은 훨씬 쉽게 갈 수 있는 것 아닌가?

이 장을 마치며

지금까지 우리는 UFO 접촉자 가운데 2020년대에 들어와 많은 주목을 받고 있는 크리스 블레드소라는 인물에 대해 살펴보았다. 그런데 그는 UFO 계에서는 '핫'한 인물로 간주될지 몰라도 그의 외모는 지극히 평범하다. 그가 등장하는 유튜브 영상을 보면 알 수 있듯이 그는 선지자 같은 중후한 면모도 없고 학자 같은 예리한 풍모도 지니고 있지 않다. 게다가 영어 발음도 그다지 선명하게 들리지 않는다. 그저 시골에 사는 평범한 아저씨 정도로만 보일 뿐이다. 그런 그에게 이른바 천사가 강림했다. 종교에서는 이런 경우를 두고 크리스가 선택받은 것이라는 표현을 쓴다. 그러니까 크리스가 열심히 기도해서 그 공으로 천사가 나타난 게 아니라 천사가 진즉에 그를 점 찍고 여러모로 시험하다 때가 되어 그에게 나타난 것이라는 것이다. 이런 경우는 항상 저쪽, 즉 천사 쪽이 갑이 되고 인간 쪽이 을이 된다. 주도권은 저쪽이 쥐고 있기 때문이다. 이처럼 절대적인 존재를 만날 때 인간은 수동적이지 않을 수 없다. 인간이 천사에게 나타나달라고 애걸한다고 그가 나타나는 것도 아니고, 또 인간이 천사를 외면하겠다고 한들 그가 나타나지 않는 것도 아니다. 천사는 자신이 나타나고 싶으면 나타나고 그렇지 않으면 나타나지 않는다.

이 문제는 그렇다 치지만 그렇다고 해서 천사와 관련해서 모든 의문이 사라진 게 아니다. 가장 먼저 제기하고 싶은 의문은, 천사는 자신이 세상과 통하는 통로로 왜 크리스를 선택했느냐는 것이다. 크리스를 보면, 그는 종교적인 사람도 아니고 천사를 만나겠다고 매일

기도한 사람도 아니다. 그는 지극히 평범한 사람이었다. 저 많은 여느 사람처럼 돈을 벌기 위해 사업을 했고 중간중간에는 자신의 오락을 위해 아무 죄 없는 동물을 총으로 사살했으며 물속에서 잘살고 있는 물고기들을 잡았다. 그는 그렇게 살생을 일삼으면서도 다른 사냥꾼처럼 어떤 죄의식도 느끼지 않았다. 죄의식은커녕 잡은 동물과 물고기를 들고 기뻐하고 자랑했을 게 틀림없다. 이처럼 그는 종교적인 것과는 아무 관계 없는 매우 세속적인, 혹은 속물적인 사람이었다. 그런 그에게 천사가 왜 나타났을까? 이 문제는 천사만이 대답할 수 있을 것 같은데 그녀를 접촉할 방법이 없으니 우리는 그냥 지나쳐야겠다.

그다음 의문으로 가보자. 천사가 나타나서 크리스를 종교적인 인간으로 변모시켰다고 하자. 그의 진술에서 알 수 있는 것처럼 그는 천사를 만난 뒤에 진정한 의미에서 종교적인 인간이 되었다. 이웃에 대해 절절한 사랑을 갖게 되었고 생명 사상에 지극히 반하는 사냥이나 낚시는 딱 끊어 버렸다. 이 시점에서 드는 의문은 다음과 같은 것이다. 천사가 그렇게 한 명의 인간을 종교적인 인간으로 바꾼들 그가 세상에 얼마나 큰 영향을 끼칠 것이고 얼마나 많은 힘을 행사하겠는가 하는 것이다. 물론 그와 인연이 닿는 사람들에게는 큰 은혜를 베풀 수 있다. 그 적나라한 예가 브랜던이라는 12살짜리 아이였다. 이 아이는 크리스를 통해 엄청난 은혜를 입고 불치의 병을 치유받을 수 있었다. 물론 그것은 높이 찬탄할 만한 일이다. 그러나 그런 식으로 신적인 자비가 베풀어진 사례는 지극히 적다. 그런 자비의 실현이 전 사회에 끼치는 영향은 미미하다. 개인적인 차원에 머물러 있다고 할 수밖에 없다. 그렇게 한두 사람을 구해봐야 현재 큰 위기에 빠진 인류를 구하기에는 역부족이다. 역부족도 그런 역부족이 없다. 지금 인류는 의식 구조에 대변환을 꾀해야 하는데 크리스와 천사의 접근법으로는 그 일이 가능하지 않을 것 같다는 게 내 판단이다.

그래서 그런지 크리스는 UFO와 천사를 체험했지만, 현재 인류가 직면하고 있는 가장 큰 문제인 기후 문제에 대해서는 별 언급이 없었다. 이것은 다른 UFO 체험자들과 다른 양상이다. 이른바 UFO 피랍자들의 경우를 보면 그들의 증언 속에는 극악한 지구의 미래에 대한 언급이 자주 등장했다. 그들이 UFO 내부에 끌려갔을 때 외계 존재들은 그런 영상들을 보여주었다고 했다. 그럼으로써 지구인들의 각성을 요구하는 것이다. 이런 주제와 관련해서 가장 대표적인 사례는 1994년 아프리카의 짐바브웨에 있는 에어리얼 초등학교에서 일어난 사건이다. 이 사건은 UFO 역사에서 희귀하다 못해 유일한 사례라고 할 수 있다. 대낮에 수십 명의 초등학생 앞에 UFO가 착륙했을 뿐만 아니라 그 안에 타고 있던 외계 존재가 '친히' 내려와 약 15분 동안 아이들과 텔레파시로 대화한 사례이기 때문이다. 이 사례에 대해서는 전 권에 자세히 설명했으니 여기서는 더 이상 설명하지 않겠다. 그런데 이 외계 존재들이 전한 주된 메시지는 인류의 환경 파괴에 대한 경고였다. 그들은 인류가 지금처럼 기술을 무분별하게 사용하여 지구를 망치면 어떤 세상이 되는지를 심상(mental image)으로 아이들에게 보여주었다.

지금 외계 존재들이 인간과 관련해서 가장 많은 관심을 보이는 것은 환경 문제인 것 같다. 이 환경 문제가 대두되기 전에는 핵 문제가 그들의 주된 관심사였다. 핵은 자칫 잘못 대처하면 인류가 공멸할 수 있기 때문에 외계 존재들은 핵 문제에 특히 관심이 많았다. 그래서 지난 수십 년 동안 그들은 인간이 만든 핵 관련 시설에 종종 나타나곤 했다. 그런데 핵은 여전히 문제로 남아 있기는 하지만 국가 간에 강한 감시 체제를 구축해 놓았기 때문에 핵전쟁이 일어날 확률은 상당히 줄었다. 이렇게 인류가 핵 문제를 조금 벗어나나 싶었는데 이번에는 환경 문제가 강하게 대두되었고 이 문제는 현재 인류의 역량으로는 풀 수 없는 지경에 이르렀다. 이대로 가면 인류는 엄청난 희생을 당할 수밖에 없다. 수백만, 수천만의 인류가 죽음으로 내몰릴 판이다. 이런 판국이라 외계 존재들은 요즘에는 이 문제에 대해 강한 관심을 갖게 되었고 그것을 인류에게 알리려고 하는 것처럼 보인다. 그런 예는 앞에서 거론한 에이리얼 초등학교의 사례 말고도 숱하게 있었다. 그런데 이상하게도 크리스의 경험에서는 이 문제에 대한 언급이 보이지 않는다. 전혀 없었던 것은 아니지만 중심 주제로 대두하지는 않았다. 그래서 크리스의 종교적인 UFO 체험은 사회적이기보다는 개인적인 문제에 치우친 것으로 보인다. 크리스가 천사와 접촉하면서 가졌던 개인적인 체험으로 보인다는 것이다.

크리스의 체험을 천사와만 연결하면 그의 체험이 종교 체험, 그것도 기독교적인 세계관에 입각한 종교 체험으로 간주되기 쉽다. 그러나 그의 체험은 UFO의 목격으로 시작했고 계속해서 UFO와 관계를 맺는 구조로 진행되었기 때문에 UFO학의 입장에서 보지 않으면 안 된다. 그의 체험은 하늘에 떠 있는 정체를 알 수 없는 구체를 만나면서 시작됐다. 그리고 UFO 피랍자들이 전형적으로 겪는 '사라진 시간'을 체험했다. 이 점에서 그는 분명히 UFO의 체험을 했다고 할 수 있다. 그런데 그는 그 사라진 시간에 어디서 무엇을 했는지 기억하지 못했다. 심지어 최면을 해도 그 실상이 드러나지 않았다. 단지 그의 꿈이 실낱같은 단서를 주는데 꿈에서 그는 우주선으로 생각되는 것에 들어가 네 시간 동안 있었다. 그런데 그 방에는 아무도 없었고 칠흑 같은 어둠만 있었을 뿐이었다. 그곳에서 그는 움직이고 싶었지만, 뜻대로 되지 않았다. 이 점은 다른 피랍자들과 통하는 면이 있다. 그들도 비행선에 가면 테이블 같은 데에 누워서 아무 힘도 못 썼다고 하니 말이다. 그런데 다른 피랍자들의 증언에 자주 나오는 땅딸보 외계인은 크리스의 체험에서는 나타나지 않았다. 물론 그도 천사를 만날 때는 외계인으로 보이는 존재들을 만나기는 했지만 말이다.

이와 더불어 그의 피랍 체험이 다른 체험자들과 다른 점은, 그는 우주선으로 생각되는 장소에서 아무런 생체 실험도 받지 않았다는 것이다. 실제의 상황은 확실히 모르지만 적어도 그의 진술에서는 그가 생체 실험을 받았다는 정황을 접할 수 없다. 이것은 다른 피랍자들과 아주 다르다. 다른 피랍자들의 경우에는 외계 존재들이 수술대 같은 데에서 여러 실험을 자행했는데 그중에 정자나 난자를 채취하고 태아를 적출하는 등 생식적인 것과 관계되는 경우가 많았다. 그리고 적지 않은 경우에 외계 존재들은 피랍자들의 몸속에 칩 같은 것을 이식했다고 하는데 크리스에게는 이런 일이 일절 일어나지 않았다. 이렇듯 그의 체험과 일반 피랍자 체험 사이에는 닮은 점도 있고 그렇지 않은 점도 있다.

그의 체험에서 보이는 특이한 점은 다른 데서도 발견된다. 그가 교통했던 UFO가 그렇다. 그가 만난 UFO는 구체가 주류를 이룬다. 이에 비해 다른 UFO 사건에서는 디스크 형태나 삼각형 형태의 UFO가 많이 나오지 구체 형의 UFO는 그리 많이 등장하지 않는다. 구체가 등장해도 부수적인 것으로 나타나지 주류의 형태로 등장하지는 않는다. 예를 들어 1980년대 말에 있었던 벨기에의 UFO 웨이브 사례를 보면 이때 나타난 UFO의 주류는 삼각형 비행체이다. 그런데 이 비행체에서 빛나는 구체 같은 것이 나와서 돌아다니다 비행체로 돌아가곤 했다. 흡사 드론처럼 날아다니다가 할 일을 마치면 나왔던 곳으로 돌아가는 것이다. 이처럼 구체가 본체에 부속된 것으로 나타나는 경우가 많은데 크리스의 경우에는 본체는 거의 보이지 않고 구체만 출현해 떠 있거나 돌아다닐 뿐이었다.

그런데 이 구체가 그리 간단한 존재가 아닌 것 같다. 크리스의 말로는 이 구체가 한 번도 같은 형태로 나타나지 않았다고 하니 말이다. 크기가 제각각이라는 것이다. 작을 때는 야구공만 하지만 크게 나타날 때는 집채만 한 것이 나타났다고 한다. 그리고 하나만 나타나는 법이 없고 꼭 세 개가 같이 나타나는데 크리스는 이 세 개에도 일종의 위계질서가 있는 것처럼 이야기했다. 하나가 다른 둘을 지휘하는 것처럼 보인다는 것이다. 그의 설명만으로는 이 구체들 사이에 어떤 관계나 구조가 있는지 알 수 없다. 우리가 알 수 있는 것은 크리스가 상대하는 구체는 UFO이면서도 다채로운 특징을 갖고 있고 이런 점은 다른 사람의 UFO 체험에서는 잘 발견되지 않는다는 것이다. 이런 문제는 그를 만나 직접 물어보아야 하는데 그럴 수 있는 날이 오기를 바랄 뿐이다.

앞에서도 말했듯이 그의 체험이 다른 UFO 체험자들과 결정적으로 다른 것은 천사의 출현이다. 다른 사람의 UFO 체험에서 천사가 나온 경우는 내가 과문한 탓인지 몰라도 아직 접해 보지 못했다. 크리스의 UFO 체험이 많은 미국인에게 호응을 받았던 것은 바로 이 천사의 출현 때문인 것 같다고 했다. 만일 크리스의 체험이 구체만 만나는 것으로 끝났다면 미국인들이 그렇게 크게 반응하지 않았을 것이다. 그런데 크리스의 체험에 천사가 등장하고 영적인 치유가 거론되자 미국인들이 환호작약하기 시작했다. 왜냐하면 이 전통은 그들에게 너무도 익숙했기 때문이다. 그들이 금과옥조처럼 여기는 구약성서에서 자주 언급되던 천사 이야기가 크리스를 통해 직접 그들 앞에 펼쳐진 것이다. 신화가 현실이 되어버린 것이다. 그러니 미국인들이 크게 호응한 것이리라.

크리스 이전에 나타난 천사 발현 사건 가운데 그의 사례와 비슷한 것을 꼽으라면 포르투갈의 파티마에 나타난 이른바 성모의 출현 사건이 아닐까 한다. 이것은 1917년에 일어난 사건으로 이때 이곳에 성모 마리아로 추정되는 신적인 여성이 나타난다. 그런데 이때의 경광을 보면 흡사 UFO가 나타날 때와 비슷해 놀랍다. 예를 들면 이런 것이다. 태양처럼 빛나는 물체가 구름층을 뚫고 나와 은빛 원반처럼 회전하기 시작하면서 여러 색깔의 광선을 발산한다. 그러다 이 발광체는 지그재그로 전진하는가 하면 지상을 향해 아주 빠른 속도로 떨어졌다가 곧 원래의 자리로 돌아간다. 대체로 이런 모습을 보였는데 이것은 UFO가 출현하는 모습을 빼다 닮았다. 이 문장에 나오는 태양과 같은 물체를 UFO로 바꾸어도 하나도 이상한 게 없을 정도이다. 사정이 이렇기 때문에 UFO 연구자들은 이 파티마 사건도 UFO 사례의 계열에 넣기도 한다.

물론 크리스의 사례와 파티마 사건 사이에 차이가 없는 것은 아니다. 크리스의 경우가 다른 천사의 출현 사례와 다른 것은 크리스에게는 천사가 너무 뜸을 들이고 나타났다는 것이다. 앞에서 본 대로 크리스가 UFO를 만난 것은 2007년의 일이고 천사를 만난 것은 2012년의 일이다. 크리스가 첫 번째 초자연적인 경험을 하고 5년이 지나서야 천사가 나타난 것이다. 파티마 사례를 비롯한 다른 경우에는 이런 유예 기간이 없이 갑자기 천사가 나타났는데 크리스의 경우는 이렇듯 천사가 나타나는 데에 늑장을 부렸다. 이 같은 점이 다른 점이라고 할 수 있는데 왜 이런 일이 벌어졌는지는 알 수 없다. 이에 대한 대답도 오직 천사만이 할 수 있을 것이다.

그리고 크리스는 앞에서 본 것처럼 UFO 체험을 하고도 5년 동안 죽을 쒔는데 그것이 극복된 것은 천사를 만난 다음의 일이었다. 이 이후부터 크리스는 모든 것이 풀려나가 흡사 종교적인 선지자처럼 행동하게 된다. 크리스의 체험으로 분석해 보건대 천사가 크리스에게 나타난 이유는 인류가 물병자리 시대에 들어간 것을 알리기 위함인 것으로 보인다. 그리고 그 변화의 정점이 2026년에 나타나게 되는데 이때 새로운 지혜가 대두하여 인류 사회의 에너지가 남성적인 것에서 여성적인 것으로 바뀐다고 했다. 나는 본문에서 이 같은 인류 사회의 변화가 무엇을 뜻하는지 확실히 모르겠다고 했다. 앞으로 어떤 변화가 오든 기후 위기는 인류에게 치명적일 텐데 이 위기와 새로운 시대의 도래는 어떻게 연결될지 모르겠다. 우리는 이러한 의문을 단번에 풀 수는 없을 것이다. 여러 가지 사건들이 중층적으로 엮여 있고 그 해석들이 다 다르기 때문에 지금 제기한 문제는 쉽게 명쾌한 답을 내놓을 수 있는 사안이 아닌 듯하다.

끝으로 다시 한번 크리스의 체험을 정리해 보면, 그의 체험은 단순히 하나의 계통에 속한다고 보기 어려울 것 같다. 그의 체험을 그저 하나의 UFO 체험으로 보기에는 기존의 체험자들과 차이가 크게 난다고 했다. 그런데 그렇다고 천사가 나타났으니 기독교적인 종교 체험이라고 보아야 한다는 입장도 무리가 있다. 기존의 기독교적인 종교 체험에서는 발광하는 구체가 발현하고 외계 존재가 나타나는 사례는 발견되지 않기 때문이다. 그래서 크리스의 체험에는 이 두 가지가 묘하게 결합되어 있다는 인상을 받는다. 그러나 굳이 판정을 내린다면, 크리스 체험의 중심은 천사와의 조우에 있다고 해야 할 것이다. 왜냐하면 천사를 만난 다음부터 그의 영적인 장정이 시작됐기 때문이다. 그의 체험이 발광하는 구체를 만난 데에서 그쳤다면 UFO 연구계나 일반 사회에 그다지 영향을 미치지 못했을 것이다. 이런 점에서 그의 체험의 중심에 천사가 있다고 한 것이다. 그런데 그 천사 체험이 발현되는 모습이 매우 흥미로웠다. 그냥 천사가 번쩍하고 나타난 게 아니라 그 한참 전에 크리스로 하여금 UFO를 체험하게 했으니 말이다. 이런 맥락에서 볼 때 그의 체험은 기독교 계통에 속하는 천사 혹은 그 무리들이 인류가 UFO 시대를 맞이하자 그에 걸맞게 UFO 체험을 통해 천사를 현현시킨 것 아닌가 하는 맹랑한 생각을 해본다. 그래서 아주 간단하게 말하면, 크리스의 체험은 UFO 시대에 전하는 기독교적 메시지라고 하고 싶다.

책을 마무리하며

　　이제 이 책을 마무리해야 할 시간인데 사실 따로 결론을 쓸 필요가 없을 것 같다. 왜냐하면 외계지성체들과 접촉한 사람들의 이야기는 여기서 끝나는 것이 아니고 앞으로 계속될 것이기 때문이다. 이 책에서 다룬 두 접촉자는 그 숱한 접촉자 가운데 가장 강렬한 체험을 한 사람으로 보여 처음으로 다룬 것뿐이다. 독자들도 이 책을 끝까지 읽었다면 느꼈겠지만, 이 책에 나온 두 사람은 다른 UFO 접촉자들과 비교해 볼 때 그 차원이 다르다. 이 두 사람의 UFO 체험은 매우 심오했기 때문에 우리는 이들에게서 많은 정보를 얻어낼 수 있었다. 그 정보가 진짜인지 아닌지는 확실하게 판단할 수 없지만 우리는 그 정보로부터 UFO나 외계지성체들이 어떤 존재인가에 대해 일말의 지식을 취득할 수 있었다. 물론 이 정보들이 잘못된 것일 수 있다. 그러나 나는 그것이 전적으로 그른 것은 아니고 부분적으로 진실을 담고 있을 것이라고 생각한다. 그래서 우리는 그 진실한 정보를 가지고 UFO(와 외계인)에 관한 생각을 조금씩 완성해 나갈 수 있을 것이다. 이 주제에 대해서는 워낙 정보가 없어서 아무리 작은 것이라도 대단히 소중하다. 그런데 이 책에서 다룬 접촉자들은 다른 어떤 '루트'나 '소스'에서도 찾아볼 수 없는 정보를 제공해 주었기 때문에 이 두 사람의 체험이 귀중하다고 할 수 있다.

　　정보 제공의 측면에서 볼 때 이 두 사람은 어떤 좋은 정보를 주었을까? 개인적인 생각으로 이 면에서는 오웬스가 크리스보다 우위에 있는 것 같다. 나는 오웬스를 여러 각도에서 소개했지만 가장 인상에 남는 것은 다음과 같은 것이다. 그에 대한 설명을 처음 듣는 사람들은 그가 UFO의 힘을 빌려 태풍이나 가뭄, 정전 등과 같은 사태를 가져온다는 사실을 접하고 크게 놀랄 수 있다. 그리고 UFO를 마음대로 나타나게 하는 능력도 매우 인상적으로 보일 수 있다. 이런 행위들이 매우 거창하고 대단하게 보일 수 있을지 모르지만 UFO나 외계 지성체 자체에 대한 정보를 제공하는 것은 아니다. 물론 어느 정도의 정보는 제공되지만 그 정보가 이들에 대한 이해를 더 전진시킬 만한 것은 아니다.

이런 정보에 비해 오웬스는 그의 책 뒷부분에서 제삼자와의 대화를 통해 훨씬 중요한 정보를 제공해 주었다. 그런 것이 많이 있지만 그 가운데 내게 가장 큰 울림이 있었던 것은, UFO는 볼트나 너트를 가지고 공장에서 만들지 않는다는 것이었다. 거기서 한 걸음 더 나아가 오웬스는 UFO의 우주선은 이 같은 물질이 아니라 의식으로 만든다고 했다. 나는 이 설명을 듣고 망치로 머리를 맞는 것 같았다. 그동안 나는 UFO를 공부하면서 계속해서 막연하게 UFO는 의식과 물질이 기묘한 방식으로 결합되어 만들어졌을 것이라고 생각했는데 이 생각을 뒷받침할 만한 근거가 없었다. 그런데 오웬스가 이런 식으로 말하니 내 생각이 틀리지 않았다는 것을 안 것이다. 그래서 나는 적이 기뻤는데 그때 이 사람을 반드시 한국의 독자들에게 소개해야겠다는 마음을 굳혔다. 우리는 이 이외에도 UFO에 대한 정보를 그에게서 많이 얻어낼 수 있는데 그것은 본문에서 이미 설명했다.

한편 크리스의 경우는 조금 다르게 내게 다가왔다. 그의 기독교적 UFO 체험이 아주 독특했기 때문에 따로 다룰 만했다. 본문에서 나는 크리스의 사례를 포르투갈의 파티마에서 있었던 이른바 성모 발현 사건의 현대판 버전이라고 부르고 싶다고 했다. 즉 천사의 강림이라는 기독교적 사건을 현대인들에게 익숙한 사건인 UFO 체험을 채널로 삼아 이 지상에 드러나게 했다는 것이다. 이 생각은 이 책의 원고를 시작했을 때는 미처 하지 못했는데 원고가 막바지에 이르면서 자연스럽게 도출할 수 있었다. 이 같은 해석을 내린 것은 이번 집필의 수확이지만 내가 크리스의 체험을 분석하고 해석하려고 이 책을 쓴 것은 아니기에 내게 큰 의미가 있는 것은 아니었다. 이런 주제는 UFO 학회 같은 데에서 발표하는 게 어울릴 것이다. 학회라는 곳은 일정한 현상을 해석해서 자기의 이론을 주장하고 설명하는 곳이니 말이다. 그런데 한국에는 이런 주제를 다룰 학회가 있을지 모르겠다.

내가 크리스의 책을 읽고 분석하면서 얻을 수 있었던 것은 지금 이야기한 것이 아니라 조금 다른 것이었다. 특히 이 책의 뒷부분에서 나는 귀중한 정보를 얻을 수 있었는데 그것은 미국의 UFO 연구계와 그 관계자들에 대한 정보이다. 나는 UFO와 관련해서 본격적인 공부를 늦게 시작했고 그 본산지라 할 수 있는 미국에는 가지 않아 그곳에서 UFO에 관한 일이 어떻게 벌어지고 있는지 잘 모른다. 그런데 크리스는 UFO와 천사를 만나는 체험을 한 후에 많은 UFO 관계자들을 만나게 되는데 그들과 교류하던 이야기를 이 책에 상세하게 적어주었다. 그래서 나는 귀동냥이나마 미국의 UFO의 연구 현황을 조금이라도 알게 된 것이 큰 소득이었다. 예를 들어 존 알렉산더가 UFO를 비롯한 미국의 초현상연구계에서 어떤 위치를 차지하는

가를 알게 된 것은 작은 소득이었다(아울러 그의 책을 읽어 보아야겠다는 생각도 들었다). 그런가 하면 먼로 연구소에서 크리스가 체험한 이야기도 꽤 신선했다. 이 연구소에 대해서는 풍문으로 많이 들었지만 크리스처럼 그 프로그램에 직접 참여한 사람의 이야기는 처음 접했다. 또 나사에서 일하는 팀이 크리스에게 외계 물질이라고 하면서 그의 반응을 점검한 이야기도 재미있었다. 이것을 통해 보면 나사에는 이미 이런 물질이 있고 그것을 팀과 같은 일개 직원이 가지고 나와 민간 체험자인 크리스에게 자문을 구하는 일이 가능하다는 그곳의 정황을 접한 것도 일종의 소득이었다. 또 이런 물질이 있다면 나사 안에는 또 다른 대단한 외계 물질이 있지 않을까 하는 추정도 해 보는데 이처럼 여러 가지 정보를 얻는 것과 함께 그 이상을 추측해 보는 일도 재미있었다.

나는 이 지구에서 UFO를 체험한 사람들이 제공하는 귀중한 정보를 가지고 앞으로도 계속해서 UFO와 외계지성체의 연구를 진행할 예정이다. 이 일이 성공적으로 진행된다면 우리가 이 외계 존재들에 대해 갖는 견해는 더 깊어지고 넓어질 것이다. 나는 다음 책을 벌써 구상하고 있지만 이게 어떻게 나올지는 전혀 미지수다. 왜냐하면 이번 책도 이런 결과가 나오리라고 예상하지 않았기 때문이다. 그런 것이 글쓰기의 묘미인데 다음 원고에서는 어떤 묘미가 튀어나올지 여간 기대되고 궁금한 게 아니다.